黄土丘陵旱作枣林
耗水特征与节水型修剪

汪有科　魏新光　高志永　汪　星　著

中国农业出版社

北　京

序

新中国成立后，国家一直把改善黄土高原生态环境，减轻区域水土流失作为一个重要问题，特别是1999年退耕还林（草）政策实施以来，黄土高原地区的景观生态环境发生了根本性变化，人工植被的规模增加，使之成为全球少有的脆弱环境明显改善的区域。与此同时，半干旱黄土区人工植被引起的土壤干化的环境问题也一直是学术界十分关注的区域性生态科学问题。众多学者在黄土区人工植被下的干化土壤形成机理及其危害方面发表了很多有价值的研究成果。区域内人工植被较深的根系通过吸收深层土壤水分以维持季节性干旱的蒸腾耗水，进而造成深层土壤水分的不断消耗，形成"利用型"土壤干层。黄土高原地区的这一种特殊水文现象，又成为该区域生态恢复的重要制约因素，威胁区域生态系统健康与稳定。土壤干层不但会加速已有植被的衰败死亡，而且对后续多年生、深根系植物的更替形成严重障碍。如何防治人工林地日趋严重的土壤干化问题一直是林学、生态学、土壤水文学、水土保持学、农学等多学科共同和持续关注的重大课题。

《黄土丘陵旱作枣林耗水特征与节水型修剪》一书的作者团队，为了探索多年生人工林地耗水特征与缓解土壤干化途径，在陕北米脂野外基地选择雨养枣林进行了长达13年的枣林耗水特征及其修复技术的试验研究，开展了枣树耐旱能力、枣林地耗水、枣树蒸腾、枣林蒸散量、枣树结构与其生长、枣树耗水对生长的响应及枣树修剪强度与枣树耗水等系列定位试验，获得了丰富的有科学价值的数据。基于大量研究，发现枣树本身具有极强的耐旱能力，枣树的耗水量弹性幅度较大，控制枣树生长可有效控制枣树蒸腾耗水量，通过适度的修剪调控不仅可以有效控制枣树生长，而且可以显著降低植株水分消耗，减弱或消除对深层土壤水分的过度消耗。由此创新性地提出"节水型修剪"理论。该理论的核心思想是"以水定产、以产定型"。"节水型修剪"不追求近期产量最高，而是依据当地多年平均降水量确定树体产量，再根据枣树冠幅大小与目标产量的关系确定出合理的树体生物量，"节水型修剪"追求林地蒸散量不超过多年平均降水量。研究证明，采取"节水型修剪"短期内枣树亩产量有所降低，但是水分利用效率显著增加。研究团队还建立了"林地全年覆盖＋节水型修剪"的技术模式，该技术模式将抑制地面蒸发与限制树木蒸腾紧密结合起来，为今后治理林地土壤干化提供了一条新技术途径，对黄土高原其他植被类型下的干化土壤治理也有重要的参考价值。

《黄土丘陵旱作枣林耗水特征与节水型修剪》专著是作者团队多年试验研究成果的总结。全书内容新颖，丰富了我国黄土高原土壤水分生态和植被建设的研究成果，是一部具有应用价值的农业专著。该书的面世，不但可为黄土区枣树高效用水可持续发展提供指导，而且可为黄土高原其他人工林地土壤干化治理提供理论与技术依据，同时对我国林学、生态学、土壤水文学、水土保持学、农学等方向的生产部门、科研教学人员都有一定的参考价值。

中国工程院院士 山仑

2021 年 6 月于杨凌

前　言

  我国干旱半干旱地区占国土面积的 52%，由于降水量少且分布不均匀，生产力水平低且不稳定。黄土丘陵是黄土高原主要的地貌形态，属于典型的干旱半干旱区。黄土丘陵区历史上受人为开垦破坏原有植被严重，长期存在干旱缺水和水土流失两大问题，是中国乃至全球水土流失较严重的地区之一。为了改善脆弱的生态环境，我国政府自 1950 年以来，在该区不断进行植树造林建设，尤其是 1978 年实施的"三北"防护林体系建设和 1999 年实施的退耕还林（草）工程，有力地推动了该区规模化林草植被的恢复，植被覆盖率从 2000 年的 46% 提高到 2016 年的约 67.7%。然而，由于灌溉条件差、植被类型选择不当、种植密度过大、生产过度等因素，人工植被耗水量大于当地降水量，加上黄土区地下水埋深厚，达几十米至百米以上，水难以向上传递，因此形成不断加剧的土壤干层，使巨大的"土壤水库"长期处于水分亏缺状态。降水补给深度很难超过蒸发蒸腾作用层深度，土壤水分收支的负平衡对陆地水分循环和生态环境必然产生不可忽视的影响。作为黄土高原地区的特殊水文现象，不断加剧的土壤干化正在威胁区域生态系统健康与稳定，也成为黄土高原生态建设可持续发展的瓶颈。

  黄土高原地区人工植被发达的根系通过吸收土壤水分维持生长并度过季节性干旱期，深层根系吸水造成深层土壤水分的不断消耗，形成"利用型"土壤干层。近几十年来，半干旱黄土区人工植被耗水引起的土壤干化的环境问题一直是学术界关注的热点和焦点。众多学者对黄土区人工植被耗水及其危害发表了很多有价值的论文，一致认为人工植被因耗水造成的土壤干层已经是一个区域性的生态科学问题。但黄土高原如此规模化的人工植被造成的土壤干层如何防控和恢复？这方面的研究较为薄弱。我们基于近十几年在米脂旱作枣林林地耗水及节水型修剪方面的科研积累，整理出版《黄土丘陵旱作枣林耗水特征与节水型修剪》专著，以期对黄土高原人工植被建设及生态系统良性循环起到参考和借鉴作用，助力我国干旱半干旱地区生态恢复，保障区域生态安全。

　　本书涉及的研究成果集成了国家支撑计划项目"陕西半干旱区山地特色果品综合节水技术研究与示范"（2007BAD88B05）、"干旱半干旱区节水农业技术集成与示范"（2011BAD29B00）、"陕北水蚀区植被功能调控技术与示范"（2015BAC01B03），国家林业公益项目"山地红枣生态经济林增效关键技术研究与示范"（201404709），国家重点研发计划"典型脆弱生态修复与保护研究"（2017YFC0504402），陕西省科技统筹创新工程计划项目"陕北土石山区红枣高效用水技术集成应用"（2016KTZDNY-01-04）、"山地红枣旱作优质高效栽培技术集成与示范"（2013KTZB02-03-02）、"红枣优质高效生产关键技术集成与示范"（2014KTCG01-03）、"陕北风沙区设施枣树节水提质增效技术研究"（2016KTZDNY-01-05），以及以西北农林科技大学为依托的农业科技推广模式建设项目的研究成果。

　　本书是研究团队集体智慧的结晶，参编者分别来自中国科学院水土保持研究所、西北农林科技大学、宁夏大学、沈阳农业大学等科研院所和高等院校。负责和参与各章编写人员如下：第1章，汪有科；第2章，孙波；第3章，汪星；第4章，汪有科；第5章，魏新光；第6章，陈滇豫；第7章，马建鹏、汪星；第8章，何婷婷、佘檀；第9章，魏新光、陈滇豫、聂真义、惠倩。全书由高志永和汪星负责各章修改和审定，汪有科完成统稿。除上述参编人员外，先后参加研究工作的人员还有李晓彬、张琳琳、刘恋等。本书出版得到黄土高原土壤侵蚀与旱地农业国家重点实验室的资助，在此深表感谢。

　　本书针对黄土丘陵旱作枣林耗水特征进行了探讨，创新性地提出了"节水型修剪"理论。但限于编者水平，对林地的耗水特性及调控技术还处于探索阶段，尚存在一定的局限性，书中难免存在不足和疏漏之处，恳请同行专家批评指正，不吝赐教。

汪有科

2020 年 11 月

目　　录

第1章 绪 论

黄土高原尤其是黄土丘陵区，水资源短缺问题十分突出，年内降雨分布不均及特殊的土壤地形条件，加上历史上人为过度开采植被破坏严重，使得水土流失加剧，整体生态环境不断恶化。为了改善该区域的生态环境，新中国成立以来中国政府一直在努力用人工方式建造植被，特别是全球著名的"三北"防护林建设和1999年实施的退耕还林（草）工程已经成为世界生态文明建设的标志工程，大规模种植的人工林取得了显著的生态景观效益，但由于当地降水量不足以支撑植被耗水，导致林地土壤水分长期处于亏缺状态，甚至出现了永久性的土壤干层。土壤干化又使林木生长受到限制，形成大面积"小老树"和低效经济林，人工植被提前衰败、深层土壤干化修复及后续植被再造成为目前最为关注的生态科学问题。

1.1 黄土区林木耗水是土壤干层的主导因素

树木水分消耗主要通过蒸腾实现，蒸腾是植物水分生理研究的核心，它对合理造林树种选择、林分结构优化及人工林管理措施制定具有重要意义（Miia et al.，2008）。特别是广大干旱半干旱地区，土壤水分和蒸腾的关系尤为密切。在土壤—植物—大气连续体中，受气象条件的驱动，树木根系从土壤中吸收水分用于蒸腾，在无水分补充的情况下土壤水分含量会因此降低，当低到一定程度后，土壤水分反过来又会影响蒸腾对气象因子的响应关系，可见土壤水分与树木耗水之间相互影响，二者关系复杂。以往，树木根系发达、垂直根系长度是选择当地造林树种的重要条件，然而人工植被较深的根系通过吸收深层土壤水分以维持季节性干旱的蒸腾耗水，进而造成深层土壤水分的不断消耗，形成"利用型"土壤干层，使得原本巨大的土壤蓄水库容长期处于严重的水分亏缺状态（杨文治等，2004；Liu et al.，2005）。土壤水分亏缺是限制植被生长的主要原因，植物由于受到严重的水分亏缺无法进行正常的蒸腾降温，又会诱发夏季的高温和太阳辐射胁迫（Bray，1998）。也有研究证明水分亏缺情况下蒸腾受到抑制，气孔关闭过多对植物碳吸收和固定不利，叶片不能进行正常的光合作用，生长所需要的养分就会不足，而且根系在蒸腾拉力作用下除了为树冠吸收水分之外，一些来自土壤和肥料中的无机盐、养分等物质也伴随水分输送给冠层，水分引起蒸腾拉力减弱，这部分养分供应会出现问题，养分匮乏也会引起一些相关的胁迫（如氮胁迫），这些胁迫也与水分亏缺息息相关（Bray，1998）。

国外20世纪30年代开始研究植物蒸腾耗水（Sinclair et al.，2014）。我国20世纪60年代开始，主要侧重于植物光合、呼吸和蒸腾特性（吴普特等，2008）的研究，研究多集中在单株植物耗水特性，许多学者曾对黄土高原地区刺槐、苜蓿、沙打旺等植被的蒸腾耗水、土壤水分、林地水量平衡等方面进行了较多研究，并对乔灌木树种耐旱性及林地水分动态作了相关分析和评价。但已有研究还无法直接解决目前黄土高原大规模人工植被下的土壤水分日趋严重的亏缺问题，有关深层土壤干化治理的研究也十分薄弱，鲜有报道。植物蒸腾耗水大于降水补充是土壤干化的主导原因，但是通常认为蒸腾耗水是有效耗水，人们多注重在无效耗水方面采取措施，如蒸发、径流等防治，很少有人考虑通过降低蒸腾来缓解和治理土壤干化。汪有科研究团队近年来基于枣树单株蒸腾耗水量和产量对修剪的响应试验研究，创新性地提出节水型修剪理念及技术指标，以节水型修剪限制枣树蒸腾为基础，结合覆盖降低蒸发损失，形成了土壤干化调控的技术体系。

1.2 林地耗水研究进展

1.2.1 测定及模拟方法

耗水量（蒸发蒸腾量）的测定方法可归纳为微气象学方法、水文学方法、植物生理学方法、尺度扩展方法等。其中，水文学方法主要指水量平衡法和水分运动通量法，微气象学方法包括涡度相关法、波文比—能量平衡法等，植物生理学方法包括植株液流法等。耗水量的模拟方法主要为间接和直接计算。

（1）微气象学方法。微气象学方法主要包括涡度相关法、波文比—能量平衡法等。涡度相关法是公认的测定地表蒸散的标准方法之一（司建华等，2005），用特制的涡度通量仪，借助所测风速、温度、湿度等脉动资料可计算出相应的脉动量的协方差，便可得独立的潜热和感热通量值。

涡度相关法理论假设很少，对湍流交换系数、风廓线的形状及浮力的影响等没有特定假设，原理比较严谨完善（王有年等，2008），可对地表蒸散实施非破坏性的长期连续定点监测，且可测得短期内的蒸散量与环境因子变化资料。但仪器成本高昂，加上该方法要求有足够大的平坦均一下垫面，还需要进行平流校正，夜间观测结果误差较大，而且传感器十分精密，在恶劣天气下易受损坏，需根据当地实际特点来选取数据校正与插补。此外，由于该方法是一种直接测定技术，所以不能解释蒸发蒸腾量的物理过程和影响机制，这些都使其使用受到限制。

波文比—能量平衡法是根据边界层扩散理论，在假定热量交换系数和水汽的湍流交换系数相等的情况下，当只考虑热量和水汽的垂直输送时，通过简化下垫面的能量平衡方程得地表蒸散量（司建华等，2005）。应用波文比—能量平衡法的最大优点是可以分析蒸散与太阳净辐射的关系，揭示不同地带蒸散的特点及主要影响因子变化对蒸散的作用。波文比计算感热通量和潜热通量的公式具有较高的观测精度，但有均一下垫面，热量交换系数和水汽交换系数相等的假定条件限制（魏天兴等，1999）。在平流逆温条件下，空气的温度、湿度铅直廓线的非相似性导致了热量与水汽湍流系数的非等同性，往往造成此法的测量结果出现较大误差，为提高波文比—能量平衡法的测量精度，要把观测点布置在水平均一的田块中，并保证足够的风浪区长度（张宝忠，2009）。

（2）水文学方法。水文学方法主要包括水量平衡法和水分运动通量法，其中水量平衡法是测定蒸发蒸腾量最基本的方法，它是通过测定一定时段里作物根区内土壤贮水量的变化，结合降水、径流、地下水补给等资料，根据水分收支平衡来推算实际蒸发蒸腾量。水量平衡法适用范围广，可测定不同面积大小（几平方米至几百平方千米）的区域蒸发蒸腾量，常用于对其他测定或估算方法进行检验。例如，Ford 等（2007）在美国卡罗来纳州西北部凤梨林里，以水量平衡法为基准，在流域尺度内对液流法的测定结果进行了误差分析。龚道枝（2005）用水量平衡法检验了苹果园液流—微型蒸渗仪确定的蒸散量。

在果园蒸散研究中，由于很难确定非均质的果树冠层导致的非均匀边界层，微气象学方法的使用受到极大限制，而水量平衡法的应用不受到地形、土地利用状况和天气状况的影响，是确定果园耗水量很好的选择（龚道枝，2005）。水量平衡法的缺点是一般情况下，它只能用于较长时段（一周以上）的蒸散量计算（魏天兴等，1999），不适宜解释蒸发蒸腾的详细动态变化过程，也不适宜阐明各类影响因子对蒸发蒸腾量的控制作用，而且不能反映植物的生理特性（王华田等，2002）。此外，为了取得较可靠的测定值，必须保证水量平衡各分量测定值有足够的精度，而有的分量较难准确测定，如土壤水分的观测精度会受到空间变异性的影响，受根系吸水影响的土层深度也难以确定。这些因素一定程度上限制了水量平衡法的精度，但现阶段仍为林地耗水测定最常用和可靠的方法。

水分运动通量法是从土壤水分运动出发，结合土壤物理状况来研究蒸发蒸腾的一种方法。水分通量法有两种，即零通量法和定位通量法。当地下水位较高或降雨频繁时，零通量面不稳定或并不一直存在，实际中常用的是定位通量法（魏天兴等，1999）。定位通量法须测得定位点上、下的水吸力或基质势，同时标定该处土壤非饱和导水率与基质势的关系，再利用达西定律计算地表水通量，进而求得蒸发蒸腾耗水量。该方法只能得到总的蒸散量，不能将蒸发量与蒸腾量分开。

（3）植物生理学方法。植物生理学方法主要指树干液流法，Huber（1968）将热脉冲法用于测量树木木质部树液流速。生理学方法的优点是准确、操作简单，适用于测定蒸腾量，尤其是在一些特殊情况下，如地形复杂或单棵植株，用植物生理学方法才能对蒸腾量作出估计。其主要缺点是：液流法测定的是单株水平，当样本数较少时，容易造成尺度扩展误差，且该方法仅能测定蒸腾，需要补充测量蒸发。该法测量误差主要来源于植株茎秆热贮量和环境温度变化。此外，因加热处树干组织坏死，不利于长期定点连续观测（王华田等，2002；司建华等，2005；胡继超等，2004；魏天兴等，1999）。

（4）尺度扩展方法。利用液流和土壤蒸发资料，通过合理的尺度扩展计算林分水平的耗水量为尺度扩展方法。相比于微气象学方法，尺度扩展方法基本不受下垫面、天气和地形的影响，只要选择合适的尺度转换方法，精度就能得到保证，且仪器相对便宜，操作简便。相比于水文学方法，尺度扩展方法时空分辨率高，且不受地表径流、下渗量等诸多不易测量数据的影响。此外，由于单独测定蒸发和蒸腾过程，因而尺度扩展方法可以弥补水文学方法或微气象学方法无法区分蒸腾量与蒸发量的不足。因此，在林分水平上，尺度扩展方法是适宜的蒸发蒸腾量测量方法。尤其在山地等下垫面并不均一条件下，微气象学方法并不适用，尺度扩展方法的优势更为明显。

（5）数值模拟。实际耗水量（蒸发蒸腾量）的模拟计算可分两类，一是通过修正潜在蒸散的间接计算，基本思路是先计算参考作物蒸发蒸腾量，然后根据作物的实际生长状况和环境条件，乘以合适的系数（一般考虑土壤水分胁迫因子和作物系数）进行修正。这种方法只需要常规的气象要素，常用于一天或更长时段的蒸发蒸腾量估算（胡继超等，2004）。二是应用相关模型直接计算。如采用稠密植被状况下的单源大叶模型 Penman-Monteith 模型（Penman，1948）；稀疏植被状况下的双源 Shuttleworth-Wallace 模型（Shuttleworth et al.，1985）；多层冠层条件下的多源模型，如 Choudhury 等（1988）的四层模型、Dolman（1993）的三层模型、Brenner 等（1997）的三层模型等；互补相关模型，如平流—干旱模型（Brutsaert et al.，1979）、CRAE 模型（Morton，1983）和 Granger 模型（Granger，1989；Granger et al.，1989）等。蒸散模型考虑的层次增多，模型成立的假设减少，逻辑推理更为严密，模型适用性和精度提高，但是需要的输入参数增加，求解过程更为复杂。

其中，Penman-Monteith 模型是经典的蒸发蒸腾量模型，尤其是在密集植被里。该模型全面考虑影响蒸发蒸腾的大气物理特性和植被的生理特性，具有很好的物理依据，可清楚了解蒸发蒸腾变化过程及其影响机制（De Tar，2009；司建华等，2005；胡继超等，2004），在农田尺度蒸发蒸腾量的估算中得到广泛应用。但 Penman-Monteith 模型将植被冠层看成位于通量源汇处的一个叶片，将植被冠层和土壤当作一层（Monteith，1965），忽略了植被冠层与土壤之间的水热特性差异，而对于稀疏植被，蒸腾与蒸发的通量源汇面存在较大差异，且二者之间的相互作用比较强烈，因而被认为不太适合估算稀疏植被的实际蒸发蒸腾量（Farahani et al.，1995），且该模型不能将蒸发和蒸腾分开来模拟。

由于 Penman-Monteith 公式不能准确计算作物在冠层郁闭度较低时的蒸散量，为此 Shuttleworth 等（1985）研究了稀疏覆盖表面的蒸散，假设作物冠层为均匀覆盖，引入了冠层阻力和土壤阻力两个参数，建立了由作物冠层和冠层下地表两部分组成的双源蒸散模型。考虑到植被冠层类型的不同，以 Shuttleworth-Wallace 模型为基础，Dolman（1993）与 Brenner 等（1997）分别提出了密闭冠层多层模型和稀疏冠层多层模型等多源模型。Brenner 等（1997）基于 Shuttleworth-Wallace 模型建立了多源蒸发蒸腾模型。之后 Shuttleworth-Wallace 模型被发展成包括土壤干燥层和湿润层的双源 4 层模型（Zhang et al.，2009）。也有很多学者根据不同灌溉方式的灌水特点建立起多层蒸发蒸腾模型，例如，Zhang 等（2009）根据葡萄园的实测数据建立了沟灌条件下的 PRI-ET 模型，Li 等（2010）建立了樱桃园小管出流灌水方式下的 Bubbler-ET 模型，Shuttleworth-Wallace 模型不断得到发展和完善。

1.2.2　气象因子与树体蒸腾

国内外对树体蒸腾和气象因子的响应关系研究始于 20 世纪初，特别是近些年来，随着观测设备的普及，研究成果大量涌现。由于研究的地域、气候、植被类型等因素存在差异，研究结果也存在一定的差异性，但辐射、相对湿度、气温等气象因子始终是蒸腾的主要影响因子，而且辐射始终是蒸腾最主要的影响因子。

气象因子之间具有一定关联性，一个气象因子的变化往往伴随着其他因子的变化，如辐射增加时往往气温随之升高，风速增高又会带走空气中的湿度并降低温度，而湿度和温度又是饱和水汽压差（VPD）的决定因子。也有研究结果表明降雨通过减弱辐射和降低温度使得树木蒸腾受到抑制（Chen et al.，2011）。可见蒸腾与气象因子之间的关系错综复杂，大多数气象因子与蒸腾之间存在不同程度的相关关系。Konarska 等（2016）在市区树木的降温效应研究中发现，树木蒸腾耗水随着辐射及饱和气压差的增大而增大，但辐射和温度超过一定程度会使树叶气孔大幅度关闭，导致蒸腾速率减小，影响树木的降温速率。Chen 等（2014）在不同土壤水分下枣树液流对气象因子的响应研究中，采用液流除以叶面积指数的方法排除叶面积干扰，发现光合有效辐射与饱和气压差是影响液流的主要气象因子。对于树木来讲，VPD 和辐射被认为是驱动蒸腾的最主要因子（Chen et al.，2011），且大部分关于林木的研究认为 VPD 对蒸腾的控制作用强于辐射（Granier et al.，1996b；Xu et al.，2011），这是因为乔木林地的冠层从空气动力学角度来讲比较粗糙，空气流动性较好，阻力较小，与大气耦合程度良好，这种情况下 VPD 对蒸腾起主导作用（陈立欣，2013）。蒸腾对 VPD 呈饱和响应关系在不同地区不同树种中普遍存在（Hernandez-Santana et al.，2011；Patakas et al.，2005；Zhao et al.，2009）。有些树木蒸腾与辐射之间的响应方式也为饱和响应（Pataki et al.，2003；Phillips et al.，2003），但直线响应关系在很多研究中也有报道（Meinzer et al.，1993；Meinzer et al.，1995）。

1.2.3 土壤水分与树体蒸腾

土壤水分状况直接影响到植株的蒸腾，特别是广大干旱半干旱地区，土壤水分和蒸腾的关系尤为密切。张华等（2006）在吕梁山区对不同土壤水分条件下刺槐的蒸腾效率进行比较，发现不同水分条件下蒸腾差异明显，蒸腾耗水量和土壤含水量呈现显著相关关系，蒸腾耗水量随干旱胁迫的加重而减少。芦新建等（2008）也发现林木的蒸腾速率与土壤水分关系较密切。在土壤含水量较低时，植物的蒸腾速率会随着土壤含水量的增大而增大；当土壤水分增大到一定程度时，蒸腾速率增加的速度变得和缓；当土壤水分继续增大时，蒸腾速率反而会降低（李吉跃等，2002）。土壤干旱胁迫条件下不同幼苗蒸腾耗水量均随干旱时间的延长而持续下降（段爱国等，2008），类似的研究结果在对农作物如小麦（张红卫等，2010）、水稻（陈家宙等，2001）、烤烟（汪耀富等，2007），以及林果树如山杏（刘硕等，2006）等的研究中也能见到。此外，植株的蒸腾在土壤水分亏缺严重时候等均表现出一定的抗旱适应性。Chen 等（2014）提出枣树在受到干旱胁迫与未受到干旱胁迫时，其液流对气象因子响应机制不同。魏新光等（2015）发现土壤水分的增加会使枣树液流（瞬时蒸腾）的谷值提前，峰值推后，"午休"缩短，旺盛蒸腾时间延长。Sulman 等（2016）发现饱和气压差或土壤水分较低都会导致一部分树叶气孔关闭，使树木的蒸腾能力和光合能力减弱。

1.2.4 蒸腾的时间尺度效应

树体蒸腾是土壤—植物—大气连续体（Soil-Plant-Atmosphere Continuum，SPAC）中的重要环节，受到土壤、气象和自身生长特性的共同影响（康绍忠，2003）。前人对黄土高原天然和人工种植的常见树种的蒸腾规律进行了大量的研究，但是这些研究大多集中于直接探讨不同树种在各生育阶段蒸腾的主要控制因子，而各因子的时间和空间尺度效应往往被忽略。然而，直接将未经转换的较小时空尺度的结论上推到较大尺度，或者反之，都往往造成很大的偏差（Anderson，2008；Anderson et al.，2007；Hong et al.，2009）。

前人就对实现时空尺度的提升途径，以及不同尺度下蒸腾对气象因子的响应进行了很多有益的探索。许迪等（2006）对灌溉水文学尺度转换过程中涉及的非线性转换和自然异质性问题进行了初步探讨。Irmak等（2008）借鉴电学原理实现了叶片气孔导度和冠层气孔导度的转化。蔡甲冰等（2011）确定了小区和田间尺度下，白天和全天蒸散的主要影响因子。刘国水等（2011）认为不同时间和空间尺度的蒸散量与净辐射的相关关系均较好，但与空气湿度、温度和风速的相关关系随尺度变化而变化。Wang等（2010）也发现不同生长季，叶片蒸腾与各影响因素间的关系不同。此外，杨汉波等（2008）通过量纲分析及数学推导，推算出适用于任何时间尺度的水热耦合方程，比较准确地模拟了年、月、旬、日尺度上的实际蒸发量。魏新光等（2014）研究枣树主要影响因子的时间尺度效应，发现液流在较小时间尺度（日和时）上和除风速外的气象因子均极显著相关，但在较大尺度上（旬和月）仅和叶面积、叶面积指数及土壤水分极显著相关。

总之，国内外学者对不同地区不同树种不同时间尺度和空间尺度的耗水机制、影响因素等进行了大量研究，然而枣树99%分布在我国，世界上关于枣树的研究不多，关注其耗水机理的研究十分缺乏，虽然也有少量相关文献见诸报道，但系统、多方位的深入研究明显不足。

1.3 树木修剪对耗水影响的研究进展

1.3.1 修剪树型结构的研究

国内外对修剪的研究多集中在把它当作一种园艺技术来调节果树的枝类组成和冠层结构。一是为了调节营养枝和结果枝的比例，实现营养生长和生殖生长的平衡；二是为了提高果实品质，因为修剪对冠层结构的改变会改善冠层内的透光条件，有利于果实着色。光截获的改变会引起光合和蒸腾等生理活动的变化，进而影响冠层微气象，冠层微气象又反过来影响生理活动（Beis et al.，2015），因此，修剪对树木生长的影响十分复杂。Hampson等（2002）研究表明细长纺锤形、Y形等四种树体结构对果树生长而言差异较小，但密植V形结构果树可以截过更多光和有效辐射，显著促进果实生长。对于柑橘而言，通过剪除弱枝小枝，使树体上保留3~5个健壮主枝，每个主枝上留2~3个副主枝的树型结构可以显著提高柑橘坐果率和产量（张玉婷，2011）。而对于北疆金三角苹果树种，最适的树型结构为小冠疏层形。该树型结构要求果树株行距均为3~4 m，全树共分为三层，从下至上分别保留3、3、2个主枝，从而可以平衡苹果树内外长势，使树体内部树枝也能够健壮充实（姚国庆，2012）。目前有些学者采用结构—功能模型来对修剪进行研究，对树体冠层结构的考虑十分细致，基本实现冠层三维结构的可视化、数字化和精准化，将修剪研究推向了一个新高度（Surovy et al.，2012）。在有些地区修剪也作为一种造林干预手段，用于刺激树木生长和提高木材质量（Davidi et al.，2010），或者作为一种控制病虫害的措施（Eyles et al.，2013）。

1.3.2 修剪对果树蒸腾调控的研究进展

修剪会增加林地里的光照并改善通风条件，增加地表直接被光照射到的面积，使得林地有所升温，这些都会对剩余叶片的蒸腾速率产生促进作用（Forrester et al.，2012），而且修剪会提高冠层与大气的耦合程度进而增加蒸腾速率（Wullschleger et al.，1998）。另一方面，修剪减小了叶面积，叶面积与蒸腾量之间存在正相关关系（Forrester et al.，2012），因此从树体单株尺度来讲，修剪到底是减小了树体总蒸腾耗水量还是增加了它，或者对它影响不大？这个问题在不同气候环境、不同树种及不同修剪方式下结论不一。

　　Bussi 等（2010）认为冬季修剪缩短了桃树的枝条长度，减小了茎水势，但增加了气孔导度和叶片蒸腾速率，并且发现叶片气孔导度和蒸腾速率与结果枝组枝条长度之间存在线性关系。Marsal 等（2006）的试验也证明在干旱环境下夏季修剪可以缓解桃树夏季水分胁迫。也有研究表明夏季重度修剪可以帮助梨树和桃树在极度干旱的年份保持较好水势，有利于树体存活（Proebsting et al.，1980）。Alcorn 等（2013）对澳大利亚亚热带地区的两个桉树品种做了相关研究，发现冠层下部分所有枝条都剪去50%的长度之后，8 d 内两个品种平均日蒸腾量分别减少39%和59%，随着时间推移，蒸腾量逐渐恢复，36d 之后完全恢复到没经过修剪的树体的蒸腾量水平。Forrester 等（2012）在维多利亚西南部也对人工桉树林进行了相关研究，通过修剪只留下上半部分冠层所有枝条长度的50%（相当于剪去75%的枝条长度）后，树体蒸腾量只减小12%，因为这种修剪方法把冠层底部光照条件最差的低效枝叶去除，同时刺激了上部剩余枝条上叶片的生理活动，最终提高了水分利用效率（生物量与蒸腾量的比值）。另一项关于桉树的研究表明去掉冠层最上部分的叶片（约为整个冠层叶片量的45%）之后，剩余叶片的气孔导度和蒸腾速率出现补偿效应，皆有所增加（Quentin et al.，2011）。另外，Bussi 等（2010）研究发现高强度的修剪措施可以减小梨树茎水势和枝条总长度，但叶片气孔导度和蒸腾速率增加。Wullschleger 等（1998）也认为对冠层修剪以后树体能更好地适应环境，但蒸腾速率不是减小，而是增加。Afonso 等（2017）通过比较葡萄牙常使用的单个主干型苹果种植模式和两根主叉枝种植模式发现，两种方式对叶片生理生化和抗氧化参数几乎没有影响，但显著影响叶片气体交换参数，其中后者具有较大的光合速率、蒸腾速率、气孔导度和细胞间二氧化碳浓度。

1.3.3　修剪对林地土壤水分影响

　　将修剪视为一种可能改善林地土壤水分状况的研究并不多见。Hipps 等（2014）在针对法国梧桐树的研究中设计了两种不同的修剪方法：一是剪掉所有主枝30%的长度，该方法减小了冠层规格；二是不改变主枝长度，剪掉主枝上30%的小枝，该方法属于疏枝，对冠层大致规格不产生影响。结果表明第一种和第二种修剪方法总叶面积分别在第三年和第二年得到恢复，其间修剪对土壤含水量的提高作用只在第一种修剪方式下存在。这是因为第二种修剪方式使冠层内枝条分布变得稀疏，增加了边界层导度，提高了树木与大气的耦合程度，故加大了剩余叶片的蒸腾速率，且这种加大作用与叶面积的减小产生的减小蒸腾作用相抵消，使得树体总耗水量几乎不变，故土壤含水量也没有明显变化。而第一种修剪方式不影响冠层内部枝条的疏密程度，故几乎不影响剩余叶片与大气的耦合作用，剩余叶片蒸腾速率与修剪之前相比变化不大，修剪后叶面积的减小使得整株树蒸腾量减小，故改善了林下土壤水分条件。

Namirembe 等（2009）对肯尼亚干旱环境中生长的决明子进行每年四次修剪，发现修剪抑制了冠层生长，减少了树体蒸腾进而减缓了土壤水分亏缺，解剖结构的结果也表明修剪减小了木质部导管直径，减小了水力学导度。Jackson 等（2000）在肯尼亚山地农林复合系统（银桦与玉米）中的研究表明，中度修剪虽然减小了树体与农作物之间的光能竞争，但是并没有明显改变树体需水量，最终导致土壤含水量并没有发生变化；但是重度修剪减少了树体水分需求，使得系统中土壤水分条件发生明显改善。Smith 等（1998）在防风林与农田结合地带的研究也表明，林木进行修剪降低了气孔导度，且能够减小其与附近农田的水分竞争。

地中海地区生长季前半年砍伐后的橄榄园在生长季里长出了新的枝叶，但生长季结束之后发现其消耗的土壤水分要远远少于对照处理，该结果与硬叶树遭遇火灾之后重新再长出的生物量耗水下降的情况一致（Shelden et al.，2000）。同样地中海气候条件下，砍伐的方式可以帮助人工橡树林安全度过旱季（Larcher，2000）。聂真义（2017）分析了基于二次枝长度控制的修剪方法对枣树蒸腾量和枣园土壤水分的影响。另外，魏新光等（2014）对另一种修剪方法——主枝修剪也作了初步探讨，这两项研究都证明修剪可以减小枣树蒸腾量及提高枣园土壤含水量。

总体而言，前人研究主要集中于不同修剪方式、修剪强度、树形结构下的比较研究，大都侧重于修剪方式和修剪强度对树体光合、结果能力、树势、产量、品质等影响方面的研究。然而，修剪对果树蒸腾的影响更为复杂，因为它涉及营养器官与果实之间的同化物分配，修剪会改变产量和蒸腾，而果实数量的变化也会引起蒸腾变化。这使得修剪对果树生长的影响更为复杂。对不同树体修剪量、树体的冠幅规模、枝叶量和蒸腾耗水关系研究的文章并不多见。此外，对于不同修剪强度对枣林地土壤水分的年际变化、剖面变化，土壤水分平衡状况以及枣树生长和水分利用效率等方面的深入研究仍有所欠缺。

第 2 章 枣树耐旱能力试验

干旱是植物经常遭受的一种逆境，干旱条件下植物的失水速度超过了吸水速度，导致植物体内水分亏缺，水分平衡破坏，正常的生理过程受到干扰甚至受到伤害，干旱严重时植物会发生萎蔫。枣树萎蔫是对干旱胁迫的一种适应性变化，是自身遭受胁迫对外发出的一种危险信号。为深入了解枣树的抗旱性与耐旱能力，国家节水灌溉杨凌工程技术研究中心在米脂基地进行了枣树耐旱能力试验。试验研究证明：①梨枣的初始萎蔫系数在 2.017%～3.054%，平均为 2.494%；表征永久萎蔫系数在 1.199%～1.998%，永久萎蔫系数在 1.250%～1.489%；耐旱致死点为 1.250%，时间为 135±11 d。②在枣树叶片完全干化达 14 d，对其复水后枣树仍然可出现再次萌芽；在地上部分枝叶全部干化，仍有部分试验树在第二年成活，甚至还会有少量结果。以上试验结果表明枣树是一种十分抗旱的树种，在半干旱黄土丘陵区自然状况下不会出现干旱致死，该研究可为枣树的水分管理提供参考。

2.1 研究方法

2.1.1 试验方案

本试验选用陕北梨枣幼苗为材料。于 2012 年 5 月上旬将规格大小基本一致的米脂县孟岔村一年生梨枣栽入塑料盆中。塑料盆高 65 cm，上下均是正方形，上大下小，上边长 40 cm，下边长 35 cm。盆栽内土层厚度为 60 cm。供试土壤为黄绵土，容重为 1.17 g/cm³，田间持水量为 24.08%。填装土壤的机械组成为：1～0.25 mm 0.01%，0.25～0.05 mm 35.86%，0.05～0.01 mm 50.27%，0.01～0.005 mm 3.53%，0.005～0.001 mm 3.85%，小于 0.001 mm 6.48%。

从 2013 年 4 月 13 日起选取 70 盆萌芽生长一致的盆栽进行试验，实际参与试验的共计 63 盆。试验中有 3 盆为 CK 对照组，每 7 d 浇 100 mL 水，让其正常生长。本试验其余 60 盆是在持续的干旱胁迫下进行的，试验的第一天为干旱胁迫的第一天。试验分为六个阶段，分别为暂时萎蔫、初始萎蔫、叶片全部萎蔫、叶片开始干枯、叶片全部干枯、枝叶全部干枯。从第二个阶段起，每个阶段的当天及之后的每 7 d 随机抽取 3 盆测土壤含水量并且复水（每次复水都浇透水，约 5 000 mL），每一个阶段不够 7 d 的就不用复水，等到下一个阶段的当天开始复水，复水的频率跟第二个阶段一样。盆栽复水后，观察枣树生长情况，并且复水后的盆栽即被淘汰，不参与下一个阶段的试验。

2.1.2 指标测定及计算

（1）土壤水分。试验期间采用传统的取样烘干法测定土壤含水量。

（2）枣树萎蔫状况。试验将枣树萎蔫到致死划分为枣树暂时萎蔫、初始萎蔫、表征永久萎蔫、耐旱致死四个阶段，具体标准如下：

①枣树暂时萎蔫。梨枣的部分嫩梢与叶片在正午或傍晚出现短时间卷曲下垂现象，并在夜间、次日早晨及遇到阴天即可消失。

②枣树初始萎蔫系数。当枣树嫩梢及叶片发生卷曲，第二天早晨仍不能恢复原状时即为初始萎蔫，此时土壤含水量即为初始萎蔫系数。

③枣树表征永久萎蔫系数。枣树叶片全部卷曲，并且复水后叶片不能恢复，卷曲现象不能消失，但在一定时间内对植物进行复水后枣树能发出新芽，枣树能够复活则认为枣树达到的是表征永久萎蔫，复水前的土壤含水量为表征永久萎蔫系数。

④枣树耐旱致死点。地上所有叶片干枯后，在一定时间内，土壤含水量继续下降，超过某临界值即耐旱致死点后，枣树复水不能恢复生长，此时枣树彻底死亡。复水后连续观察 15 d，若复水后 15 d 枣树仍未萌芽恢复生长，则判定其死亡。复水前的土壤含水量为耐旱致死点。

2.2 干旱胁迫下枣树外部形态变化

表 2-1 是干旱胁迫组枣树与对照组 CK 在相同时刻形态特征到达的阶段。干旱胁迫组第二个阶段，初始萎蔫当天随机抽取 3 盆测其土壤含水量即为初始萎蔫系数，然后复水，发现复水 7 d 内梨枣叶片的萎蔫现象消失，之后每个 7 d 就随机抽取 3 盆测其土壤含水量并复水，复水后的梨枣叶片的萎蔫现象均可消失，叶片无脱落现象，梨枣恢复生长；此时对照组 CK 处于开花期，花芽开始萌生与开放。

表 2-1 干旱试验过程中梨枣的形态特征

阶段	试验持续天数（d）	干旱胁迫组	对照组 CK
1	20	暂时萎蔫	萌芽展叶期
2	38	初始萎蔫	开花期
3	59	叶片全部萎蔫	坐果期
4	98	叶片开始干枯	果实缓慢生长期
5	121	叶片全部干枯	果实快速生长期
6	135	枝叶全部干枯	果实成熟期

干旱胁迫组在第三个阶段与第四个阶段叶片开始干枯，对梨枣复水后，梨枣的叶片逐渐脱落，未脱落的部分叶片会发生干枯现象，嫩梢与新叶部分的萎蔫消失并且恢复生长，梨枣会萌发出新芽，在梨枣叶片开始干枯之前所测的土壤含水量即为表征永久萎蔫系数；此时对照组 CK 处于坐果期，花芽也在开放，边开花边坐果。

干旱胁迫组第四个与第五个阶段之间对梨枣复水后，梨枣会在复水后的 10 d 内地上部分完全干枯并萌发出新芽；此时对照组 CK 处于果实缓慢生长期，果实也开始慢慢膨大。

干旱胁迫组第五个与第六个阶段之间，在叶片完全干枯后的第 0、7、14、16、18、21 d 分别随机抽取 3 盆对其复水，发现完全干枯后的第 0、7、14 d 对梨枣复水，梨枣在复水后的 15 d 内均可以萌芽，但是在完全干枯后的第 16、18、21 d 对梨枣复水，梨枣在复水后的 15 d 内无法萌发出新芽，判定梨枣死亡；此时对照组 CK 处于果实快速生长期，果实开始迅速膨大。

干旱胁迫组组第六个阶段梨枣枝叶全部干枯，对梨枣进行复水，复水后梨枣无法恢复生长，梨枣失去生命力，梨枣死亡；此时对照组 CK 处于果实成熟期，果实开始白熟并慢慢着色。

对照组 CK 到试验结束时植株均生长正常，并平均每盆结 3 个果实。受到持续干旱胁迫的梨枣萌生的花芽因为干旱胁迫不开花，个别花芽开花不久就会枯萎，极少数花芽能坐果，但是坐果后，果实还未膨大就开始发黄变黑，最后脱落。

2.3　干旱胁迫下的枣树萎蔫系数

2.3.1　暂时萎蔫

试验过程中，梨枣的部分叶片发生轻微卷曲下垂现象，而后现象消失，这个现象在大田枣树也经常发生。虽然引起梨枣暂时萎蔫的原因很多，一般正午光照强烈、气温过高等均可能造成暂时萎蔫，但是这也是枣树生长需要水分不足的症状。此现象出现后如果近期无降雨，建议有条件的枣园实施灌溉，以保障枣树的正常生长。在陕北山地枣林出现暂时萎蔫时，一般等到下一次降雨可恢复其正常生长，所以暂时萎蔫不会对枣树的生长造成严重影响。

2.3.2　初始萎蔫系数

表 2-2 是梨枣初始萎蔫系数。当梨枣初次发生萎蔫时，并且次日晨萎蔫不能消失，植株没有恢复正常，则判定其为初始萎蔫。梨枣的初始萎蔫系数个体差异较大，在 2.017%～3.054%，平均为 2.494%。当梨枣发生初始萎蔫后，虽然梨枣不会死亡，但是其植株地上部分的萎蔫程度会进一步加重，最终会影响当年梨枣的产量与品质。为避免萎蔫的进一步恶化，应在梨枣发生初始萎蔫时进行适当灌溉，使梨枣恢复正常生长。

表 2-2　梨枣的初始萎蔫系数

株号	树高（cm）	主干基茎（mm）	初始萎蔫系数（%）
1	45.08α	10.45α	2.017
2	44.92α	10.51α	2.411
3	45.00α	10.54α	3.054

注：同一列中相同字母表示个体之间差异不显著（$p < 0.05$），下同。

2.3.3　表征永久萎蔫

梨枣复水后的 6～7 d 萎蔫消失并恢复生长（表 2-3），在第三个阶段，梨枣完全萎蔫后与第四个阶段梨枣叶片开始干枯之间，对梨枣复水，梨枣的叶片萎蔫现象不消失并且逐渐枯萎掉落，复水后的 10 d 内，梨枣重新萌发新的枝叶，则认为梨枣在复水前发生了表征永久萎蔫，在梨枣叶片开始干枯之前的土壤含水量即为梨枣的表征永久萎蔫系数。梨枣的表征永久萎蔫系数在 1.199%～1.998%，平均为 1.489%。梨枣发生表征永久萎蔫后，此时如果不及时对梨枣补充大量的水分，梨枣即将面临死亡。所以表征永久萎蔫系数是梨枣可持续发展的灌溉标准，当土壤水分低于表征永久萎蔫系数后，将给枣农带来无法挽回的损失。

表 2-3 梨枣表征永久萎蔫复水后的情况

株号	树高（cm）	主干基茎（mm）	复水前的土壤含水量（%）	复水后植株恢复状况
1	45.11α	10.57α	1.199	6 d 萌发新芽
2	44.82α	10.47α	1.270	7 d 萌发新芽
3	45.07α	10.46α	1.998	7 d 萌发新芽

本试验枣树耐旱性天数是从 2013 年 4 月 13 日开始，实际上供试验的盆栽枣树最后一次灌水是 2012 年 10 月 13 日，所以说本试验枣树的持续耐旱时间要比本文表述的更长。表征永久萎蔫系数越大，意味着植物的抗旱性越差，反之越强。樊卫国等（2002）研究发现刺梨（Rosa roxburghii Tratt.）在黄壤上其萎蔫系数高达 22.700%。冉飞等（2008）研究锡金微孔草（Microula sikkimensis）暂时萎蔫期和永久萎蔫期土壤含水量分别为 7.060% 和 6.200%。邹丽伟等（2009）研究翅荚木（Zenia insignis）土壤永久萎蔫系数当年生苗木为 7.83%，一年生留床苗为 5.950%；当土壤含水量低于 6.030% 时，当年生翅荚木枯死落叶，当土壤含水量为 3.32% 时，一年生留床苗严重萎蔫、枯黄。同样是枣树的不同品种中，脆枣的永久萎蔫系数为 2.162%，沾化冬枣的永久萎蔫系数为 2.997%（冯宝春等，2004），尖果沙枣（Elaeagnus oxycarpa）一年生实生苗的永久萎蔫系数为 4.300%（齐曼·尤努斯等，2011）。本试验的结果显示梨枣的初始萎蔫系数（表 2-2）平均为 2.494%，表征萎蔫系数（表 2-3）平均为 1.489%。仅从相关研究报道看，梨枣无论相对其他种类植物还是枣树不同品种的萎蔫系数都要小，表明其具有很强的抗旱性。

本研究将枣树的萎蔫到致死分为六个阶段。从本研究看，每个阶段盆栽土壤水分都有连续多次不变的情况，所以作者认为张小泉（1990）用连续测几次土壤含水量，土壤含水量不变或者蒸腾作用几乎停止来定义枣树苗木的永久萎蔫系数的定义方法并不准确，因为苗木的永久萎蔫系数不同于蔬菜花卉，苗木的根系更为发达，对苗木复水后，苗木有可能恢复生长。本试验中梨枣的地上叶片完全枯萎后，复水后梨枣仍能够萌发新芽恢复生长，也就是说梨枣没有达到永久萎蔫，只是表面上的永久萎蔫，即表征永久萎蔫。此时，用表征永久萎蔫系数来表征苗木的抗旱性更为确切。

2.4 干旱胁迫下的枣树耐旱致死点

梨枣进入第五个阶段地上叶片完全干枯，当天对其复水，复水后的第 7 d 地上部分萌发出新梢恢复生长（表 2-4）。然后在叶片完全干枯保持 7 d、14 d 时对其复水，发现植株分别在复水后的第 10 d 与第 11 d 仍然能够萌发出新梢恢复生长。当梨枣地上部分完全干枯的状态下保持 16 d 时对其复水，复水后的第 15 d 发现梨枣地上部分无法恢复生长。在梨枣地上部分完全干枯的状态下保持 18 d 与 21 d 时，复水后同样也无法恢复生长则判定其死亡。于是判定在完全干枯状态下保持 16 d 时，梨枣失去生命力，此时土壤的含水量即为梨枣的耐旱致死点，梨枣的耐旱致死点为 1.250%，致死时间为 135±11 d。梨枣地上部分完全干枯，一定时间内给予充足的复水，梨枣又萌出新芽，恢复生长，分析其原因可能为：梨枣的地上叶片干枯，但是其茎根部位仍保持生命力，在一定时间内如果得到充足的水分供应，有可能重新长出新的枝叶，这是梨枣的抗旱形式。当土壤水分达到耐旱致死点时并且也达到致死时间时，梨枣才可死亡，此情况下即使对梨枣补充水分也无法复活。

表 2-4 梨枣耐旱致死点的测定

株号	树高 （cm）	主干基茎 （mm）	干枯后复水 时间（d）	复水前的土壤 含水量（%）	复水后 是否复活	复水后复活 时间（d）
1	45.09α	10.54α	0	1.149	是	7
2	45.11α	10.91α	7	1.066	是	10
3	45.05α	10.72α	14	1.360	是	11
4	44.90α	10.80α	16	1.250	否	否
5	44.82α	10.63α	18	1.260	否	否
6	44.79α	10.51α	21	1.240	否	否

在持续自然干旱的条件下，梨枣地上所有叶片干枯死亡时，在保持干枯状态下 16 d 以内复水，梨枣又萌出新芽，可见梨枣的抗旱能力强。地上部分叶片的逐渐干枯是机体抵御不良环境条件的策略，一旦有合适的条件便又重新生长起来。具有这种抗旱能力的大多是荒漠复苏植物（周鸿凯等，2009；刘虎俊等，2006）。荒漠植物绿玉树（*Euphorbia tirucalli* L.）有很强的抗旱性，无性系间萎蔫系数在 0.900%～2.600%（周鸿凯等，2009），是荒漠草场冬季和春季的重要灌木饲草，它田间试验测得的沙土和黏土的绵毛优若藜 [*Ceratoides lanata* (Pursh) Howell] 的萎蔫系数分别为 1.250% 和 2.960%（刘虎俊等，2006）。表征永久萎蔫系数反映植物的抗旱性，耐旱致死点反映植物的耐旱性。本试验中得出梨枣的耐旱致死点为 1.250%，因此梨枣具有很强的耐旱性。

Hendrickson（1945）认为萎蔫系数是一个很小的数值范围，而不是某个确定的值，本试验中得到梨枣的表征永久萎蔫数在 1.199%～1.998%，平均为 1.489%，真正的永久萎蔫系数要比表征永久萎蔫系数小，而本实验中的耐旱致死点为 1.250%，所以梨枣的永久萎蔫系数在 1.250%～1.489%。Slatyer 认为试验期间的环境状况影响永久萎蔫系数的测定（Slatyer，1937），本试验期间的平均温度为 22.08 ℃，平均空气相对湿度为 62.06%，在这样的环境条件下得出的梨枣的耐旱致死点为 1.250%，致死时间为 135±11 d，如果试验期间温度与相对湿度有所变化的话，得出的结果也会有所变动。

梨枣的表征永久萎蔫系数要比真正的永久萎蔫系数更有实际的应用价值，当植株的土壤含水量达到表征萎蔫系数时对其复水则能免于植株死亡的危险。对于梨枣的耐旱致死点，在实际生产中发现植株地上叶片出现干枯后要及时供应充足的水才不至于影响经济生态的持续发展。根据米脂县 1956—2008 年的降雨资料分析得出丰水年、平水年、偏旱年 4—9 月的平均降水量分别为 297.4、204.8、129.0 mm，即使在偏旱年 4—9 月的降水量也有 129.0 mm，因此在自然条件下，陕北梨枣不会干旱胁迫致死。本试验得出的结果是用盆栽法测得的，虽然用于盆栽的塑料盆比一般试验中所用的盆栽的塑料盆体积大，但是由于盆栽中的土壤体积有限，植株根系的生长速度、深度与吸水范围会受到一些限制，田间试验梨枣实际的萎蔫系数和耐旱致死点可能要比试验中得到的数值还要低一些。本试验得出的结果对于深入了解枣树的抗旱、耐旱能力和推广发展枣树生态经济林及其水分管理具有重要指导作用，具体指导实际生产还需要进一步精细的大田试验。

2.5　小结

（1）枣树与荒漠复苏植物一样具有在地上部分叶片的逐渐干枯后有合适的条件又重新生长起来的抗旱能力。表征永久萎蔫系数越大，意味着植物的抗旱性越差，反之越强。枣树的初始萎蔫系数平均为 2.49%，表征萎蔫系数平均为 1.49%。枣树相对其他种类植物的萎蔫系数要小。

（2）枣树的耐旱致死土壤含水率为 1.25%，致死时间为 135±11 d 无补充水，永久萎蔫系数在 1.25%~1.49%，是一个很小的数值范围，而不是某个确定的值。

（3）枣树的表征永久萎蔫系数要比真正的永久萎蔫系数更有实际的应用价值，当植株的土壤含水量达到表征萎蔫系数时对其复水则能免于植株死亡的危险。对于枣树的耐旱致死点，在实际生产中发现植株地上叶片出现干枯后要及时供应充足的水才不至于影响经济生态的持续发展。试验证明，在自然条件下，由于枣树根系层土壤水分不会达到 1.25% 水平，所以陕北地区的枣树不会因干旱胁迫致死。

第3章 限制生长对枣树耗水的影响

植被的耗水是植物水分生理研究的核心。黄土高原地区人工林地普遍存在土壤干化现象，土壤干化不仅会抑制现存植被生长，而且会加速植被的衰败死亡。想要调控人工林地水文生态，就必须准确测定特定区域林木应对环境变化的耗水策略。以往常见有覆盖、耕作、灌溉方式等方面措施与植物耗水关系研究，很少见到通过限制植物生长来降低植物耗水从而改善土壤水分的研究。本研究将枣树栽植在大小为 2 m×3 m，深度分别为 2、3、4、5、6 m 的干化土壤小区（四周和底部封闭）内，经过 3 a（2015—2017 年）连续监测结果：①5 种规格小区枣树的地上生物量变化趋势基本一致，且在 3 a 观测期结束时，各小区枣树地上总生物量没有显著性差异。②采用修剪限定枣树生长具有降低枣树耗水量的作用，虽然在土壤水分较充足或者降水量大的年份枣树耗水量依然略有增加，枣树生物量也略有增加，但限定枣树生长的修剪仍然可以作为防治土壤水分过度消耗的措施。③试验所采取的修剪规格，5 a 生枣树的耗水深度约为 3 m，与常规矮化密植山地 5 a 生枣树相比减少 1.4 m 左右，这个深度可以通过丰水年得到补偿。试验各小区的 3 a 生枣树平均耗水量为 520.78 mm，和试验期间当地平均降水量 548.40 mm 基本持平，说明控制枣树生长具有调控枣林地耗水的作用。试验采取的修剪强度接近当地降雨水平，可以作为节水型修剪的控制参考指标。④恰当的修剪抵御降雨年份对产量的影响，从而提高枣树水分利用效率。与常规矮化密植山地枣树相比，精细化的试验枣树修剪的生物量水分利用效率和产量水分利用效率均有所提升，证明节水型修剪在生产中具有一定的应用价值。

3.1 研究方法

3.1.1 试验方案

研究区位于陕北米脂县远志山伐除 23 a 旱作苹果园地，干化土壤深度达 10 m，平均土壤含水量 7.4%。本研究共设置 5 个处理。每个处理为 2 m×3 m 规格的小区（图 3-1）。小区深度分别为 2、3、4、5、6 m，为 1～5 区。各小区四周采用水泥砌墙与周围土壤隔离（衬膜），底部用塑料隔膜限制各小区深度，使小区各处理为封闭土壤环境。小区依靠自然降雨补给土壤水分，2013 年各小区分别栽植 1 棵枣树。2014 年枣树度过缓苗期，生长状况达到稳定状态，通过修建控制树体规格为高 160±14 cm，冠幅 160 cm×（160±14 cm），二次枝总长度 300±10 cm，每 7 d 复查修剪一次，尽量保持树体规格指标的精准化。2015 年、2016 年、2017 年进行试验观测。

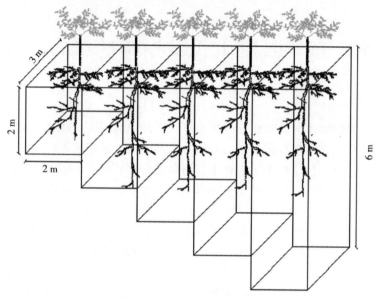

图 3-1　研究小区布设示意

3.1.2　指标测定及计算

（1）枣树生长指标。在枣树物候期每 7 d 测量一次枣树树高、冠幅东西、冠幅南北、冠幅厚度、主枝长度、侧枝长度、枣吊长度、叶片横径、叶片纵径等各项生长指标。主枝数、侧枝数、枣吊数、叶片数通过目测得到，以个数为单位。

①树高及冠幅。每半月用钢卷尺测定一次。树高使用卷尺进行测量，一般以地面为测量起点，一直到树的最高处，连续测得同一小区 3 棵枣树的树高并求得平均值，即为该小区枣树的平均树高。枣树的冠幅用卷尺测量枣树南北和东西方向的最大距离，然后求得平均值。

②主枝。各小区采用钢卷尺每 7 d 测量一次主枝长度，主枝长度自主枝基部开始，至主枝顶部为止，用软尺测量主枝粗度，以主枝中部粗度为准，单位 mm。

③侧枝。各小区每 7 d 从枣树不同方向随机选取具有代表性的 5 个侧枝，用标签牌依次标记。用钢卷尺测量侧枝长度，侧枝长度自侧枝在主枝的着生处即侧枝基部开始，至侧枝顶部为止；用游标卡尺测量侧枝粗度，以主枝中部粗度为准，单位 mm。

④枣吊。各小区每 7 d 从枣树不同方向随机选取具有代表性的 5 个结果枝，每枝选出 3 个枣吊，用标签牌依次标记。用钢卷尺测量枣吊长度，枣吊长度自枣吊基部开始，至枣吊顶部为止；用游标卡尺测量枣吊粗度，以枣吊中部粗度为准，单位 mm。

⑤叶面积。各小区每 7 d 在枣树不同方向随机选取具有代表性的 15 个叶片，用标签牌依次标记。用直尺测量叶长和叶宽，通过计算求得叶面积。公式：叶面积＝叶长×叶宽×0.67。叶面积单位为 mm^2。

⑥产量测定。在果实成熟后对每棵树的果实进行采收，称量每棵树的实测产量，根据实际种植密度进行换算，得到每公顷的产量。

⑦生物量。用皮尺、游标卡尺等测量仪器对主枝、侧枝、枣吊、叶片进行测量，然后

用佘檀等（2015）建立的枣树生物量模型计算，公式如下：

$$B=B_1+B_2+B_3+B_4 \tag{3-1}$$

$$B_1=0.002D_1^{1.564} \times H_1^{1.016} \tag{3-2}$$

$$B_2=0.002D_2^{1.564} \times H_2^{1.016} \tag{3-3}$$

$$B_3=0.005D_3^{1.02} \times H_3^{1.078} \tag{3-4}$$

$$B_4=4.568E-5Z^{1.374} \times T^{0.901} \tag{3-5}$$

式中，B 为枣树单株生物量，g；B_1 为主枝生物量，g；D_1 为主枝直径，mm；H_1 为主枝长度，mm；B_2 为侧枝生物量，g；D_2 为侧枝直径，mm；H_2 为主枝长度，mm；B_3 为枣吊生物量，g；D_3 为枣吊直径，mm；H_3 为枣吊长度，mm；B_4 为叶片生物量，g；Z 为叶片纵径，mm；T 为叶片横径，mm。

（2）土壤含水率测定。在各小区的中心位置按测量深度分别放置 2、3、4、5、6 m 深铝管作为中子仪土壤水分测定点，采用 CNC503B 型 NP 中子仪在每月初测定一次土壤体积含水量，测定间隔 20 cm，如遇降雨则在雨停之后测定。

（3）土壤储水量。

$$W=0.1rvh \tag{3-6}$$

式中，r 为土壤质量含水率，%；v 为土壤容重，g·cm^{-3}；h 为土层深度，cm。

（4）枣树耗水量。

$$ET=0.001(P-\Delta W)s\rho \tag{3-7}$$

式中，ET 为作物耗水量，m³/hm²；P 为降水量，mm，利用试验地的小型自动气象站（RR-9100，GRANT Instruments Ltd.，UK）观测降水量，测量步长为 10 min；ΔW 为土壤储水量变化量，mm；S 为平均单棵枣树占地面积，m²/棵；ρ 为枣树栽植密度，棵/hm²。

（5）土壤储水量变化量。

$$\Delta W=10\sum r_{iH_i}(\theta_{i2}-\theta_{i1}) \tag{3-8}$$

式中，r_i 为第 i 层土壤干容重，g/cm³；H_i 为第 i 层土壤厚度，cm；θ_{i1}、θ_{i2} 为第 i 层土壤在测量时段末和测量时段初的土壤含水率，%。

（6）耗水量。目前，耗水量的计算方法有很多，其中水量平衡法形式较为简单，应用非常广泛。本研究采用水量平衡的方法计算枣树耗水量。水量平衡公式：

$$ET=\Delta W+I+G+P-D \tag{3-9}$$

式中，ET 为作物耗水量，mm；I 为灌水量，mm；G 为地下水补给量，mm；P 为有效降水量，mm；D 为深层渗漏量，mm；ΔW 为土壤储水量变化，mm。

试验各小区四周采用水泥砌墙与周围土壤隔离（衬膜），底部用塑料隔膜限制各小区深度，使小区各处理为封闭土壤环境，因此无地下水补给和深层渗漏。试验枣树未灌溉，生长所需水分全部来源于自然降水，因此灌水量为零，故公式简化为：

$$ET=\Delta W+P \tag{3-10}$$

（7）产量水分利用效率。

$$WVE_p=\frac{Y}{ET} \tag{3-11}$$

式中，WVE_p 为产量水分利用效率，kg/m^3；Y 为总产量，kg/m^2；ET 为总耗水量，mm。

（8）产量。

$$Y=Y_p+G+D \qquad (3-12)$$

式中，Y_p 为实测产量，kg/m^2；D 为落果的生物量，g/m^2；G 为被动物采食的生物量，g/m^2。本实验中，动物采食的量很少，未进行测定。

（9）生物量水分利用效率。

$$WVE_b=\frac{NAPP}{ET} \qquad (3-13)$$

式中，WVE_b 为生物量水分利用效率，$kg \cdot m^{-3}$；$NAPP$ 为地上初级生产量，g/m^2；ET 为总耗水量，mm。

（10）地上初级生产量。

$$NAPP=\Delta B+L \qquad (3-14)$$

式中，ΔB 为生物量增量，g/m^2；L 为枯枝落叶量，g/m^2。

3.2 限制枣树生长下的地上生物量与土壤水分

3.2.1 限制枣树生长对枣树生理指标的影响

根据枣树生长习性和萌芽结果特点，本研究将枣树的年生长周期分为生育期和休眠期，生育期包括萌芽展叶期、开花坐果期、果实成熟期和成熟落叶期四个生育阶段。萌芽展叶期从5月初持续到6月初，为30d左右；开花坐果期由6月初到7月中旬，为45d左右；果实成熟期由7月中旬到9月中旬，为60d左右；成熟落叶期由9月中旬到10月上旬，为30d左右。全生育期共计165d左右。气象因素和枣树自身生长特性等使枣树物候期年际划分存在10d左右的微小差异，根据枣树生长状况，2015—2017年枣树物候期如表3-1所示。

表3-1 枣树生长周期各阶段起止日期

年份	物候期各阶段起止日期				
	休眠期	萌芽展叶期	开花坐果期	果实成熟期	成熟落叶期
2015	2014/10/14—2015/5/7	5/8—6/12	6/13—7/15	7/16—9/16	9/17—10/11
2016	2015/10/12—2016/4/30	5/1—6/7	6/8—7/13	7/14—9/18	9/19—10/13
2017	2016/10/14—2017/5/4	5/5—6/9	6/10—7/20	7/21—9/19	9/20—10/18

为了便于计算和统计，将2015—2017年试验区枣树的年生长周期统一划分为：休眠期（上一年10月15日—5月4日）、萌芽展叶期（5月5日—6月9日）、开花坐果期（6月10日—7月16日）、果实成熟期（7月17日—9月18日）、成熟落叶期（9月19日—10月14日）。

枣树的生长状况可以从外观上直接体现出枣树的生命活动，环境因子和枣树的自身代谢活动共同作用，决定了枣树的生命活动。枣树的枝条、枣吊是贮藏运移营养物质的主要载体。图 3-2 至图 3-4 分别为 3a 观测期枣树主枝长度、侧枝长度和枣吊长度的平均增长速率。由图 3-2 和图 3-4 可知，枣树生育期主枝长度、枣吊长度的生长速率均呈单峰曲线变化，在萌芽展叶期，主枝长和枣吊长的增长速率极大，是二者快速增长阶段，在开花坐果前期达到最高值，随后增长减缓并逐渐停止，各小区主枝最大干物质积累速率分别为 0.065、0.064、0.065、0.069、0.070 g/d，枣吊最大干物质积累速率分别为 0.754、0.810、0.828、0.864、0.924 g/d。而侧枝在整个生长阶段的生长趋势如图 3-3 所示，在

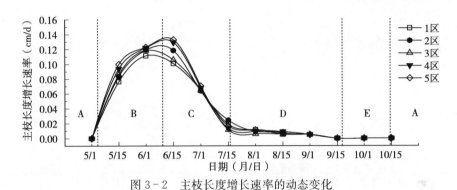

图 3-2　主枝长度增长速率的动态变化

注：（A）休眠期；（B）萌芽展叶期；（C）开花坐果期；（D）果实成熟期；（E）成熟落叶期。

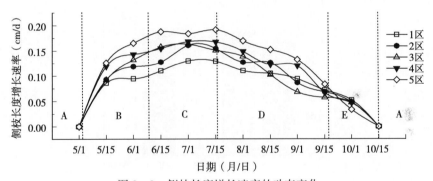

图 3-3　侧枝长度增长速率的动态变化

注：（A）休眠期；（B）萌芽展叶期；（C）开花坐果期；（D）果实成熟期；（E）成熟落叶期。

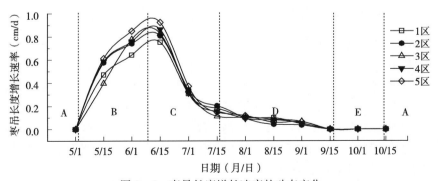

图 3-4　枣吊长度增长速率的动态变化

注：（A）休眠期；（B）萌芽展叶期；（C）开花坐果期；（D）果实成熟期；（E）成熟落叶期。

萌芽展叶期，侧枝长增长速率迅速增加，进入开花坐果期后匀速生长，在果实成熟期开始逐渐减缓。相比主枝和枣吊，侧枝长度的增长从萌芽展叶期一直持续到成熟落叶期，在成熟落叶期虽然增长速率减缓，但仍然保持生长，这也从另一方面说明了通过对枣树侧枝修剪可以有效控制枣树树体规格。各小区之间主枝长度、侧枝长度、枣吊长度的增长速率如图 3-5 所示，主枝长度、侧枝长度、枣吊长度的生长速率在 $p=0.05$ 水平上无显著性差异。

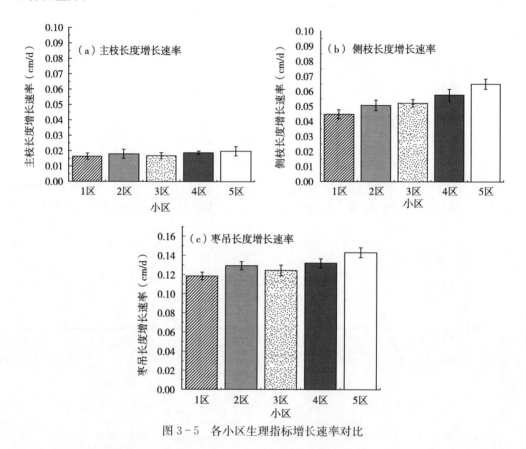

图 3-5 各小区生理指标增长速率对比

3.2.2 枣树物候期生物量动态变化

将观测期各小区枣树不同器官的生物量计算后制成表 3-2。由表可知各小区休眠期生物量为生育期最低，5 个小区的总生物量分别为 3 543.45、3 512.44、3 555.38、3 635.73、3 656.06 g。初春随着气温逐渐升高，枣树由休眠期进入萌芽展叶期，主枝、侧枝、枣吊、叶片在萌芽展叶期生长迅速，6—8 月开花坐果期花芽分化有机物迅速积累，生物量显著增加。8—9 月果实成熟期，主枝、枣吊、叶片的生长减缓，枣树累积的有机物大多用于果实成熟，此阶段是生物量累积最大的时期，生物量增长速率明显高于其他生育期并逐渐达到最高值。10 月果实成熟后，枣树进入成熟落叶期，果实全部经人工采收，脱落性枣吊及叶片掉落，生物量开始逐渐下降。

表 3-2　各小区物候期不同器官的生物量变化

单位：g/株

小区	生育期	主枝	侧枝	枣吊	叶片	果实	总生物量
1 区	休眠期	1 247.64	1 981.03	314.78			3 543.45
	萌芽展叶期	1 315.43	2 159.61	962.12	295.82		4 732.98
	开花坐果期	1 400.96	2 248.65	1 141.76	847.45	392.54	6 031.36
	果实成熟期	1 429.37	2 351.42	1 154.08	1 751.01	3 745.32	10 431.2
	成熟落叶期	1 429.51	2 401.42	420.41	312.67		4 564.01
2 区	休眠期	1 253.38	1 975.19	283.87			3 512.44
	萌芽展叶期	1 362.75	2 198.28	866.85	487.51		4 915.39
	开花坐果期	1 432.62	2 329.52	1 018.78	1 043.93	512.79	6 337.64
	果实成熟期	1 456.76	2 405.33	1 019.57	1 819.96	3 839.14	10 540.76
	成熟落叶期	1 467.95	2 491.51	389.43	464.09		4 812.98
3 区	休眠期	1 298.24	1 873.35	383.79			3 555.38
	萌芽展叶期	1 402.37	2 228.19	1 005.55	646.46		5 282.57
	开花坐果期	1 487.89	2 269.95	1 108.35	1 485.68	475.02	6 826.89
	果实成熟期	1 458.46	2 364.43	1 186.09	1 699.2	3 875.23	10 583.41
	成熟落叶期	1 359.62	2 391.69	320.35	238.5		4 310.16
4 区	休眠期	1 253.56	1 882.86	499.31			3 635.73
	萌芽展叶期	1 394.24	2 062.6	991.37	484.92		4 933.13
	开花坐果期	1 425.56	2 257.31	1 116.42	912.83	569.96	6 282.08
	果实成熟期	1 537.38	2 380.72	1 297.71	2 082.93	3 961.04	11 259.78
	成熟落叶期	1 570.95	2 470.05	489.34	511.74		5 042.08
5 区	休眠期	1 219.37	2 066.55	370.14			3 656.06
	萌芽展叶期	1 435.58	2 192.51	890.22	577.52		5 095.83
	开花坐果期	1 549.11	2 179.07	1 036.97	1 182.75	578.3	6 726.2
	果实成熟期	1 566.25	2 398.76	1 293.5	2 052.88	3 947.07	11 258.46
	成熟落叶期	1 598.42	2 513.6	505.04	393.11		5 010.17

从生物量最低的休眠期至生物量最高的果实成熟期，各器官生物量积累量表现不一致。主枝的干物质在萌芽展叶期和开花坐果期积累量高，后期积累较少，果实成熟期各小区主枝生物量较休眠期分别增加了 14.57%、16.23%、12.34%、22.64%、28.45%。侧枝生物量在生育期的各个阶段均有所增加，仅在果实成熟期后增长逐步减缓，成熟落叶期干物质积累量为全年最高，成熟落叶期各小区侧枝生物量较休眠期分别增加了 21.22%、26.14%、27.67%、31.19%、21.63%。枣吊在萌芽展叶期和开花坐果期达到生长盛期，较休眠期增加近 4 倍，到果实成熟期基本停止生长。叶片生物量自萌芽展叶期开始持续增加，直至果实成熟期生长逐渐减缓。对于枣树来说，果实成熟期是当年生物量增加的主要时期，果实成熟期果实生物量增加了 3 745.32、3 839.14、3 875.23、3 961.04、3 947.07 g，占全年净增生物量的 51.75%、46.77%、48.27%、45.40%、44.84%。观测期末各小区之间的生物量在 $p=0.05$ 水平上无显著性差异。

3.2.3 限制枣树生长下的地上生物量与土壤水分

生物量是绿色植物转换利用光能与营养物质累积的结果，旱作枣树生物量是影响半干旱区枣林土壤水分的重要指标。根据刘晓丽（2013）等的研究，将密植枣林深层土壤剖面分别命名为：强耗水层（2.0～4.4 m）、弱耗水层（4.4～5.0 m）及微弱耗水层（5.0～7.0 m）。本研究中耗水层是指植物根系吸收水分用于植物生长与蒸腾的土壤水分最多的土层，也就是观测期间土壤含水量发生明显变化的土层。在此，对试验区 2015—2017 年枣树规格、单株地上生物量（保留部分＋修剪部分）、耗水层年平均土壤含水量进行统计，如表 3-3 所示，可以看出，同年各小区之间的生物量在 $p = 0.05$ 水平上无显著性差异，符合试验设计要求。

表 3-3　各小区枣树生长状况与水分状况

年份	小区	生长状况		生物量	水分状况	
		树高（cm）	冠径（cm）	单株生物量（g）	降水量（mm）	耗水层土壤含水量（%）
2015	1 区	125a	125×128a	3 564.59a＋513.33c		6.79a
	2 区	122a	132×127a	3 614.59a＋583.48b		7.12a
	3 区	132a	129×128a	3 714.85a＋595.14b	434.80	7.55a
	4 区	130a	133×131a	3 784.27a＋603.57b		8.23a
	5 区	128a	134×140a	3 902.11a＋698.85a		8.80a
	平均	127	130×130	3 716.08＋598.87		7.70
2016	1 区	125a	126×125a	4 132.14a＋702.17c		6.84a
	2 区	125a	125×128a	4 328.81a＋768.82b		7.26a
	3 区	134a	130×128a	4 384.45a＋774.59b	590.80	7.69a
	4 区	137a	133×137a	4 368.11a＋791.34b		8.51a
	5 区	128a	134×123a	4 434.95a＋874.06a		9.23a
	平均	130	129×128	4 329.69＋782.20		7.91
2017	1 区	129a	133×125a	5 193.52a＋855.34c		6.99a
	2 区	128a	131×139a	5 320.86a＋903.83b		7.41a
	3 区	134a	132×126a	5 286.81a＋969.06a	619.60	7.80a
	4 区	138a	131×138a	5 313.32a＋992.46a		8.82a
	5 区	135a	136×138a	5 426.36a＋996.47a		9.79a
	平均	133	133×133	5 308.17＋943.43		8.16

注：同列不同字母表示处理间差异显著（$p < 0.05$）。

由表 3-3 还可以看出，尽管试验采取了相同的修剪指标控制树体规格，限制树体自由生长，但是不同年份各小区的生物量表现出 2017 年生物量＞2016 年生物量＞2015 年生物量的规律。这里可能有树龄因素也有降水量的影响，观测期三年中的降水量 2015 年434.80 mm，2016 年 590.80 mm，2017 年 619.60 mm，与生物量的变化规律一致。经测算发现，试验区枣树根系深度还受到小区深度限制，如 1 区和 2 区处理深度只有 2 m 和 3 m，导致枣树根系层深度无法超越小区深度，同时，小区深度会限制土壤储水量，由于缺少深层土壤水分补给，所以1区、2区供给枣树生长的土壤储水量较3区、4区、5区要小，所以枣树生长总量较小。1区、2区、3区、4区、5区处理深度逐渐加大，意味着土壤储水能力和土壤储水量对枣树生长作用逐渐增加，枣树各处理上的总生物量也呈增加的趋势并呈现一定的相关性，三年内生物量与小区深度的 Pearson 相关系数分别为0.986、0.921、0.963，但由于本研究采取修剪控制树体生长，各处理之间的生物量差异不显著，造成各处理地上生物量与耗水层土壤水分差异也不显著，这也证明限制枣树生长一定程度上限制了土壤水分的消耗量。

3.3 限定枣树生长下的枣林耗水

3.3.1 限定枣树生长下的枣林耗水深度

试验无人工灌溉，降雨是试验区土壤水分补充的唯一途径，各小区地表面积相同，因此接受的降水量也相同。试验观测期间，试验各处理土壤含水率变化如图3-6所示。由图3-6可以看出，2014年枣树度过缓苗期树体较小消耗的水分少，土壤含水率达7%左右。2015年，枣树树体达到一定规格，生长需水量增大，但2015年降水量较少，1~2 m土层土壤含水率接近凋萎含水量，枣树通过吸收更深层的土壤水分维持生长，导致了2015年耗水深度明显增加。2016年降水量增加，当年的降水量能够满足枣树生长需水量，土壤含水量在0~300 cm土层有所恢复。2017年降水量较大，在满足枣树生长前提下，土壤水分仍有富余，土壤含水量在2016年的基础上再次增加。3区、4区、5区320 cm以下土壤水分含量有逐年提升的趋势，320 cm以上各小区土壤水分变化规律基本相同，说明枣树在试验所限定的规格下土壤耗水深度均在320 cm左右。根据马建鹏等（2015）在本地区的研究，未修剪的5a生枣树耗水深度可达440 cm，试验地5龄枣树耗水深度远低于未修剪的枣树，说明一定强度的节水型修剪可以有效降低枣林的耗水深度。研究表明，通过控制树体规格可以调控树体的水分消耗。树冠生长与根系生长和土壤水肥资源之间存

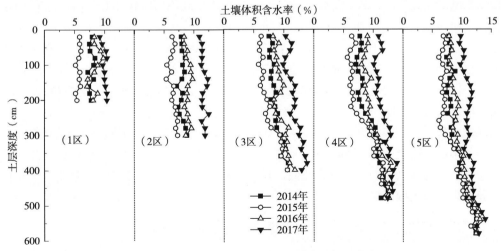

图3-6 不同小区0~600 cm土壤水分年际变化

在函数关系，根系吸水能力的变化可用于判断枝条生长情况。树木地上部分各器官的形成和生长与地下部分根系的形成和生长密切相关。通过修剪导致枣树根系发生了一系列变化以平衡根—枝比，从而影响根系吸水能力，使枣树的根系分布层被限制在一定范围，进而控制枣树耗水深度（Ma et al.，2013）。汪星（2017）的研究也证实了在陕北黄土丘陵区，矮化密植枣林根系分布深度和消耗土壤水分的深度比传统的稀植枣林浅，说明矮化密植措施降低了枣林根系深度，具有对枣树根系调控的作用。

3.3.2 限定枣树生长下的枣林储水量变化

土壤储水量是指一定面积和土层内储存水分的数量，土壤储水量的动态变化可以直观地反应土壤水分的储存、补给、更新和平衡，是土壤水分保持和田间灌溉的一个重要参数。

由于小区深度不同，方坑内土壤补充的水分和接受的降水量有限，在相同降雨条件下小区储水量不同，使得 5 个小区存在储水量梯度。5 个小区在自然降雨条件下耗水层的土壤储水变化情况如图 3-7 所示。1 区试验观测期储水量分别为：2014 年 154.94 mm、2015 年 113.74 mm、2016 年 167.77 mm、2017 年 199.96 mm。2 区试验观测期储水量分别为：2014 年 241.29 mm、2015 年 195.49 mm、2016 年 268.85 mm、2017 年 348.37 mm。3 区试验观测期储水量分别为：2014 年 252.02 mm、2015 年

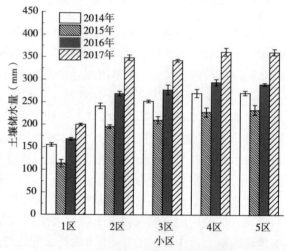

图 3-7 各小区耗水层土壤储水量逐年变化

210.32 mm、2016 年 277.39 mm、2017 年 342.36 mm。4 区试验观测期储水量分别为：2014 年 269.97 mm、2015 年 228.21 mm、2016 年 294.25 mm、2017 年 361.87 mm。5 区试验观测期储水量分别为：2014 年 270.71 mm、2015 年 233.20 mm、2016 年 289.72 mm、2017 年 361.17 mm。干旱年（2015 年）各小区储水量相比 2014 年呈明显下降趋势，干旱年土壤水分不仅得不到补偿，反而大量消耗土壤深层的储水，各小区土壤储水量亏缺量分别为 41、46、42、42、38 mm。2016 年、2017 年的土壤水分通过自然降水恢复，甚至超过 2014 年初始土壤储水量。2016 年各小区储水量比上一年盈余 54、73、67、66、57 mm。2017 年各小区储水量比上一年盈余 32、80、65、68、71 mm。2017 年观测期末相比 2014 年观测期初，各小区土壤储水量分别上升了 29.1%、44.4%、35.8%、34.0%、33.4%。储水量的变化情况与降水量的变化规律相同，这说明在非干旱年可以通过一定强度的节水型修剪雨养枣树恢复土壤干层。

3.3.3 限定枣树生长下的降水量、储水量变化量和耗水量比较

植物耗水量是从事植物科学研究人士都关心的重点。但是目前还没有办法准确地确定

树木耗水量，科技人员主要是对树木的某些耗水指标，如土壤水分、蒸腾、蒸发等进行研究，植物生物学特性、气象因子、灌溉方式等因素都会直接影响植物的耗水量。

利用耗水量公式计算 2015 年、2016 年、2017 年各小区枣树耗水量，与小区储水量变化和降水量对比，如表 3-4 所示。由表 3-4 可知，当降水多，土壤水分含量较高时，枣树的耗水量较大；反之，降水少，土壤水分含量较低时，枣树对水分的消耗大幅降低。2015 年各小区耗水量分别为 456.00、470.60、469.99、488.88、482.66 mm，该年降水量 434.80 mm 低于当年枣树耗水量，水分严重亏缺，枣树生长消耗的土壤水分不能被降水及时补充，造成土壤干化。2016 年和 2017 年试验枣树耗水量分别为 546.77、517.45、522.96、530.19、539.62 mm 及 567.41、560.08、551.56、558.33、549.21 mm，枣树耗水量均低于当年降水量，降水能够满足枣树生长需求。林地干层的形成往往是因为总耗水量持续大于年降水量（李玉山，1983），三年试验期间枣树平均耗水量为 520.78 mm，接近平均降水量 548.40 mm，土壤水分收支平衡，不易形成土壤干燥化现象，说明试验采取的修剪强度符合当地降雨条件，可以作为节水型修剪的控制指标参考。

表 3-4　各小区 2015—2017 年降水量、储水量变化量和耗水量比较

单位：mm

小区	2015 年			2016 年			2017 年			Total		
	P	ΔS	ET	P	ΔS	ET	P	ΔS	ET	P	ΔS	ET
1 区		−21.20	456.00		44.03	546.77		52.19	567.41		75.02	1 570.18
2 区		−35.80	470.60		73.35	517.45		59.52	560.08		97.07	1 548.13
3 区	434.80	−35.19	469.99	590.80	67.84	522.96	619.60	68.04	551.56	1 645.20	100.69	1 544.51
4 区		−54.08	488.88		60.61	530.19		61.27	558.33		67.80	1 577.4
5 区		−47.86	482.66		61.18	539.62		70.39	549.21		83.71	1 571.49

3.4　限定枣树生长下的枣林产量和水分利用效率

3.4.1　限定枣树生长对产量的影响

不同处理下枣树 2015—2017 年的产量情况如表 3-5 所示。2015 年各小区的产量分别高出常规矮化密植的对照 30%、32%、39%、46% 和 44%，2016 各小区的产量分别高出对照 48%、54%、56%、54% 和 52%，2017 各小区的产量分别高出对照 50%、52%、49%、54% 和 56%，同年各小区之间的产量无显著性差异且均高于对照。此外枣树的产量还受年降水量的影响，各小区的产量表现为 2015 年产量＜2016 年产量＜2017 年产量，与年降水量的变化规律相同，水分充足的 2017 年产量最高，水分亏缺的 2015 年产量最低，2017 年平均产量接近 2015 年的 1.5 倍，说明降水量是影响枣树产量的主导原因。1 区的枣树根系仅有 2 m×3 m×2 m 的生长空间，在完全雨养无人为补充灌水情况下仍然能够正常生长并具有可观的产量，这个结果说明在当地枣树旱作增产技术方面节水型修剪措施具有重要价值。

表 3-5 产量比较

单位：kg/hm²

小区	2015 年	2016 年	2017 年
1 区	5 288.81a	6 516.45a	6 921.73a
2 区	5 381.20a	6 796.37a	7 018.54a
3 区	5 654.91a	6 857.88a	6 863.75a
4 区	5 936.53a	6 789.62a	7 079.43a
5 区	5 865.12a	6 687.94a	7 182.68a
CK	4 071.64b	4 403.15b	4 603.15b

注：同列不同字母表示处理间差异显著（$p<0.05$）。

3.4.2 产量水分利用效率

陕北地区干旱少雨，因此提高枣树的水分利用效率是实现枣林地生态可持续发展的关键，水分利用效率高，枣树能够消耗较少的水资源而产生较多的干物质，说明枣树对水分的利用更加充分（马婧，2011）。我们将试验区周边同类型地块的相同树龄常规矮化密植枣树作为对照，与2015年、2016年、2017年试验区各处理的产量水分利用效率进行了对比分析（表3-6）。由表3-6可以看出，5个小区的产量水分利用效率明显高于对照，2015年各小区产量水分利用效率比对照高出119%、116%、128%、130%和130%，2016年各小区产量水分利用效率比对照高出115%、137%、137%、131%和128%，2017年各小区产量水分利用效率比对照高出100%、106%、105%、108%和115%，说明枣树节水型修剪措施可以提高产量水分利用效率。

表 3-6 产量水分利用效率比较

单位：kg/m³

小区	2015 年	2016 年	2017 年
1 区	9.28a	9.53a	9.76a
2 区	9.15a	10.51a	10.03a
3 区	9.63a	10.49a	9.96a
4 区	9.71a	10.24a	10.14a
5 区	9.72a	10.10a	10.46a
CK	4.23b	4.43b	4.87b

注：同列不同字母表示处理间差异显著（$p<0.05$）。

3.4.3 生物量水分利用效率

枣树的生长发育，分为营养生长和生殖生长两个不同的阶段。营养生长通俗指满足自身长得更大更好，包括根、茎、叶。生殖生长指植物营养生长到后期，形成种子来繁衍下一代，包括花、果实、种子等。营养生长与生殖生长是对立统一关系，植物营养生长与生殖生长相互促进和相互制约。依据协调生长栽培的理论，不充分的营养生长会造成枣树生长发育不良，生殖生长所需的养分不能得到及时补充，导致果实容易脱落早衰；然而过度的营养生长会抑制枣树的生殖生长，造成枣树疯长或贪青，导致减产或晚熟。因此，为了保证一定的产量，需要调整树体结构，维持果树营养生长与生殖生长的平衡，优化协调营养生长和生殖生长的相互关系。因此，在探讨产量水分利用效率的同时，还需要关注生物量水分利用效率。

　　将试验区周边同类型地块的相同树龄常规矮化密植山地枣树作为对照，与 2015 年、2016 年、2017 年试验区各处理的生物量水分利用效率进行对比分析（表 3 - 7）。由表 3 - 7 可以看出，5 个小区生物量水分利用效率明显高于对照，2015 年各小区生物量水分利用效率比对照高出 33%、39%、35%、37% 和 39%，2016 年各小区生物量水分利用效率比对照高出 75%、89%、92%、89% 和 92%，2017 年各小区生物量水分利用效率比对照高出 53%、58%、60%、56% 和 64%，说明节水型修剪可以有效提高枣树的生物量水分利用效率。

表 3 - 7　生物量水分利用效率比较

单位：kg/m³

小区	2015 年	2016 年	2017 年
1 区	6.72a	9.02a	9.51a
2 区	7.04a	9.72a	9.86a
3 区	6.84a	9.91a	9.95a
4 区	6.92a	9.75a	9.70a
5 区	7.05a	9.88a	10.24a
CK	5.06b	5.15b	6.23b

注：同列不同字母表示处理间差异显著（$p < 0.05$）。

　　对比实验组经过修剪的枣树和对照组未经修剪的枣树，本研究发现对照组生物量水分利用效率与产量水分利用效率的比值均大于 1，而试验组的 5 个小区生物量水分利用效率与产量水分利用效率的比值均小于 1，这说明修剪可以在保证树体正常生长发育的前提下抑制多余的营养生长并促进生殖生长，使枣树对水分的分配更加有利于生殖生长。

3.5　小结

　　（1）采用修剪限定枣树生长具有明显的控制枣树耗水量的作用。虽然在土壤水分较充足或者降水量大的年份枣树耗水量也会增加，但限定枣树生长的修剪仍然具有减缓土壤水分消耗的作用。

　　（2）修剪后的 5 a 生枣树耗水深度可控制在 3 m 深度，与常规矮化密植山地枣树相比减少 1.4 m 左右，随着林龄的增长，修剪后枣林耗水深度小于自然生长下的枣林。在试验所采取的修剪规格下，5 a 生枣树耗水深度约为 3 m，这个深度可以通过丰水年得到恢复并对下层的土壤水分有补充作用，所以 3 m 土壤干化的深度可以看成临时性干层，也可作为枣林生产经营中允许的干层深度。试验区观测期，各处理的平均耗水量为 520.78 mm，接近试验期当地平均降水量 548.40 mm，林地土壤水分补充与消耗基本持平，说明试验采取的修剪强度符合当地降雨条件，可以作为节水型修剪的控制指标参考。水分亏缺的干旱年还可以在节水型修剪的基础上，增加补充灌溉、覆盖保墒等其他措施，对实现枣林可持续发展，防控枣林土壤的干化具有重要意义。

（3）枣树在有限的生长空间内依靠自然降雨正常生长，试验限定枣树生长的规格并没有显著降低枣树产量，说明采取精细化修剪有提高水分利用效率的作用。虽然，不同年份枣林产量受降水量影响，水分充足的年份产量较高，水分亏缺的年份产量较低，但是与常规矮化密植山地枣树相比，试验组采用恰当的修剪可以限制营养生长并促进生殖生长，枣树的生物水分利用效率和产量水分利用效率均有所提升，水分利用效率高，意味着枣树对水分的利用更加经济。这说明节水型修剪在生产中具有一定的应用价值，对缓解当地深层土壤水分干化具有重要意义。因此，试验采用的修剪规格可作为当地生产管理的参考。

第4章 枣林地耗水特征

黄土高原人工林草地普遍出现土壤的干化问题，并且随着林草生长年龄的增加，土壤干化加重。国家1999年以来实施的退耕还林工程，形成了大规模的人工林地，加剧了该区域林地土壤水分生态恶化和后续植被建造的困难。目前，有关防控林草地干化的专门研究还未见报道。本章针对黄土丘陵山地枣林地土壤干化特征，以退耕还林后形成的丘陵枣林为研究对象，通过长期的试验，获得以下结果：①枣林地5月是土壤水分最低期，7月是土壤水分提升最快速期，10月是土壤水分最高期。土壤水分的季节性变化和枣树生育期需求基本一致，枣树5月开始萌发，需水量较小，7月、8月枣树进入生长旺季，需水量增加较大，9月果实膨大，需水继续增多，土壤水分并不会在枣树高耗水阶段出现低值，而是在枣树休眠结束和开始萌芽时出现最低值。12a生密植枣林土壤耗水深度达到540 cm，其中200 cm以下的土壤水分难以恢复，难恢复层厚度达340 cm。②密植枣林水平根系在3龄时就出现株间根系交汇。随着树龄的增加，垂直根系最大深度和最小深度差值减小，5龄枣林最深根系与最浅根系差值达260 cm，到12龄枣林最深根系与最浅根系深度差值为180 cm。密植枣林株间根系随着林龄增加，在交汇处根系向深层发展较快。在水平方向（株间）枣林根系与土壤水分没有明显差异变化，即枣林株间土壤水分没有明显差异。根系与土壤水分在垂直剖面分布关系紧密，主根深度与土壤水分消耗深度一致。12龄密植枣林根系最大深度和土壤水分亏缺深度大致在540 cm处，12龄稀植乔化枣林最大根系超过10 m，使0～10.4 m土层的土壤平均含水率为6.68%。密植枣林0～200 cm土层是根系分布最多的范围，也是土壤水分年变化幅度最大的范围，当年降雨可以达到这个深度。③0～1 000 cm深度范围的农田和12a生枣林土壤水分储量之差为129.31 mm，意味着山地枣林地12a期间比山地农田多消耗的土壤水分达129.31 mm，12a生枣林在其生长期间平均每年消耗土壤水分约10.76 mm。也就是说当前研究区的密植枣林之所以出现土壤干层，是因为林地每年比农田仅仅多消耗10.76 mm水分。枣林5龄后土壤开始形成不能恢复的干层，这又说明目前的产量超过水分承载能力。9龄以后产量降到1 500 kg/hm²，但土壤耗水深度不再增加，说明此时枣林生长全部依靠降水量。所以维持一个目标产量（1 500 kg/hm²）所消耗的水量（380 mm）可以作为当地枣林合理调控的耗水量指标。④另有控制供水量的试验证明，枣树在年总供水量低于当年降水量情况下，设置的最小供水量（147 mm）和最大供水量（392 mm）范围仍然可以获得一定产量。说明枣树在一个较大范围的水分供量都可以生长，具有很强的自身调节生长能力。⑤单纯采用覆盖保墒措施来提高土壤水分，往往会使得土壤水分提升的同时，促进枣树营养生长消耗更多的土壤水分，林地土壤干层仍然存在，通过修剪控制树体规格和减小叶面积可以较好地降低枣树蒸腾耗水量，更有利于土壤水分的恢复。修剪可以作为防治旱作枣林土壤干层的更重要的新技术途径，节水型修剪与传统保墒措施结合是当地防治林地干层的更有效模式。

4.1 研究方法

4.1.1 试验方案

4.1.1.1 定量供水小区试验设计

在野外建立试验区，每个研究小区大小是 $12\,m\times1\,m\times1\,m$，底部和四周采用了与周围隔离的措施，防止周围的土壤水分入渗到试验区内，对试验数据产生影响。研究区的上方安装了防雨棚，以免降雨落到小区内。每个小区为一个处理，共设四个试验小区，每个小区栽植 6 棵树，连续三年观测了 3、4、5 龄枣树生长与供水情况。

小区控制土壤水分下限分别为 5%、7%、9%、11%、13%，每当土壤水分达到处理的下限值就给枣树供水至土壤水饱和为止（表 4-1）。采用 EQ15 土壤水势仪探头结合 GP1 控制灌溉（图 4-1），由水表记录每个处理各个阶段的用水量。

表 4-1　供水控制土壤水分标准

处理方案	处理 1	处理 2	处理 3	处理 4	处理 5
控制土壤水分	5%～22%	7%～22%	9%～22%	11%～22%	13%～22%
田间持水量	23%～100%	32%～100%	41%～100%	50%～100%	60%～100%

注：各处理的含水量均按重量含水量计算。

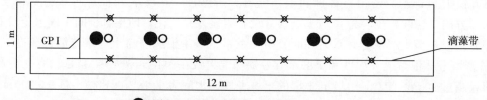

图 4-1　控水试验示意

4.1.1.2 枣林耗水可调控试验设计

野外大型土柱试验（图 4-2），土柱直径 $100\,cm$，深度 $1\,000\,cm$，土柱周围有约 $1\,mm$ 的

图 4-2　野外大型土柱

塑料膜，与柱体外土壤隔离，防止其他植物根系进入。土柱内添置的土壤是经过适当风干后体积含水率控制在 6% 左右的土壤，土壤添置时分层压实，土壤容重约 $1.18\pm0.11\,\mathrm{g/cm^3}$。土壤水分日、时变化用美国生产的土壤水分 GS3 探头监测，该探头可以同时测定温度与土壤水分。为了掌握表层土壤水分和温度与深度的变化关系过程，尽量能够加密测点，依据前期土壤水分观测变化深度，考虑到土壤水分日、时变化主要发生在浅层，并结合探头规格特点，测点深度选择为 15、30、50 cm，读取数据的间隔时间为 30 min 储存一次数据。土壤水分计量采用体积含水量。

4.1.2　指标测定及计算

（1）土壤水分。

①土钻取样烘干法。选择样点，用土钻取不同深度土样，每个测点取样处连续取 3 个重复土样，立即装入铝盒，并盖紧盖子。把装有土样的铝盒带到实验室内立即称重，然后放进烘箱里，让烘箱保持温度在 105 ℃约 10 h，从烘箱中拿出铝盒称量，前后重量之差得出土壤含水率。

②土壤水分探头测定。根据本研究目标需求，在部分测点安装可以自动监测土壤水分动态变化的土壤水分探头，水分探头分别有 TDT-SDI12（Acclima，USA）、GS3（美国）探头和 EQ15（德国）土壤水势仪探头。采用 CR1000 和 EM50（美国）数据采集器收集监测到的水分数据。自动监测土壤深度分 0～200 cm、0～300 cm 和 0～1 000 cm。每隔 30 min，自动收集土壤水分。

③中子仪测定。中子仪测定是本研究中土壤水分定位观测主要方法。定位测定土壤水分的深度是 0～1 000 cm，每 20 cm 为一个测定土层，10 d 进行一次测定。每个处理包括 3 个中子仪测点。每 2 个月用土钻取样标定一次中子仪以减小仪器系统误差。试验观测的中子仪布设位置如图 4-3 所示。

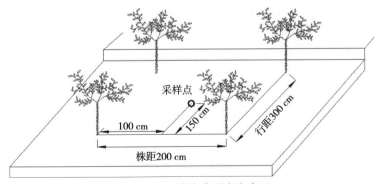

图 4-3　土壤水分测定点布置

④土壤水分样地选择。本研究主要探索不同树龄下的林分耗水及调控途径，为了避免坡向、坡位和坡度的影响，定位土壤水分测点一般选在相同的坡向或者梁峁坡上部。

（2）根系。根系的测定采用根钻法，根钻直径 10 cm，钻头取样长度 10 cm。根据目标选定取样位置，测取根样深度为每 20 cm 取一个样本，在有自来水的地方经过筛网冲洗后数根及分选出根直径小于 1mm、1～5 mm 和超过 5 mm 的根系，通过烘干称重统计。将三个相同位置的根样求得平均值，换算为单位体积（m³）土体内的根重。

枣林株间根系分布调查时，选取长势相近、同一树龄的四株树，在株间用土钻打孔取样（图4-4），分两次（两个株间）完成株间全剖面取样，在第一个株间，钻孔位置分别距离树干10、30、50、70、90、90、70、50、30、10 cm；第二个株间，钻孔距离树干20、40、60、80、100、80、60、40、20 cm，两次株间取样构成一个株间剖面的全取样，共做3个全取样，相当于距离树干0~100 cm每10 cm间隔点有6次重复，以提高林地根系调查的精度。

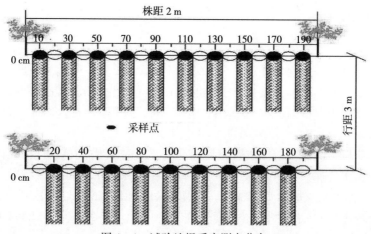

图4-4 试验地根系实测点分布

取样时以20 cm深度分层取土芯（土芯根样），在对距离树干10 cm取根样土芯的同时，也在就近树干10 cm处取样以测定相应的土壤水分，以分析根系重量和土壤水分的关系。取根的时候，由于是每个取样深度有6次重复，所以，当且仅当这6次取根时都发现没有根存在时，才可以认为该取样深度是无根系存在的。如果有一个取样深度发现了根系的存在，则认为该深度是有根存在的。

为了分析滴灌密植枣林细根及土壤水分分布特征，选择西南向阳坡、林分密度相同的12 a生密植枣林和同坡向同坡位的12 a生稀植乔化枣林。在同坡向、中坡位处共选取3块样地作为3个重复，以尽量减小坡向、坡位对根系的影响。每个样地上，分别在离树干不同的水平位置进行取样（刘晓丽等，2013），以20 cm土层作为1个取样深度。通过这5个水平位置的根系分布状况表征密植枣林地的根系分布状况。

（3）林地蒸散耗水量。

①枣树蒸腾耗水。在2012年从12龄枣林中选择能代表平均水平的24棵枣树进行连续蒸腾量观测，对枣树进行人工修剪控制树冠形状，并连续观测树干茎流。对每棵树在整个生育期的累计耗水量与枣树生育期内的最大叶面积进行回归分析。进行不同强度的树冠修剪处理时，尽量保持同一处理的树冠规格不变，每周一次采用Regent Instruments公司（加拿大）生产的WinsCanopy冠层分析仪，来测定枣树叶片的郁闭度、叶面积指标。依据2012年11月至2013年10月逐月降水量（16 mm/11月、1.4 mm/12月、4.2 mm/1月、0 mm/2月、3.6 mm/3月、17 mm/4月、28.4 mm/5月、60 mm/6月、217.2 mm/7月、80.2 mm/8月、103.6 mm/9月、1.6 mm/10月）和同一位置的土壤水分监测值算得

土壤储水量。用水量平衡法计算：降水量＝蒸腾量＋蒸发量±土壤水分增量。将测量树干液流速率的探针安装在各个观测树木北侧距离地面 40 cm 处，然后用美国 Campbell Science 公司生产的 CR1000 数据采集器来负责收集试验数据，每隔 10 min 收集一次瞬时树干液流速率，并结合测定的树干导水面积（边材面积）计算树体的蒸腾耗水。枣树树干的液流速率则引用经验公式（Granier，1987）来计算，如下：

$$v=119\times10^{-6}\times K^{1.231} \qquad (4-1)$$

$$K=\frac{\Delta T_M-\Delta T}{\Delta T} \qquad (4-2)$$

式中：v 为树干液流速率，mm/s；ΔT_M 为液流量等于零时，测头温度与周围空气温度的温度差，℃；ΔT 是当存在上升液流时，测头温度与周围空气温度之间的温度差，℃。此外，在测蒸腾的观测树旁边又选取了 11 棵长势相同、树龄树冠大小一致的枣树，截取树干，用高分辨率的照相机拍摄截面，带到实验室，通过 AutoCAD 软件描图，测得边材面积，胸径与边材面积线性回

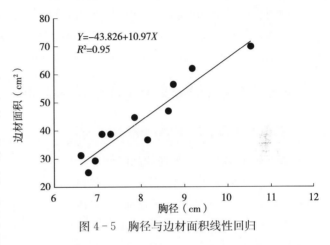

图 4-5　胸径与边材面积线性回归

归如图 4-5 所示。根据图 4-5 的回归关系，确定各监测样本的边材面积（sapwood area）。单位时间的茎流量（m³/h）及蒸腾速率（mm/s）分别为：

$$Q=10^{-3}v\times S_A \qquad (4-3)$$

$$T=\frac{10^3 Q}{l_{col}\times l_{row}} \qquad (4-4)$$

式中，S_A 是边材面积，m²；l_{col} 和 l_{row} 为观测树之间的株行距，m，其中 $l_{col}=3$ m，$l_{row}=2$ m。

②林地储水量。林地土壤储水量分层计算，如公式（4-5）所示，将各层的体积含水量乘以该层深度，然后将各层求得的储水量相加即得到林地土壤储水量。林地耗水量估算是用林地难恢复层现在的土壤储水量与就近的山坡农田同层土壤储水量之差来反映，即相同深度的农地土壤储水量—林地难恢复层土壤储水量。土壤储水量计算公式为：

$$v=10\times\rho\times h\times w \qquad (4-5)$$

其中：v 为土壤水分贮存量，mm；ρ 为土壤容重，g·cm⁻¹；h 为土层厚度，cm；w 为土壤质量含水率。无灌溉农地的土壤含水量作为当地正常的水分状况，这种传统的农地消耗的仅仅是当年降水量，不会造成深层土壤的干燥化（王志强等，2009）。

③林地耗水。林地土壤水分贮存量与农地土壤水分贮存量之差视为枣林消耗土壤水量。林地耗水量包括林间蒸发量、树冠截留量和林木蒸腾量，采用水量平衡公式：

$$W=R-F+T \qquad (4-6)$$

式中，R 为有效降水量，F 为径流量，T 为枣林消耗土壤水量。本研究计算林地耗水量是减去无效降雨（小于 5 mm/d）和径流损失后的枣树林分耗水量，土壤耗水是计算秋季 9 月还不能恢复的土壤干层与同层的农田土壤水分差值。这个计算更接近枣树林分的实际耗水量。当地黄土层厚度超过 50 m 时，对于黄土高原 400～600 mm 年降水量，一般仅需要上层数米即可全部拦蓄降雨，地下水多在 50 m 以下不能供给干层水分。

（4）枣树生长指标。在试验中，测定枣树生长指标，包括枣树的树高、茎粗、冠幅、鲜果产量、叶面积指数、冠层郁闭度。其中，矮化密植枣林的平均树高使用卷尺进行测量，一般以地面为起点开始测量，一直到树的最高处，连续测得 5 棵枣树的树高并求得平均值，即为枣树的平均树高。枣树的冠幅由卷尺测得，测量枣树南北方向和东西方向树枝的最大距离，然后求得平均值，即为冠幅。枣树的果实产量则通过抽样调查样地的鲜果产量获得。冠层的郁闭度和叶面积指标由 WinsCanopy2005a 冠层分析仪监测。

4.2　自然条件下的密植枣林土壤水分随时间的变化

4.2.1　密植枣林生育期土壤含水率月动态变化

密植枣林土壤水分有很强的随时间波动的特点。图 4 - 6 是 2011 年用 TDT-SDI12（Acclima，USA）土壤水分传感器自动监测的 5—9 月 0～300 cm 深度范围的土壤水分。可以看出，2011 年从 5 月开始，土壤水分逐月增加，7 月开始恢复、明显加大，此后每月表层 0～1 m 土壤水分增加显著，随着深度增加，土壤水分增加幅度变小，最终在 240 cm 以下土壤水分不再增加。由于 2011 年属于当地的一个丰水年，所以这年的土壤水分恢复深度也代表当地枣树林地的较大恢复能力。

为了更深入了解黄土丘陵区密植矮化枣林的土壤水分与时间的关系，在 2013 年枣树生育期，即 5—10 月，采用中子仪对 5 a 生枣林 0～10 m 深度范围的土壤水分进行了监测，监测结果如图 4 - 7 所示。

考虑到 0～40 cm 深度范围的土壤水分

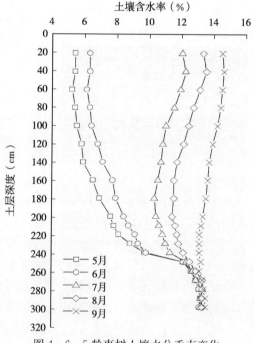

图 4 - 6　5 龄枣树土壤水分垂直变化

受气温、光照、辐射等因素的影响较大，受枣林根系作用的影响较小，且存在测定表层土壤水分的波动大等问题，为了更客观地反映枣林对土壤水分的作用，本研究取 40～1 000 cm 的土壤水分来展开讲。由图 4 - 7 可以清晰看出，在 0～200 cm 深度范围内枣林生育期的土壤水分垂直变化较大。0～200 cm 土壤水分随时间变化的现象说明了两个问题，一是降雨入渗影响深度范围在 0～200 cm，二是枣树根系消耗土壤水分主要发生在这个范围。降雨对土壤水分的影响作用呈现出自上而下的减小规律，观测年降雨影响深度超过200 cm，但是在200 cm处土壤水分增加微弱。由图4-7还可推测，在枣树生育期土壤水分最高的9月、10月，到下一年的5月土壤水分最低期间，土壤水分下降幅度也呈现出自上而下的减小规律，200 cm处土壤水分减少也是微弱的。由此认为，枣树生育期5—10月是林地土壤水分储量增加的时段，而次年5月是土壤水分减少的时期。枣林生育期是枣树耗水最为重要的时期，也是土壤水分逐月增加的时期。

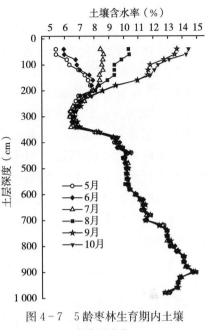

图4-7　5龄枣林生育期内土壤
水分月变化

4.2.2 密植枣林典型月土壤含水率随树龄的变化

4.2.2.1 干旱月枣林土壤水分随树龄的变化

根据当地土壤水分状况，2009年选择林地最为干旱的5月用土钻法测定不同树龄林地0~7 m深度各层的土壤水分，其变化规律如图4-8所示。由图看出：1龄枣林的土壤水分与旱作农田土壤水分基本一致，说明1龄枣林没有造成土壤的干燥化；随着树龄增加，土壤水分亏缺加大，3龄枣林在0~2.8 m深度范围内形成明显的水分亏缺区；5龄枣林在0~3 m深度范围土壤水分和7、9、11龄枣林耗水相近，但它的土壤耗水深度达到约4 m处；7龄枣林在0~4.4 m深度范围和9、11龄枣林耗水相近，但它的土壤耗水深度达到约4.8 m处；9龄和11龄枣林土壤水分在7 m范围内相互交错，说明耗水十分接近。就土壤耗水深度看，1龄枣林耗水很小，深度不明显，3龄和5龄枣林耗水深度加快，到7龄枣林土壤耗水深度减缓，9龄以后土壤耗水深度基本停止。

4.2.2.2 湿润月枣林土壤水分随树龄的变化

2012年选择当地雨季后期土壤最为湿润的9月用土钻法测定不同树龄林地0~7 m深度各层的土壤水分，土壤水分状况如图4-9所示。1~3龄枣林地在雨季后土壤水分恢复到正常水平。5~11龄枣林地在200~240 cm有一定的恢复，240~500 cm是林地土壤水分难恢复区，随树龄的增加土壤水分亏缺的深度加大，其中5龄枣林地土壤水分亏缺达到400 cm，7龄枣林达到

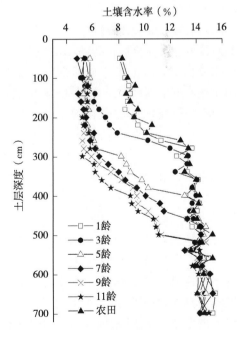

图4-8　不同年龄枣林深层土壤
水分亏缺状况

470 cm，9 龄枣林达到 500 cm。因为当地降雨入渗 240 cm 深度的土层有水分恢复能力，所以 5 龄的枣林地在240～400 cm 为严重水分亏缺区，7 龄枣林地在 240～470 cm 为严重水分亏缺区，9 龄和 11 龄枣林地在 240～500 cm 为严重水分亏缺区。也就是说本研究区枣林最大土壤水分难恢复深度是 260 cm。由这里的分析说明枣树林生长五年以后，土壤的水分调控能力有所减弱，主要调控范围在 0～240 cm 深度的土层中。也说明从 5 龄的密植枣林开始控制蒸腾和地面蒸发耗水量，是消除地下干层的关键时间。

4.2.3 密植枣林生育期平均土壤含水率随树龄的变化

在 2013 年采用中子仪定位观测方法分别对 1、3、5、12 a 生枣林地土壤水分进行了监测，各个年龄的生育期（5—10 月）土壤水分平均值如图 4-10 所示。

由图 4-10 可见，在 1 000 cm 深度范围的土层，枣林土壤水分可以分出三个区段：①200 cm 土层以上为土壤水分易恢复区；②200～540 cm 为土壤水分难恢复区；③540 cm 土层以下为土壤水分稳定区。土壤水分易恢复区也是一年中土壤水分活跃区，结合图 4-8 可知，土壤水分在该层随时间的变化很剧烈，一年中土壤水分最大值和最小值都出现在该层，变化范围深达 200 cm。图 4-10 呈现的是不同树龄土壤水分在整个生育期的平均值，但是也表现出各个年龄林地土壤水分较 200 cm 土层以下提高的状态。同时，200 cm 土层以上水分很活跃，还反映出枣龄对土壤水分的影响作用，即随着林龄的增加，这个区间的土壤水分恢复水平在降低，林龄趋向幼龄，土壤水分恢复水平越高。但是在 200 cm 土层以上的土壤水分恢复程度受降雨影响很大，也就是说干旱年份各个林龄的土壤水分差值会加大，反之，则会缩小。在 200～540 cm

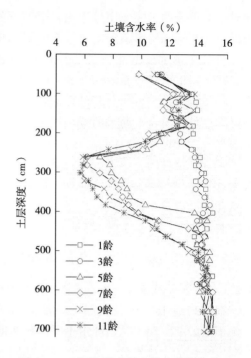

图 4-9　不同年龄枣林土壤水分恢复状况

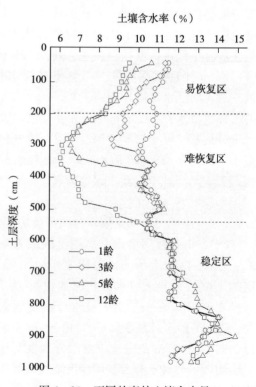

图 4-10　不同龄枣林土壤含水量

深度范围的土壤水分难恢复区的水分，是在枣树生长过程中雨水和表层土壤水分都不能满足枣树生长需求时被根系消耗的土壤水分。

由图 4-10 明显看出，3 a 生枣林耗水深度达 320 cm，5 a 生枣林耗水深度达 360 cm，12 a 生枣林耗水深度达 540 cm。就枣林对土壤水分难恢复区形成深度而言，3 a 生枣林共形成约 120 cm 难恢复层，约每年形成 40 cm；5 a 生枣林共形成约 160 cm 难恢复层，约每年形成 32 cm；12 a 生枣林共形成约 340 cm 难恢复层，约每年形成 28 cm。由此得出，随树龄的增大，每年新增的难恢复层厚度呈现减小的特点。对于 12 a 生枣林来讲，540 cm 土层以下是土壤水分稳定区，在这个区间内土壤水分没有受到枣树根系的影响，也就是说还没有被枣树消耗水分，它保持着原来的土壤水分值不变，处于稳定状态，所以各个年龄的枣林土壤水分在此深度基本汇集在一起。

4.2.4 密植枣林周年土壤含水率随树龄的变化

2012 年采用中子仪定位观测枣林株间土壤水分。本研究仍然分析 40 cm 以下土层水分，对 1、3、5、12 龄枣林土壤水分作图分析，将全年 12 个月土壤水分均值及其标准偏差作图 4-11。由图可知，在 40～200 cm 深度范围土壤水分在全年的波动很大，土壤表层波动最大，而且随着林龄的增加波动程度有所增强，1 龄枣林 40 cm 深度标准偏差为 2.64 mm，3 龄枣林 40 cm 深度标准偏差为 4.41 mm，5 龄枣林 40 cm 深度标准偏差为 5.27 mm，12 龄枣林 40 cm 深度标准偏差为 6.19 mm。1 龄枣林 40～200 cm 土层标准偏差较小，这与根系最大深度一致。

密植枣林地中土壤水分垂直变化特点十分明显。将 2012 年 11 月至 2013 年 10 月的 12 龄枣林土壤水分观测值，分别按照土层厚度 20、60、100、160、200、300 cm 分析周年逐月土壤水分分布，如图 4-12 所示。由图可知，在表层 20 cm 土壤水分逐月变化基本随着月降水量的增减而增减，降水量影响土壤水分的最大深度总是随土层深度的增加逐渐减弱，这种作用从 9 月土壤水分看可以达到 200 cm 处。由图 4-12 也能看出，在 5—10 月的枣树生育期是土壤水分由低向高提升的阶段。由图 4-12 还可以看出，因为降雨对 200 cm 土层以下水分影响很小，所以研究枣林土壤水分储量逐月变化主要发生在 0～200 cm 土层。200 cm 以下土壤水分受降雨影响较小，因此处于一个相对稳定状态。这可能也是很多人常常研究 0～200 cm 土壤水分的原因。

4.2.5 密植枣林土壤储水量随树龄的变化

0～200 cm 土层是枣林地受降雨和枣树根系利用影响，土壤水分变化剧烈的深度区间。在 0～200 cm 土层内的土壤水分贮存量如图 4-13 所示。由图可以看出，2009 年、2010 年、2011 年三年各月土壤水分测定都说明，当地枣林在春季 5 月最为缺水，7—9 月土壤水分快速恢复。枣林的土壤蓄水量呈现先增加后缓慢降低的趋势，并在 2011 年 8 月 28 日达到最高，为 316 mm，7 月土壤水分来源为降水补给，土壤蓄水量显著提高。9 月之后，枣树生长减缓，加上降雨的补给，土壤水分保持平稳。

2012 年 11 月至 2013 年 10 月，采用 TDT 土壤水分监测探头对 12 龄枣林 0～300 cm 深度范围的土壤水分进行了监测，监测结果与研究区雨量如图 4-14 所示。由图可以清晰

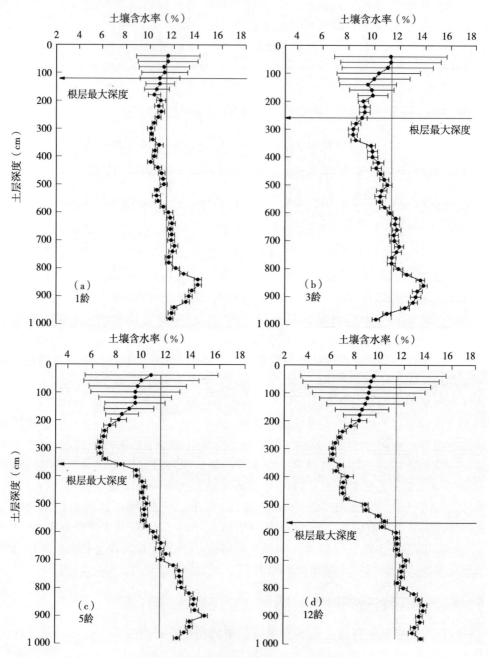

图 4-11 不同龄枣树土壤水分的分布特征

注：—为1龄枣树10 m土层内含水量均值。

看出，枣林在周年的土壤水分储量都来自降雨，土壤水分储量的逐月变化特征主要取决于当地降水量，所以这个变化特征和当地降水量关系紧密。0～300 cm土层土壤储水量随着累积降水量的增加而增加，土壤储水量和累积降水量的大趋势十分一致。图4-14a显示，在枣树休眠期（2012年11月至2013年5月），降水量很少，土壤储水量基本保持约200 mm

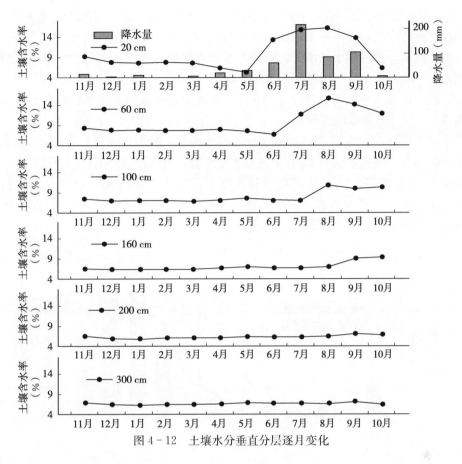

图 4-12　土壤水分垂直分层逐月变化

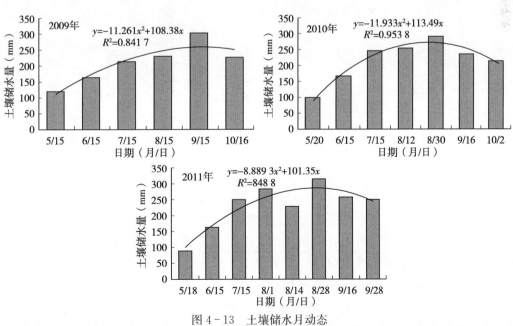

图 4-13　土壤储水月动态

的水平。5月后期枣树开始发芽展叶，这时雨量也开始微量增加，土壤储水量同时开始回升，表现出枣树生长需水、降水量增加和土壤储水量升高的三者同步关系。7—9月是枣树生长最旺盛期，枣树耗水量增大，但是降水量也增加，所以7—9月是全年土壤储水量最高期。在一个周年中，枣树生长需水的高峰期和降雨高峰期及土壤储水量增加最多时期都是一致的。由此认为枣树生育期5—10月是林地土壤水分储量增加的时段，而10月至次年5月是土壤水分减少的时段。

将枣树生育期之后的11月土壤水分储量值作为一个起点，逐月土壤储水量减去11月储水量得到逐月土壤储水量与11月土壤储水量差值，再将逐月差值作图，如图4-14b所示。由图4-14b看出，11月土壤储水量为零点，1—6月土壤储水量都处在负值水平，7—10月的12龄枣林土壤储水量属于正值。这样比较能够反映12龄枣林0～300 cm土层储水量的一个周年变化规律特点。

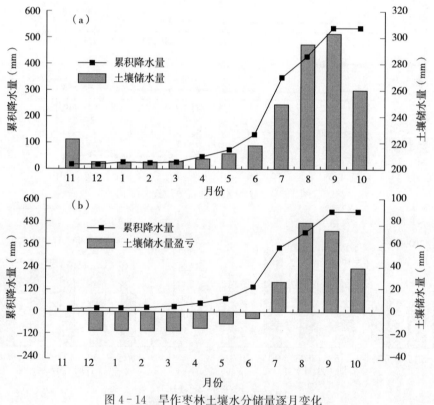

图4-14　旱作枣林土壤水分储量逐月变化

虽然枣树生育期的土壤水分直接关系到枣树的生长状况，人们会更多地关注生育期的土壤水分，甚至采取补灌的方式来增加土壤水分以满足枣树的生长，但是很少有人注意枣树休眠期是林地土壤水分减少的关键期，更没有人关注如何在枣树休眠的冬季防止土壤水分损失。这个问题值得重视，特别是在半干旱区，这将是一个十分有意义的研究课题。

在枣树生育期内5月土壤水分处于最低期，6月土壤水分有少量增加，7月土壤水分快速增加，8 月土壤水分继续快速增加，到 9 月土壤水分基本达到整个生育期的最高值，10 月土壤水分与 9 月土壤水分差异不大，基本和 9 月保持相同水平。枣林土壤水分来自降雨，土壤水分的逐月变化规律主要取决于当地降水量，所以这个变化规律和当地降水量关系紧密。为了更清楚地分析降水量与林地土壤水分逐月变化的趋势，将 2013 年 5—10 月累积降水量与 40～200 cm 相应的土壤储水量作图进行对比，如图 4 - 15 所示。

由图 4 - 15 可见，研究区土壤储水量是随着累积降水量的增加而增加，增加的趋势基本一致，土壤储水量是降水量累积效应的反映。图 4 - 15 还显示，在 7 月之前土壤储水量高于降水量，7 月之后降水量高于土壤储水量，这是因为上一年度的雨季降水补给使得土壤水分一年中的最高值出现在 10 月，之后降水量锐减，土壤水分蒸发损失减少较慢，当到了 7 月雨

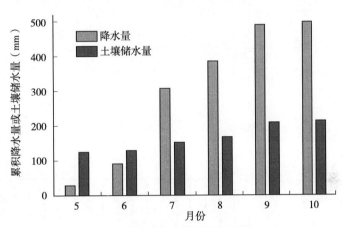

图 4 - 15　枣树生育期内累积降水量及 200 cm 土层内的土壤储水量月变化

季又来临时才出现降水量大于土壤储水量状况。需要指出的是，雨季的降水有一部分用于枣树蒸腾耗水，这部分水量没有在土壤中存蓄。枣林土壤 200 cm 深度范围的土壤储水量变化规律与枣树生长规律均体现出较好的一致性。枣树发芽较晚，一般在 5 月开始萌动，6 月缓慢生长，7—8 月生长旺盛，9 月果实膨大生长。这说明枣树生长需水规律和降雨规律及土壤储水量变化规律都是一致的。

4.3　自然条件下的密植枣林土壤水分与根系关系

4.3.1　密植枣林株间根系分布与土壤水分

4.3.1.1　密植枣林株间根系分布特征

密植枣林由于枣树之间距离较小，所以株间根系具有提早交汇和根系密集的特点。当地枣树株间距离为 2 m，以树干为起点，距树干最远处是 100 cm。2012 年 9 月采用根钻法取土芯测得根系，以与树干的距离和钻孔深度作图，如图 4 - 16 所示。由图可知，枣树垂直根系较水平根系发达，1 龄水平根系延伸 40 cm，垂直根系达到 120 cm。由于株距只有 2 m，所以根系水平延伸超过 1 m 时就和相邻的枣树根系交汇，所以水平根系延伸超过 1 m 就无法确定其继续延伸的范围。3 龄以上枣林株间水平根系出现交汇，无法判断每株树的水平根系实际长度。由于本研究对象是矮化修剪密植枣林，所以反映的根系特征是一个群体根系特征而不是单株根系属性。由图 4 - 16b、c、d 可以看出，枣林垂直根系在距主干 10 cm 处根深度最大且随林龄增加而加深，1、3、5、12 龄枣林在距主干 10 cm 处垂直

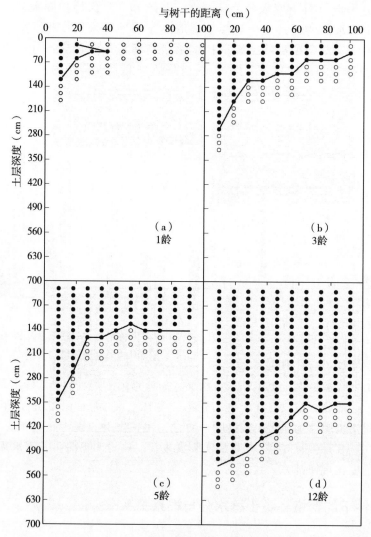

图 4 - 16　不同龄枣树根系的空间分布特征

注：●为有根点，○为无根点，—●—为根边界点。

根系分别达到 120、260、340、520 cm；根系最大深度年平均增值在减小，分别是 120、87、68、43 cm；枣林根系最浅处在两株中间的距树干 100 cm 处，1、3、5、12 龄枣林在距主干 100 cm 处垂直根系分别为 0、40、80、340 cm；根系最浅处年平均增值随树龄增加呈现增加趋势，分别为 0、13、26、28 cm。随着树龄的增加，枣林的垂直根系最大和最小值之差先增加后缩小，1 龄枣林垂直根系深度之差为 120 cm，3 龄枣林垂直根系之差为 220 cm，5 龄枣林垂直根系之差为 260 cm，12 龄枣林垂直根系之差只有 180 cm。由图看出矮化修剪密植枣林 3 龄之后株间的根系交织生长，12 龄之后根系交织层厚度达到 340 cm 以下，整个林地中根系深度分布趋向均匀。

4.3.1.2 密植枣林株间土壤水分差异性

株间土壤水分是否差异明显首先看距离主干最近和最远两点的土壤水分。2012 年 9 月用土钻法测得枣树主干 10 cm 和 100 cm 两处土壤水分，作图 4 - 17 对比分析。由图 4 - 17 可以看出，树干 10 cm 处和 100 cm 处的土壤水分无明显差异（$p > 0.05$），1、3、5、12 龄枣林在距树干 10 cm 和 100 cm 处的土壤水分差值分别为 -0.083%、-0.12%、-0.14%、0.11%。不同龄枣林株间相同位置处的土壤水分存在显著性差异（$p < 0.05$），土壤水分含量随着枣林龄的增加而减小，4 种不同龄枣林在距树干 10 cm 和 100 cm

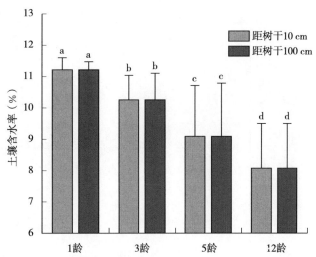

图 4 - 17　不同龄枣树距离树干 10 cm 和 100 cm 处土壤水分分析
注：在相同的枣龄下，不同字母（a、b、c、d）表示不同年龄的枣树土壤水分差异显著（$p < 0.05$）。

处的土壤水分分别为 11.24%、11.32%，10.17%、10.29%，9.0%、9.13%，8.05%、7.94%。

4.3.2　密植枣林垂直根系与土壤水分

4.3.2.1　密植枣林垂直根量变化

在黄土高原半干旱区各种人工林会造成土壤的干化，这是大家公认的事实。不同的树种对土壤水分的消耗不一样，为了了解矮化修剪密植枣林耗水情况，于 2012 年对 1、3、5、12 龄枣林进行了 0～1 000 m 的根系和土壤水分调查。调查枣林根系情况如图 4 - 18 所示。由图可以看出，枣林根系量最大值出现在 100 cm 之内。100 cm 深度以内的根系总量占全根层根系总量的比例分别为 93%、61%、57%、59%。

4.3.2.2　枣林垂直根深、根量及土壤水分

林木根系是造成土壤水分消耗和亏缺程度的主导因素。不同年龄的密植枣林根系深度也是造成该林分林地土壤水分消耗深度和消耗量存在差异的关键。以测定树木主根系深度为目的，在枣树主干附近测得根系深度，作图 4 - 19。由图可以看出，枣树随着树龄增加根系也在向下延伸，1～7 龄枣树几乎是直线上升，但 7 龄以后，也就是根系达到 5 m 以后基本停止向下延伸。

树木根系吸收和消耗水分（Da Silva et al.，2011；Nepstad et al.，1994），根系的延伸受到周围土壤水分影响；反之，土壤含水率的波动情况亦可通过根系的生长情况反映出来。比较分析图 4 - 20a 和图 4 - 20b，可以得出，12 a 生密植枣林在根层范围的土壤水分在 5 月最低值接近 6%，根系耗水深度达 540 cm，根系在土壤中随着深度的增加而减少，在根系接近消失的深度位置土壤耗水较少，根系未达到的深度土壤含水率较大。

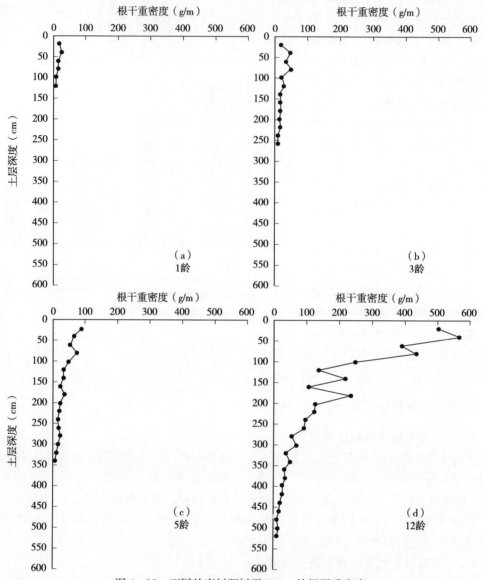

图 4-18　不同龄枣树距树干 10 cm 处根干重密度

由图 4-20b 还可以看出，0～200 cm 土层是根系分布最多的范围，也是当年降雨可以达到的深度；在 5 月，土壤水分处于最低值，此时的土壤水分达到根系层时，土壤含水率最低，经过一个雨季，到了 9 月 0～200 cm 的水分明显回升。从土壤水分的周期变化看，密植枣林 0～200 cm 土层的根系耗水和降雨补水形成一种季节性互动关系。也就是说，在雨季土壤水分补给大于根系耗水，雨季后还会表现出根层耗水增加和土壤水分减少的过程。虽然 0～200 cm 土壤水分经过雨季可以得到恢复，在此期间 0～200 cm 土壤水分处于一个高值，但是 5 月该层次土壤水分与 200 cm 以下土壤水分相近，说明每年的全部有效降雨入渗到土壤中的水分基本被该层内的根系消耗完，所以根系在此范围消耗的水分是最多的。

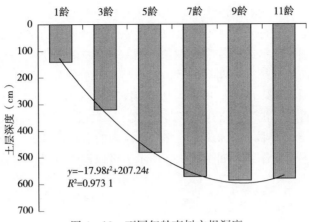

图 4-19 不同年龄枣树主根深度

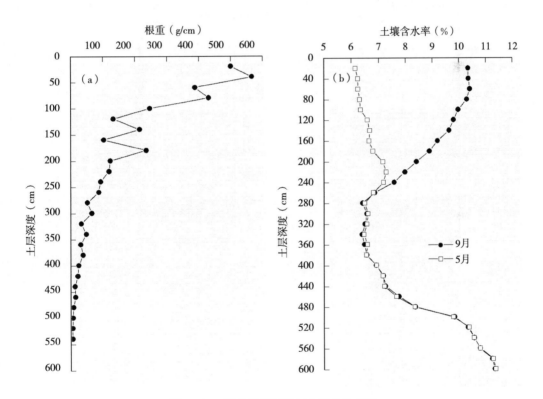

图 4-20 枣林垂直根系与土壤水分分布

12 a 生密植枣林根系耗水可分为三层：0～200 cm 是根系耗水主要层，该层由于根系耗水和降雨补充，土壤水分呈现季节性波动；200～440 cm 是根系耗水形成土壤水分稳定层，该层土壤水分由于根系吸收降低到接近 6% 水平，降雨很难达到该层，根系也很难继续吸收土壤中的水分，所以保持一个稳定的土壤水分值；440～540 cm 是根系轻度消耗土壤水分层，该层根系稀少，消耗土壤水分较少。总体来看，根系数量和根系达到的深度是影响土壤水分含量的重要因素，所以，根系调控土壤水分要从调控根系深度或者数量出发。当然，土壤水分减少受蒸发的影响，土壤蒸发作用多大还有待研究确定。

在干旱半干旱地区，林木根系不断吸收土层中的水分来保持林地耗水及其生长。黄土丘陵区人工林地土壤干化已经是普遍的现象（穆兴民等，2003），干层形成的主要原因是植物根系利用吸收的水分超过同期降水量。根系与土壤水分关系密切，测定相同深度的根系和土壤水分，如图 4-21 所示。由图可以看出，1 龄枣林（图 4-21a）根层土壤水分（0～120 cm）没有明显变化。3 龄枣林（图 4-21b）根层（0～260 cm）内形成一个低土壤水分区。5 龄和 12 龄枣林（图 4-21c、d）根层内的低水分区进一步扩大。对不同林龄的根系层土壤水分平均值作图，如图 4-22 所示。可以清楚看出，随着林龄增加，根层的

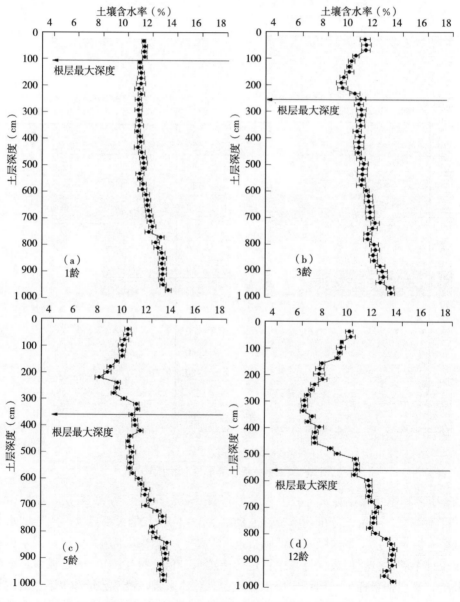

图 4-21 不同龄枣树在 1 000 cm 内的土壤水分

土壤水分降幅很大（图 4-22a），根层范围内的土壤水分差异导致 0～10m 深度土壤水分均值也呈现随林龄增加而降低的趋势（图 4-22b）。

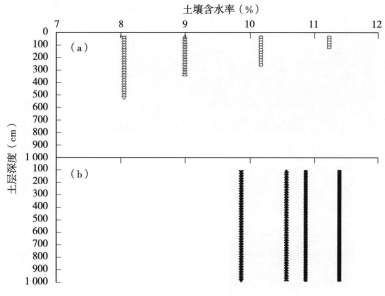

图 4-22　不同龄枣林土壤水分平均值

注：□、○、△、▽ 分别为 1、3、5、12 龄枣林最大根层内土壤水分均值（%），■、●、▲、▼ 分别为 1、3、5、12 龄枣林所测土层内土壤水分均值（%）。

4.4　滴灌密植枣林细根及土壤水分分布特征

4.4.1　密植枣林细根空间分布特征

表 4-2 为密植枣林 5 个不同水平位置上 0～5m 土层的细根干重密度（RWD，g/m³）统计表。从各土层 RWD 均值可以看出，根系集中分布于上层，0～0.8m 土层细根干重密度总和占整个土层的 52.3%，该土层为根系密集层，随着土层深度的增加根量骤减。5 个水平位置上细根干重密度在前 4 个土层间均有显著差异。

表 4-2　密植枣林细根干重垂直分布

土层序号	土层深度（m）	细根干重密度（g/m³）				
		1	2	3	4	5
1	0.2	567.67±53.6a	257.67±31.0a	321.67±20.1a	294.33±55.0a	485.08±24.7a
2	0.4	500.33±11.3b	209.12±11.2b	274.67±15.6b	216.67±16.8b	430.52±9.1b
3	0.6	443.83±8.7c	163.76±11.1c	243.78±11.9c	177.50±15.0c	389.79±12.1c
4	0.8	367.37±15.8d	116.97±28.8d	202.53±12.1d	97.67±11.5de	333.96±27.3d
5	1.0	157.45±15.8e	110.33±11.3d	101.50±28.8gh	97.70±35.0de	150.13±26.6e
6	1.2	133.27±10.1ef	109.17±24.6d	157.67±46.0e	118.67±26.3d	148.22±15.4e

（续）

土层序号	土层深度（m）	细根干重密度（g/m³）				
		1	2	3	4	5
7	1.4	108.75±68.8fg	68.33±8.3ef	133.07±17.2ef	99.00±31.1de	131.31±7.0ef
8	1.6	98.23±34.1fgh	59.33±10.6ef	93.50±12.9gh	99.11±18.9de	125.78±53.8ef
9	1.8	92.97±26.0fghi	68.91±11.3ef	112.98±11.8fg	107.63±35.1d	106.78±6.7f
10	2.0	90.67±13.8fghi	70.00±17.6ef	82.08±14.9ghi	117.23±17.8d	101.18±23.8f
11	2.2	97.00±19.5fgh	79.00±13.2e	88.43±17.8gh	103.84±16.9d	105.39±17.5f
12	2.4	73.43±18.6ghij	62.17±18.9ef	50.57±22.7jk	64.10±29.6ef	99.78±4.3f
13	2.6	62.00±13.5hijk	49.90±14.1fg	70.37±21.8hij	23.33±7.1gh	58.32±3.8g
14	2.8	52.00±14.5ijkl	31.13±15.5gh	36.30±7.5klm	50.04±26.1fg	45.86±3.7gh
15	3.0	45.93±25.1jkl	20.67±1.1hi	31.73±10.2klm	40.79±11.5fgh	39.75±1.7gh
16	3.2	32.43±24.1jkl	11.77±2.3hi	27.30±12.3klm	26.33±21.8fgh	27.96±28.9gh
17	3.4	24.13±13.1kl	26.70±3.7ghi	53.60±16.4ijk	15.93±0.9gh	15.01±29.5h
18	3.6	23.40±12.2kl	22.00±11.4hi	46.90±13.7jkl	14.93±5.4gh	28.01±48.8gh
19	3.8	31.00±7.0jkl	23.77±9.7hi	22.83±10.5klm	10.25±7.5gh	18.14±19.4h
20	4.0	30.33±6.7jkl	8.07±4.8hi	17.33±11.2lm	7.70±12.5h	17.11±5.59h
21	4.2	29.00±5.6kl	4.50±7.9hi	13.33±21.8m	3.03±3.12h	15.25±12.8h
22	4.4	10.77±4.1l	3.12±8.2i	9.33±7.3m	2.67±7.5h	9.01±1.6h
23	4.6	10.28±5.6l	3.33±0.3i	9.95±4.3m	3.73±4.8h	10.11±1.3h
24	4.8	18.00±4.5kl	10.57±3.7hi	4.30±3.0m	3.73±1.3h	15.81±1.1h
25	5.0	7.13±1.3l	6.67±3.3hi	8.29±6.5m	0.00h	8.36±0.8h
各水平位置RWD均值（g/m³）	124.30A	63.88A	87.56A	70.48A	116.66A	

注：表中数值为不同水平位置不同土层深度细根干重密度均值（$n=3$），表中最末行数值表示在不同水平位置25个土层细根干重密度均值，小写字母表示同一水平位置各土层RWD均值的显著性差异，大写字母表示各水平位置所有土层RWD均值的显著性差异，$p<0.05$，下同。

水平方向上，5个不同水平位置的细根干重密度无显著性差异。数值上比较，离树干水平距离最近的1号位置（124.30 g/m³）及4株树的中心点5号位置（116.66 g/m³）细根干重密度较大。原因可能是林木细根生物量受到了树干距离的影响，离树干近的细根数量较多；而且枣林处于密植的种植模式下，邻近枣树根系可能已经出现了相互交叉的分布状况，故5号位置根系分布较多。

4.4.2 稀植枣林细根空间分布特征

表4-3为稀植枣林4个不同水平位置上50个土层的细根干重密度（g/m³）统计表。从各土层RWD均值可以看出，根系集中分布于上层，0～0.8 m土层细根干重密度总和占整个土层的57.7%，为根系密集层。4个水平位置上细根干重密度在前4个土层间均有显著差异，前4个土层与第5层以下的土层间也有显著差异。

水平方向上，4 个不同水平位置的细根干重密度无显著性差异。数值上比较，离树干下坡位的 4 号位置（92.9 g/m³）细根干重密度较大，而上坡位的 3 号位置细根干重密度较小（69.04 g/m³）。即下坡位的根量较上坡位的高。

林木属多年生植物，根系分布一般较深，根系通常集中在上层土壤中。随着土层深度的增加，根系分布规律一般符合指数衰减模型。为了提高林木的抗旱能力，探明根系密集层的分布显得尤为重要。本研究表明，不管是密植枣林还是稀植枣林，根系密集层都分布在 0～0.8 m 土层。

表 4-3　稀植枣林细根干重密度统计

土层序号	土层深度 （m）	细根干重密度（g/m³）			
		1	2	3	4
1	0.2	398.62±50.23a	425.34±45.56a	371.12±89.69a	467.98±40.23a
2	0.4	318.12±42.25b	328.78±28.89b	261.23±40.12b	421.66±30.56b
3	0.6	266.71±80.02c	273.56±56.78c	213.33±74.45c	341.23±70.56c
4	0.8	97.89±35.26d	115.26±78.23d	121.89±45.56d	119.86±56.89d
5	1.0	31.23±11.23fghijk	30.63±11.56fghijk	23.25±9.89gh	36.99±23.21ghijklm
6	1.2	24.56±18.89fghijk	26.78±18.12fghijk	26.45±18.01fgh	32.36±23.56dghijklm
7	1.4	40.89±17.23fghij	41.56±17.45fghi	38.89±17.41efgh	40.68±21.45ghijkl
8	1.6	16.63±6.78hijk	23.24±6.23ghijk	18.68±6.21gh	23.25±6.78hijklm
9	1.8	48.64±25.53efgh	59.78±21.45ef	64.25±20.12ef	68.78±45.12efg
10	2.0	55.78±26.45efg	55.58±20.23efg	55.42±18.78efg	82.89±17.56e
11	2.2	34.89±17.45fghijk	38.79±15.23fghij	32.48±14.78fgh	45.78±13.45fghij
12	2.4	9.05±3.56ijk	10.01±3.019ijk	9.21±3.06h	12.18±2.06ijklm
13	2.6	18.29±9.89ghijk	23.04±9.23ghijk	18.08±9.21gh	25.05±9.15hijklm
14	2.8	8.45±2.45ijk	9.56±2.41ijk	7.1±2.01h	11.08±2.56ijklm
15	3.0	21.96±12.23fghijk	22.25±12.41ghijk	19.78±10.41gh	27.89±9.45hijklm
16	3.2	77.54±47.21de	79.78±41.23e	75.25±40.23e	78.76±42.23ef
17	3.4	57.32±21.23ef	51.38±21.2efgh	52.15±19.2efg	48.52±18.89efghi
18	3.6	28.48±6.89fghijk	32.15±6.21fghijk	26.28±6.03fgh	40.65±5.56ghijkl
19	3.8	9.01±3.63ijk	9.45±3.12ijk	8.78±3.03h	11.48±2.25ijklm
20	4.0	18.15±6.48ghijk	23.01±6.23fghijk	19.12±6.03gh	25.11±6.78hijklm
21	4.2	9.45±3.56ijk	10.06±3.21ijk	9.25±3.01h	15.78±3.56hijklm
22	4.4	44.54±21.23efghi	41.79±20.23fghi	38.23±20.14efgh	53.78±21.25efgh
23	4.6	33.49±15.23fghijk	36.79±14.21fghijk	32.3±12.23fgh	41.69±15.56ghijk
24	4.8	8.08±2.13ijk	9.23±2.11ijk	8.04±3.78h	12.45±3.89ijklm
25	5.0	7.38±3.35ijk	9.23±3.31ijk	8.01±2.78h	11.45±2.89ijklm
26	5.2	18.19±5.56ghijk	22.01±5.21ghijk	19.56±5.56gh	25.11±6.65hijklm

（续）

土层序号	土层深度 (m)	细根干重密度（g/m³）			
		1	2	3	4
27	5.4	18.01±5.23ghijk	21.87±4.78ghijk	18.56±4.23gh	23.75±4.56hijklm
28	5.6	9.19±3.12ijk	9.78±3.07ijk	8.01±3.26h	12.78±3.56ijklm
29	5.8	23.12±6.89fghijk	27.48±6.12fghijk	21.05±6.78gh	33.91±6.89
30	6.0	3.08±1.24jk	4.18±1.21ijk	3.12±1.26h	5.79±1.56klm
31	6.2	15.62±6.78hijk	18.78±6.01ghijk	15.81±6.78gh	21.51±6.45hijklm
32	6.4	0.69±0.56k	0.71±0.12jk	0.56±0.13h	1.09±0.23m
33	6.6	5.01±3.23jk	5.65±3.12ijk	5.05±3.45h	5.77±3.56klm
34	6.8	7.69±3.56ijk	6.78±3.01ijk	7.78±2.78h	8.78±2.89jklm
35	7.0	28.89±14.56fghijk	27.56±14.21fghijk	28.95±15.78fgh	36.45±14.23ghijklm
36	7.2	1.91±1.01jk	1.76±1.02jk	1.87±0.05h	2.15±0.06lm
37	7.4	3.89±1.23jk	3.47±1.02ijk	3.59±0.08h	4.56±0.07klm
38	7.6	1.01±0.25k	1.03±0.21jk	1.11±0.45h	1.36±0.35m
39	7.8	3.13±0.89jk	3.43±0.78ijk	3.01±0.89h	4.21±0.79klm
40	8.0	0.89±0.125k	0.89±0.14jk	0.88±0.47h	1.18±0.56m
41	8.2	0.836±0.78k	1.01±0.74jk	0.98±0.78h	1.55±0.89lm
42	8.4	0.82±0.56k	0.78±0.23jk	0.54±0.56h	0.91±0.45m
43	8.6	0.21±0.12k	0.17±0.09jk	0.135±0.08h	0.28±0.07m
44	8.8	0.094±0.03k	0.07±0.06k	0.093±0.05h	0.14±0.03m
45	9.0	4.87±0.56jk	3.71±0.45ijk	4.21±0.35h	5.78±0.57klm
46	9.2	4.89±0.78jk	3.71±0.56ijk	3.61±0.47h	5.56±0.34klm
47	9.4	1.97±1.56jk	1.89±1.23jk	1.45±1.03h	2.51±1.23klm
48	9.6	14.08±6.45hijk	15.2±6.23hijk	15.01±6.89gh	16.43±5.89
49	9.8	0.41±0.23k	0.45±0.12jk	0.38±0.13h	0.61±0.12m
50	10.0	2.02±1.01jk	2.56±1.02jk	2.14±1.34h	3.08±1.56klm
各水平位置 RWD 均值（g/m³）		74.23A	78.88A	69.04A	92.9A

注：表中数值为不同水平位置不同土层深度细根干重密度均值（$n=3$），表中最末行数值表示在不同水平位置50个土层细根干重密度均值。

4.4.3 密植枣林与稀植枣林细根垂直分布的比较

图 4-23 为密植枣林与稀植枣林细根干重密度随土层深度的变化关系。密植与稀植枣林均呈现出细根集中分布于上层，下层根量骤减的分布特征。密植枣林细根干重密度较稀植枣林的大，密植枣林 0～5 m 土层的细根总量为 2 319.38 g/m³，乔化稀植枣林 0～10 m 土层的细根总量为 1 969.06 g/m³。密植与稀植枣林细根最大深度与细根干重密度的变化趋势相反，密植枣林的细根最大分布深度为 5 m，仅为稀植枣林的一半，稀植枣林为

10m。根系深度作为区域植被与环境平衡的表现，枣林不同细根最大分布深度反映出不同栽植密度的枣林对黄土丘陵区干旱半干旱气候环境的不同响应特征。

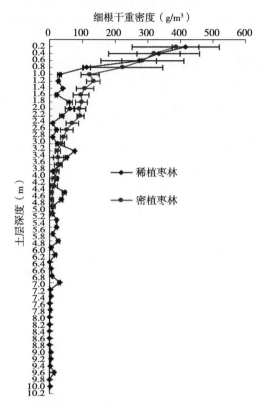

图4-23　细根干重密度随土层深度的变化关系

注：图中数值为同一土层不同水平位置的细根干重密度均值，图中误差条为标准差。

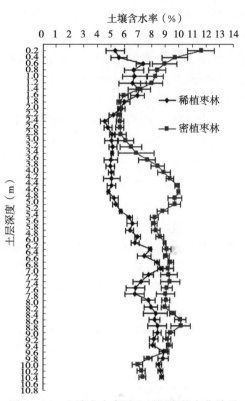

图4-24　土壤含水率随土层深度的变化关系

注：图中数值为同一土层不同水平位置的土壤含水率均值，图中误差条为标准差。

4.4.4　密植枣林与稀植枣林土壤剖面水分垂直变化的比较

图4-24为密植枣林与稀植枣林土壤剖面含水率随土层深度的变化关系。根系深度和根系在土层中的分布特征决定着土壤水分含量。由于试验区域2m以下土层的土壤水分基本不受降水入渗的影响，本研究把2m以下土层的土壤定义为深层土壤。总体而言，密植枣林地土壤剖面平均含水量及深层土壤含水量较稀植枣林地高。密植枣林地0~10.4m土层土壤平均含水率为8.34%，深层土壤平均含水率为8.38%；稀植枣林地0~10.4m土层土壤平均含水率为6.68%，深层土壤平均含水率为6.72%。密植枣林地土壤含水率低值的土层区间较稀植枣林地上移。密植枣林地土壤含水率低值区间集中分布于1.6~3.0m土层，该区间土壤含水率为5.75%，其中土壤含水率最低值为5.6%，位于2.2m土层。稀植枣林地土壤含水率低值区间集中分布于2.2~4.6m，该区间土壤含水率为4.96%，其中土壤含水率最低值为4.5%，位于2.4m土层。

关于栽植密度对根系分布及土壤水分影响的研究已有报道。李宗新等（2012）通过对不同种植密度玉米的根系分布情况的研究发现，种植密度对根系分布有较大的影响，增大种植密度后，根系垂直分布有加深的趋势，从而增加了对深层土壤水分的吸收，导致深层土壤含水量较低。Viehauser 等（2005）也发现当葡萄藤种植密度为 2.4 m×2.0 m 时，最大根长密度在 0.70～0.85 m 土层深度，而当种植密度为 0.6 m×2.0 m 时，最大根长密度在 1.3～1.45 m 土层深度。李世荣等（2003）研究了黄土半干旱区不同密度刺槐林地的土壤水分动态，指出土壤水分随林分密度增大而减小，林分密度越小，土壤深层储水量越高，不同密度的刺槐林地随着林分密度的增加，渐渐隐现出干旱、半干旱地区成林的土壤干化现象。黄琳琳等（2011）指出黄土丘陵区人工油松林地 0～3 m 土层的平均土壤含水量表现出随林分密度增加而减少的变化趋势。

上述研究表明，与稀植林对比，密植林会加深根系深度，加剧深层土壤水分的吸收，从而导致深层土壤水分含量较低。但是，滴灌条件下的密植枣林出现相反的结论。由图 4-24 可知，12 a 生密植枣林细根分布最大深度为 5 m，而 12 a 生稀植枣林细根分布最大深度为 10 m，密植枣林的细根最大深度仅为稀植枣林的一半。密植枣林地的深层土壤含水量比稀植枣林地高 19.8%。原因是密植枣林施加了滴灌措施，适时灌溉补充了上层土壤水分，根系可从上层吸收水分，不必下扎到深层获取土壤水分，从而减短了根系深度。该研究表明在黄土丘陵干旱半干旱区，滴灌对于密植枣林的水分管理至关重要，适当地滴灌能够减缓甚至抑制密植枣林地深层土壤水分的消耗。

4.5　土壤水分亏缺下的枣树耗水

2007 年在野外实地建立实验棚，2010—2012 年连续三年观测 5 种土壤水分处理下 3、4、5 a 生枣林的生长及结果状况。枣树高度和冠幅因为受修剪控制比较意义不大。结果表明，地径是随着试验供水量的增加而增加，也就是说充分灌水条件下枣树营养生长最好，但是作为经济林树种主要目标是产果量，从试验几种处理看，3、4、5 a 生枣树在生育期分别有 147.1、177.4、206.1 mm 水（处理 1）即可获得一定产量（分别为 3 613、5 944、7 026 kg/hm²），随着水量的增加，产量逐渐增加，但水量达到 290.1、332.7、391.7 mm（处理 5）就出现减产，水量达到 251.2、288.5、337.4 mm（处理 4）时产量虽然最高（分别达到 6 843、12 870、14 336 kg/hm²），但是水分利用效率呈下降趋势，综合水分生产率仅为 38.11 kg/(hm²·mm)，处理 3 需水量为 211.3、243.8、285.6 mm，综合水分利用效率达到最高 42.69 kg/(hm²·mm)，说明枣树需要适当的干旱才有利于其获得高水分利用效率。从产量的角度看，处理 3 和处理 4 是较好的供水方案。再考虑水分利用效率，本研究认为处理方案 4 可以放弃，处理 3 灌水方案更好，也就是说枣树林在土壤含水率下降到 9% 灌水较好。处理 3 的产量 6 027、12 571、13 703 kg/hm² 可以分别作为 3、4、5 a 生枣林的目标产量。本试验结果证明，无论是处理 3 还是处理 4 的最高用水量都明显低于当地多年平均降水量 360.1 mm，也就是说当地降水量完全可以满足枣树的正常生长，但是由于坡地降雨流失和一些无效降雨存在，实际上能用于枣树生长的雨水达不到 360.1 mm，在开花坐果期降雨不适量仍可引起产量降低。所以，如何在当地降低雨水损失，增加雨水储蓄利用十分重要。

4.6 密植枣林耗水量估算

4.6.1 与农田、草地比较的密植枣林耗水估算

黄土高原旱作农田存在已有几千年历史，旱作农业是当地可持续的农业种植模式，因此农田土壤水分是多年来学者研究土壤水分亏缺的对照（Wang et al.，2009；穆兴民等，2003；王志强等，2007）。本研究将 2012 年 10 月用中子仪测得的 12 龄枣林土壤水分、旱作山地农田土壤水分和 10 龄苜蓿地土壤水分作图 4-25 表示。由图 4-25 看出，同样无灌溉情况下，农田土壤水分最高，且 0～1 000 cm 整体含水量都最高，达到 11％以上；苜蓿地含水量最低，10 龄旱作苜蓿耗水深度约 760 cm；密植枣林土壤耗水大于农作物（土豆和糜子轮作）、小于苜蓿，12 龄枣林土壤耗水深度大约在 540 cm。枣林地、农田、苜蓿地土壤水分在 0～200 cm 土层范围比较接近，这是当年降雨可以入渗达到的范围，可以叫土壤水分恢复层。土层 200 cm 以下土壤水分被消耗后会形成土壤水分难恢复层，这个层的厚度因为植物耗水特性不同而不同，在这里 12 龄密植枣林难恢复层厚度为 340 cm（540～200 cm），10 龄苜蓿地难恢复层厚度为 560 cm（760～200 cm）。如果我们用土壤含水量推算出 0～1 000 cm 土层范围的储水量，则有旱作农田 1 199.69 mm，12 龄密植枣林 1 068.19 mm，10 龄苜蓿地 921.23 mm。与旱作农田土壤储水比较，12 龄枣林多耗水 131.5 mm，10 龄苜蓿地多耗水 278.46 mm。

图 4-25 显示的 200～540 cm 土层，是 12 a 生枣林土壤水分与农田土壤水分反差最为明显的一个范围，这里形成 12 a 林地的一个低水分区。在研究区枣林生长的 12 a 中土壤水分与在此期间的降水量有关，在这 12 a 累积降水 5 436.3 mm，平均年降水量 453 mm，这个数值基本代表该区域多年平均雨量 450 mm 的水平。在这样一个反映多年平均降水量水平的时期生长的林分，其林地土壤水分也能够代表当地该林种下的林地土壤水分特征和状况，所以可以认为枣林 200～540 cm 土层这个低水分区是 12 a 生枣林消耗了降雨之后又消耗土壤水分造成亏缺所致。将 1 000 cm 的农田土壤水分储量和 12 a 生枣林 1 000 cm 土壤水分储量分别计算后发现，二者之差为 129.31 mm。也就是说，山地枣林地和山地农田比较，12 a 生枣林在其生长多年期间多消耗的土壤水分达 129.31 mm，如果除以 12 a，就

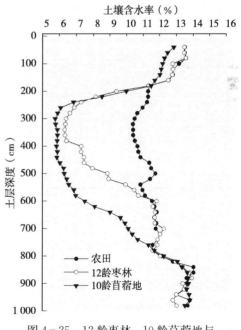

图 4-25 12 龄枣林、10 龄苜蓿地与
农田土壤水分比较

大致得出 12 a 生枣林在其生长期间平均每年消耗土壤水分约 10.76 mm。虽然这是一个粗略的估值，但是用大约 340 cm 的难恢复层平均每年造成 28 cm 的深度也能说明每年的量

很小。值得思考的是，虽然说当前研究区的密植枣林仍然像其他林种一样造成土壤干层，但是与农田比较，枣林每年多消耗 10.76 mm 水分，这个微量的土壤水分到底对枣树起多大作用？这将是今后研究能否通过补充这些水分或者采取一定措施减少枣林耗水量，以实现土壤不形成难恢复干层的目标。

4.6.2 水量平衡法计算枣林耗水

2011 年 5 月所测得的不同年龄枣林与农田的土壤含水率如表 4-4 所示。由表 4-4 可以看出，1 a 生枣林的土壤含水率与农田的基本一致，3 a 生枣林的土壤含水率在 300 cm 以内土层稍低于 1 a 生枣林，而在大于 300 cm 土层则与 1 a 生枣林基本一样；5、7、9、11 a 生枣林的土壤含水率在根系层明显低于农田的，而在根系层以下与农田的基本一致。通过表 4-4，可以算出不同年龄的枣林与农田的土壤储水量的差值，得到各个年龄枣林消耗土壤水分值，如图 4-26 所示。可以看出，枣林地在 1~3 龄土壤水分在 9 月能够恢复到与农田相当的水平，所以这个阶段的枣林仅靠当年降水量就可以正常生长。随着树龄增加，累积消耗土壤水量在增加，到 7 龄以后枣林土壤耗水开始减缓。把农田土壤耗水量看作 0 cm 时，农田土壤水分与各年龄枣林土壤水分对比看出，1~3 龄土壤耗水量约为 0 cm，5 龄时年平均土壤耗水量最大，随树龄增加总耗水量增加，但每年土壤水分耗量减小。

表 4-4 2011 年不同年龄枣林及农田的土壤含水率

单位：%

土层（cm）	1 a 生	3 a 生	5 a 生	7 a 生	9 a 生	11 a 生	农田
50	8.1	5.4	5.8	4.8	5.5	5.3	8.3
100	8.5	5.1	5.8	5.2	5.7	5.3	8.7
120	8.8	5.4	5.5	5.6	5.7	5.7	9.3
140	8.9	6.2	5.3	4.9	5.6	5.6	8.6
160	8.7	6.1	5.5	5.1	5.6	5.6	8.9
180	8.5	6.5	5.7	5.3	5.5	5.5	9.5
200	9.2	7	5.4	5.5	5.3	5.2	9.2
220	9.5	7.3	5.6	5.4	5.3	5.3	10.6
240	10.1	7.9	5.7	6.1	5.3	5.7	10.2
260	11.3	10.3	6.1	5.8	5.2	5.9	12.8
280	13.7	12	6.3	6.2	5.3	5.8	13.4
300	12.5	13.4	8.2	6.5	5.9	5.2	13.3
320	13.4	13.3	8.6	7.2	6.5	6.1	13.5
340	13.3	12.4	8.9	8	7.4	6.2	13.1
360	14.2	14.1	9.8	8.5	8.2	6.7	14
380	13.8	13.7	10.3	9.4	9.1	7.4	13.7
400	13.2	14	13.1	10.1	9.4	8.9	14.3
420	14.3	13.7	14.3	11.2	9.5	9	14.2

（续）

土层（cm）	1 a 生	3 a 生	5 a 生	7 a 生	9 a 生	11 a 生	农田
440	14.1	13.5	13.7	11.5	10.3	9.5	13.8
460	13.3	13.8	14.2	13.3	10.9	10.7	14.1
480	13.7	14.3	14.8	14.4	11	10.9	14.3
500	14.5	14.4	14.6	14.4	11.3	11.1	15.3
520	14.2	13.9	14.3	14.3	14.8	14.4	14.5
540	14.1	14	14.1	13.1	13.4	14.3	13.6
560	15	14.5	14.6	14.3	14.1	14.3	15.3
580	14.4	13.9	14.3	14.5	14.5	13.7	14.1
600	14.7	15.1	14.3	15.1	14.8	14.2	14.6
650	15.5	14.7	14.8	15.3	14.3	14.1	14.1
700	15.3	14.3	14.5	14.3	14.6	15	14.7

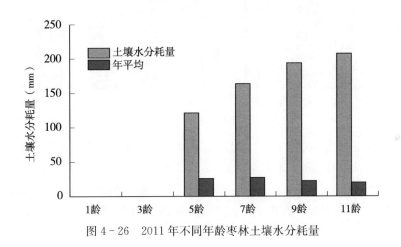

图 4-26　2011 年不同年龄枣林土壤水分耗量

根据气象资料得到各个年龄下枣林的累积降水量，减去无效降水量（18%），再减去径流损失量（4%），算得各个年龄枣林的累积降水量消耗，然后除以各自的林龄，得到平均累积降水消耗量，如图 4-26 所示。由图可以看出，随着树龄的增加，各个年龄枣林总耗水量呈直线增加，其中由于 1~3 龄枣林土壤水分可以恢复，所以这个年龄段可以认为枣林全部消耗的为降水。

各个年龄段平均每年枣林土壤耗水和枣林生长期间的平均降水量之和如图 4-27、图 4-28 所示。可以看出，随着树龄的增加，平均每年蒸发蒸腾耗水呈减少趋势。1~3 龄枣林基本不消耗土壤水分，当地降水量可以满足其正常生长，所以图 4-28 反映的 1~3 龄枣林平均每年耗水量较高，结合图 4-10 说明当地降水量足以满足 1~3 龄枣林生长，不会形成土壤水分的长期亏缺，仅仅在某阶段干旱缺少雨水时暂时消耗一部分土壤水分。

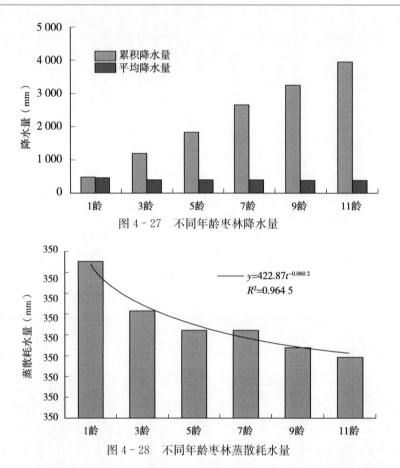

图 4 - 27 不同年龄枣林降水量

图 4 - 28 不同年龄枣林蒸散耗水量

由各年龄枣林的产量（表 4 - 5）看出，9 龄以后的枣林产量降低也反映水分不足，5～7龄枣林产量最高，说明此阶段耗水量 393 mm 为当地枣林正常生长的所需水量。但是 5 龄枣林地土壤开始形成不易恢复的干层，这又说明目前的产量可能超过水分承载能力。9 龄以后产量降到 15 000 kg/hm² 及以下，但土壤耗水深度不再增加，说明此时枣林生长全部依靠降水量，所以维持一个目标产量（15 000 kg/hm²）所消耗的水量（380 mm）就是当地枣林合理的耗水量。在这种情况下，为了维持可持续生产，一是需要采取减小枣树蒸腾耗水和地面集雨保墒措施，二是进行适当的补充灌溉。

表 4 - 5　不同年龄的密植枣林基本特征

树龄	树高（m）	冠幅（m）	平均冠幅（cm）	产量（kg/hm²）	比例（%）
1	0.6±0.16d	0.5±0.13c	1.1±0.12e	0	4
3	1.2±0.18c	1.1±0.17b	2.1±0.12d	5 250	8
5	2.0±0.25b	2.0±0.31a	5.2±0.21c	20 250	17
7	2.2±0.21ab	2.0±0.33a	9.87±0.26b	20 400	23
9	2.3±0.35a	2.2±0.44a	10.3±0.42b	15 000	11
11	2.3±0.41a	2.2±0.37a	11.2±0.50a	14 700	37

根据 2012 年 5 月至 2013 年 4 月树干液流监测结果计算和基于土壤水分观测的水量平

衡法计算土壤蒸发量，如表 4 - 6 所示。

表 4 - 6　蒸发蒸腾量动态

单位：mm

指标	5 月	6 月	7 月	8 月	9 月	10 月	11 月	12	1 月	2 月	3 月	4 月	全年
多年平均降水量	29.8	55.7	88.4	103.9	57.8	24.5	10.1	3.1	2.8	4.4	12.1	20.7	413.3
同期降水量	37.4	100.9	110.1	65.2	136.8	30.4	16.0	1.4	4.2	0.0	3.6	17.0	523.0
蒸腾	33.7	46.6	50.8	55.5	52.2	38.0	13.1	5.8	4.2	4.6	4.9	15.3	324.7
蒸发	24.7	37.2	42.4	28.7	40.9	32.6	23.7	3.9	3.5	3.0	1.9	7.9	250.4
腾发量	58.4	83.8	93.2	84.2	93.1	70.6	36.8	9.7	7.7	7.6	6.8	23.2	575.1

枣树林全年耗水量呈现单峰变化趋势，全年总耗水量 575.1 mm，其中蒸腾 324.7 mm，蒸发 250.4 mm，分别占总耗水量的 56.5% 和 43.5%。蒸腾量大于蒸发量，蒸发占蒸腾的比例为 77.12%。这个结果和上述模型计算的全生育期耗水规律一致，这说明枣树全年耗水规律决定于生育期的耗水规律。枣树全生育期（5—10 月）耗水量 483.24 mm，占全年耗水的 84.0%，非生育期的 6 个月枣林耗水约占 15%。非生育期蒸腾耗水少是因为树体落叶后只有树干、树枝仍然散放一定量的水分，土壤蒸发较小的原因可能是土壤水分已经下降到低值，其中表层土壤水分下降到 6% 以下不易蒸发，加上有冻土层。在整个生育期内蒸腾耗水 276.82 mm，同期降水量 480.8 mm，多年平均 360.1 mm。全年蒸腾耗水 324.57 mm，同期降水量 523.0 mm，多年平均 413.3 mm。从降水量来看，无论是生育期还是全年都能满足枣树的蒸腾耗水需求，但是有蒸发作用，枣林的总耗水量就大于降水量，也再次说明在无灌溉条件下减少蒸发是保证枣树良好生长的重要途径。树木耗水量研究十分重要，但要准确地研究其耗水量十分困难，因为除了观测手段，还与诸多气候因素、土壤状况及林木的年龄有关。所以，本研究得出的林地耗水的多少与立地条件有关。上述研究得出的枣林耗水量值，只能反映本研究期间，在研究区产量为 19 500 kg/hm² 的 12 龄人工修剪矮化枣林的耗水量。该值对枣林灌溉和防止土壤干层形成及提高水分利用效率均有积极意义。

枣林地储水量的波动是由降水量、枣树蒸腾量和土壤蒸发共同导致。2012 年 11 月至 2013 年 10 月，以热扩散式探针（Thermal Diffuse Probe）监测得出的枣树蒸腾量和同一地点土壤储水量为依据，结合同期降水量，用水量平衡法计算逐月土壤蒸发量，如图 4 - 29 所示。2012 年 11 月至 2013 年 10 月累积降水量是 533.2 mm。由图 4 - 29 看出，枣林的蒸发耗水量和蒸腾耗水量逐月变化规律与土壤储水量十分一致。也表现出枣树休眠期蒸散耗水量小，生育期蒸散耗水量大的特点。还可以分为四个阶段：12 月至次年 3 月是腾发耗水最小的阶段，4—6 月是腾发耗水上升阶段，7—9 月是相对持平阶段，10—12 月是腾发耗水下降阶段。12 月至次年 3 月腾发耗水 34.47 mm，4—6 月腾发耗水 118.96 mm，7—9 月腾发耗水 277.97 mm，10—12 月腾发耗水 64.4 mm。研究期 12 个月蒸腾耗水 231.78 mm，蒸发量为 264.02 mm，蒸腾量占蒸散量的 46.7%，蒸发量占蒸散量的 53.3%。

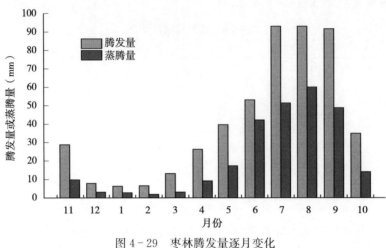

图 4-29　枣林腾发量逐月变化

4.7　枣林耗水可调控性

4.7.1　自然降雨下枣林土壤水分恢复

在旱作农业中用以提高土壤水分的措施有多种，其中以覆膜措施最为普遍（王颖慧等，2013），这一措施也常用在山地造林中，但在成林经营中由于覆盖增加成本很少被应用。本研究于 2012 年 5 月，以无任何地面处理的枣林为对照，在基本条件相似的 12 龄枣林地（观测区枣树均栽植在水平阶上）分别进行了覆膜（黑、白）、碎树枝覆盖、保水剂、聚水沟五种保水措施试验，选取一年中土壤水分较多时进行比较，经过 2012 年 9 月、2013 年 9 月和 2014 年 8 月连续三年测定五种保水措施及山坡农地 0～400 cm 土层深度的土壤水分，用各处理三年平均土壤体积含水量作图反映不同保水措施下土壤水分的调控效果。

在自然状态下林地土壤水分受降雨的影响表现出周期修复规律，一般春季土壤水分含量最低，雨季后林地土壤水分最大限度地得到修复回升。在应用不同保水措施后林地土壤水分的回升会有不同变化，也就是说不同保墒措施对林地土壤水分年修复能力有改变。当地经过雨季后的 9 月是土壤水分恢复的最好时段。

由图 4-30 可看出，当枣林地不除草时，其土壤水分在 0～120 cm 深度范围低于同层的裸地土壤水分。当土层低于 120 cm 时，二者土壤含水率基本一致。也就是说，试验区枣林下的杂草如果不除去就会消耗 0～120 cm 深度范围的土壤水分，这个范围正是当年降水能够入渗的主要范围，所以为了增加枣树的土壤水分吸收量，还是应该及时除草。当然，除草不利于水土保持，特别当遇到暴雨会发生坡面水土流失的现象是另一研究热点。在 0～220 cm 土层范围内白色地膜覆盖下的土壤水分恢复最好，土壤水分提高约 1 个百分点，但是白色地膜下面生长很多杂草造成土壤表层的 0～120 cm 土壤水分减少，而且由于膜下水分较多，促进了杂草生长。覆黑色膜对土壤水分的影响与覆白色膜基本一致，主要表现为表层约 30 cm 以上土层内由于膜下生长杂草导致土壤水分减少。在半干旱区农业生产中应用的土壤保水措施有多种，其中以覆膜措施最为普遍（李小英等，2013；张杰等，2010），但是对于经济林下长期覆盖白色地膜存在容易破损和杂草耗水问题还需要引起重视。碎树枝覆盖措施和聚水沟都较裸地恢复水分效果好，碎树枝覆盖下的土壤水分恢复深度可以达到 240 cm，聚水沟措施下的土壤水分恢复深度约 340 cm，较两种地膜覆盖下的恢复深度还多约 60 cm。聚水沟有较好的拦蓄雨水和径流的作用，不但可以接受全部降雨就地入渗，而且可以拦蓄坡上部的径流，还由于其沟底在距离地表 30 cm 深度位置，更有利于土壤水分向更深处运移，所以较其他措施更能使较多的水分下渗，恢复土壤水分能力显著。

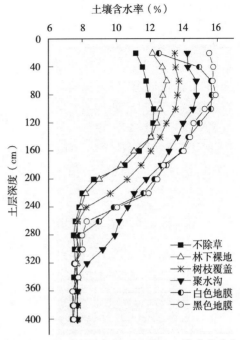

图 4 - 30 几种覆盖保墒下枣林地土壤水分分布

土壤水分增量是土壤水分恢复的另一个指标，与裸地土壤水分比较，由图 4-30 各个处理下的土壤储水量增加计算可知，不除草处理的土壤水分增加 -12.4 mm/y，碎树枝覆盖增加 22.96 mm/y，白色地膜覆盖增加 61.68 mm/y，黑色地膜覆盖增加 69.72 mm/y，聚水沟增加 64.28 mm/y。本试验观测到的不除草比裸地多耗土壤水 12.4 mm，从总量看不算大，但是这里没有包括被草消耗的降水量，而且在枣树关键需水期草会直接与枣树争水分，这是不可忽视的；聚水沟增加的水量与两种地膜相近，但是两种地膜增加的土壤水分主要集中在林地的上部，聚水沟增加的水分主要体现在深度方面，也就是入渗深度较大，说明聚水沟具有较好的恢复深层土壤水分的能力。

4.7.2 不同栽植方式对枣树根系深度调控

栽植方式不同，适宜生长的空间不同，地上部分与地下部分的生长受到影响；而根系的伸长深度会影响到对水分的吸收。由图 4-31 可知，相同树龄的稀植枣林根系深度较密植枣林根系深度超出约 260 cm，而有补灌的密植枣林根系比旱作密植枣林根系的深度稍浅，本次调查约浅 40 cm。在根系调查深度范围，各层根系重量密度总和是稀植枣林最小（1 938.87 g/m³），有补灌和旱作条件下的密植矮化枣林各层根系重量密度总和分别为 3 249.38 g/m³ 和 3 076.9 g/m³。由图 4-31 根系深度说明，矮化密植枣林根系消耗土壤水分的深度较传统稀植枣林要浅，而根系重量密度表现出矮化密植枣林大于稀植枣林。这也说明，矮化密植措施具有对枣树根系调控的作用，主要作用为降低了枣林根系深度，而对根系重量密度起到了促进作用。补灌矮化密植枣林根系深度较旱作稍浅，主要是采用滴灌，灌水只有 3 次，每次约 8 L/株，灌水量也较小，如果灌水次数能增加，则枣林根系深度还会进一步降低（王罕博等，2012）。所以，本研究认为灌溉也是一项对根系具有调控作用的措施，这一特点值得研究并将林地补灌与消除土壤干化结合考虑，在有土壤干化问题的区域灌水不仅仅要考虑产量目标，也要考虑土壤干化这个生态问题。有关的作用机理和定量化指标十分值得研究。

4.7.3 补充灌溉对土壤水分的调控

众所周知，灌溉能有效补充土壤水分，关于少量补灌对土壤水分影响方面的研究很多（Wang et al.，2009；黎朋红等，2009），但这些研究对土壤干层和土壤水分的调控作用未见报道。由图 4-32 可见，在矮化密植枣林，有无灌溉条件下的土壤水分含量基本一致，补灌措施没有使土壤水分得到明显提升。究其原因，可能是目前采取的滴灌方式和灌溉制度不能给尚处于严重缺水的林地土壤充分补水，供给的少量水分只能弥补枣树生长所需的部分水分，所以由滴灌方式补给的少量水分优先被枣树生长吸收利用并消耗，优先促进了枣树的生长，而对土壤中的水分含量并没有明显的提升。

事实也的确如此，本研究还监测了有无灌溉条件下的 18 棵 7 a 枣树的生长情况，见表 4-7。由表 4-7 可知，在 2012 年生育期，有补灌的枣树各个生长指标都不同程度地高于无灌溉下的枣树，说明补充灌溉确实能明显促进枣树的生长，提高产量。

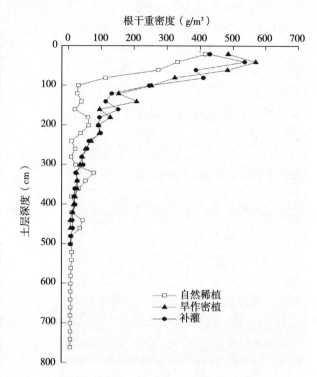

图 4-31 稀植旱作、密植旱作、补灌密植枣林根系对比

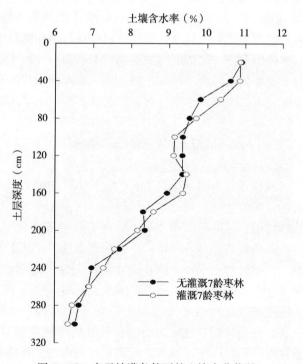

图 4-32 有无补灌条件下的土壤水分状况

表 4 - 7 有无补灌对密植枣树生育期生长的影响

项目	新增茎粗（cm）	新增高度（cm）	新增冠幅（cm）	新增枝长累计（cm）	单株平均产量（kg）	备注
有补灌	1.23±0.34a	274±35a	215±33a	2 446±153a	12.64±2.64a	9 棵树平均值
无灌溉	1.15±0.25a	227±30a	195±34b	2 397±148b	10.86±2.42b	9 棵树平均值
差值	0.08	47	20	49	1.78	

虽然从上述研究结果看当地降水量能够满足枣树的正常生长，但是真实的山地密植枣林在无灌溉条件下枣树生长还是和小区试验有差距。如表 4 - 8 所示，在无灌溉条件下随着树龄增加，在根系层的土壤储存水分逐渐减少，枣树根系随着树龄增加向着深层延伸，7 龄后根系延伸减缓。枣树生长不仅仅消耗了当年的降水量，同时在消耗土壤水分。2012 年 7 月分别对山地密植枣林 1、3、5、7、10、12 龄在 1 000 cm 深度土壤水分进行测定，各个年龄枣林在其根层范围的土壤含水率依次是 11.21%、10.35%、9.32%、8.52%、7.81%、7.72%。0~200 cm 属于当年降雨入渗可以恢复土壤水分的范围。200 cm 以下被认为土壤水分难恢复层（李玉山，2001b），所以将 200 cm 到本研究区枣树最大根系深度 520 cm 的土壤储水量进行比较可以看出，难恢复层的土壤储水量随着树龄变大而减少。土壤储水量减少量很少，但还是起到一定的抗旱作用。2012 年对各个树龄正常修剪情况下的枣树新枝条生长进行了监测，各个树龄当年累计新枝条生长长度是 1~7 龄逐渐增加，超过 7 龄就出现当年累计新枝条生长减少现象。当年新枝条生长的规律与枣树产量规律一致，山地密植枣林的产量也是 7 龄最高，之后就逐渐减少。各个年龄枣林根系层土壤水分含量和 200~520 cm 土壤储水量表现出随枣龄的增加而减小的趋势。

表 4 - 8 无灌溉条件下的枣树生长与林下土壤储水

指　标	1 龄	3 龄	5 龄	7 龄	10 龄	12 龄	备　注
当年新枝累计长度（cm）	54	397	2 199	2 313	1 517	1 238	包括修剪掉的长度
产量（kg/hm²）	0	5 250	20 250	20 400	19 650	19 500	
各龄根层深度（cm）	1.2	2.6	3.4		4.6	5.2	
根层平均土壤含水率（%）	11.21	10.35	9.32	8.52	7.81	7.72	各树龄根层深度同
2~5 m 土层储水量（mm）	34.72	33.71	31.13		22.82	22.42	0~2 m 是当年降雨入渗可以恢复范围，2~5 m 是土壤难恢复范围

4.7.4 无林条件下的土壤水分逐月恢复能力

在 1 000 cm 深度野外大型土柱实验中，整个生育期观测当年土壤水分在 400 cm 深度以下没有变化，所以选用 2014 年枣树全生育期的土壤水分月平均值做四种处理下的 0~400 cm 土壤水分恢复分析（图 4 - 33）。由图 4 - 33 可以看出，各个处理经过一个生育期土壤水分均有一定增加，土壤水分增加深度约在 1.5~2.5 m，基本表现出有植物生长的土壤水分深度增加范围小，无植物（裸地处理）在 0~60 cm 土壤水分含量较植草处理高，再次说明当地环境除草（裸地）更有利于土壤水分的恢复，这里植草的耗水深度较前面大田不除草浅，这是因为这里是人工种植的禾本科草，属于浅根系植物，而大田草种比较复杂，往往有很多深根系草种。土柱内由于新添置的土壤没有草籽所以白色地膜覆盖下没有生长杂草，因此黑、白两种地膜覆盖下的土壤水分趋势相同，地表逐月土壤水分处于增长势态。由裸地、覆盖地膜（黑、白两种）、覆盖树枝四种处理看出，没有植物消耗水分的情况下，枣树生育期内5月土壤含水率是最小的，9月土壤水分达到最高值，也就是说当地土壤在没有植物生长条件下从5月开始土壤水分是逐月增加的，黑、白地膜覆盖下的土壤水分增加最多，黑、白地膜覆盖下的土壤水分增加深度达到340 cm。由图4-33土壤水分月动态可以看出，逐月增加的土壤含水率的波动与降水量关系密切，逐月降水量与逐月土壤水分增加一致，降雨造成的土壤水分提升起到主导作用，所以表现出与降水量一致的土壤水分增量变化特点。有植物生长处理下的土壤水分除了受降水量的影响外，还明显反映出植物耗水的特点，前期由于草开始生长耗水很小，这个时期土壤水分还是受降雨影响增加较快，土壤水分增加到7月为止，到了8月由于种的草体积长大，耗水量明显增大，表现出植物耗水大于降雨补充的量，所以8—9月土壤水分开始减少，这个现象与无植物处理形成明显对照。

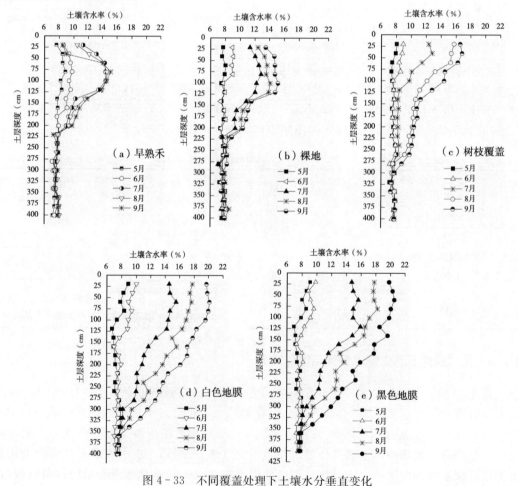

图4-33 不同覆盖处理下土壤水分垂直变化

土壤水分恢复能力还需要看土壤水分增量,由图 4-34 可看出土壤水分储量增加量是:黑、白地膜覆盖土壤水分储量>树枝覆盖土壤水分储量>裸地土壤水分储量>早熟禾土壤水分储量。野外大型土柱处理下的土壤水分观测值较大田观测水分增加值明显偏大,这一方面是由于在没有植物耗水情况下的各种保水措施对恢复土壤水分作用更大,另一方面土柱试验填入的土壤紧实度与大田有一定差异。但是反映的保水措施下土壤水分特点和规律是没

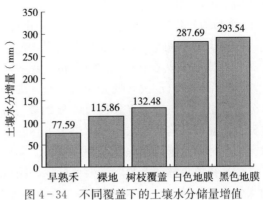

图 4-34　不同覆盖下的土壤水分储量增值

有问题的。这种多种措施下的野外大型土柱试验还未见报道,2020 年是野外土柱试验观测的第一年,以后随着观测年限的延长,土壤水分增加的总量和深度如何发展是一个值得期待的结果。

通过上述分析可清楚看出黑、白地膜及树枝覆盖、裸地和早熟禾五种处理下土壤水分恢复能力大小顺序。对五种不同处理下,经过一个雨季后(9 月)的土壤水分作差异性分析(表 4-9),可以看出:0～300 cm 土层,黑、白地膜与早熟禾、裸地、树枝覆盖之间均存在显著差异($p<0.05$),说明黑、白地膜对土壤水分的恢复能力最显著;而裸地与早熟禾在 0～300 cm 土层内没有显著性差异($p>0.05$),说明这两种技术处理下土壤水分含量特别接近;树枝覆盖在 0～200 cm 与裸地无显著性差异,在 200～300 cm 深度与裸地和早熟禾均有明显差异($p<0.05$),说明裸地当年恢复深度在 200 cm,而树枝覆盖处理下土壤水分恢复深度大于 200 cm,所以当深度超过 200 cm 时,树枝覆盖的土壤含水率大于裸地和早熟禾的。300～400 cm 深度,五种处理下土壤水分均没有显著性差异,说明当深度达到 300 cm 及以下时,各个处理对土壤水分的恢复作用消失。

表 4-9　不同处理下土壤水分垂直分层结果

土层深度(cm)	早熟禾	裸地	树枝覆盖	白色地膜	黑色地膜
0～100	12.31c	14.53bc	15.72b	20.05a	20.23a
100～200	11.35b	11.66b	11.22b	17.42a	18.06a
200～300	7.64c	8.09c	9.33b	13.20a	13.79a
300～400	7.75a	7.60a	7.65a	8.51a	8.74a

4.8　小结

(1)在黄土丘陵半干旱区,枣树林地上层土壤水分受季节性降雨影响较大,与枣树全生育期耗水规律一致,每年 5 月枣林开始萌动时林地土壤水分储量最低;随后枣树耗水量逐渐增大,降水量也增加,一般 7 月枣林地土壤水分出现显著的恢复,9 月枣树果实膨大

成熟期土壤水分贮存可达最大值。黄土丘陵半干旱区的密植枣林地土壤水分储量在一个周年 12 个月的变化和枣林蒸散耗水量月变化规律十分一致，周年逐月变化可以分为正增长期（5—9 月）和负增长期（9 月至次年 4 月）。

（2）黄土丘陵半干旱区密植枣林生育期根系层平均土壤水分能够反映出不同林龄与土壤水分关系，垂直层次可划分为活跃层、难恢复层和稳定层。第一层是 0～200 cm 的土壤水分活跃层，该层土壤水分具有明显的逐月动态变化规律。200 cm 以下有一个层是土壤水分难恢复层，这个层次深度取决于枣林的年龄，林龄越大该层次越深。本研究发现 12 a 生密植枣林地土壤耗水深度达到 540 cm，其中难恢复层厚度为 340 cm。

（3）密植枣林在 3 龄之前根系稀少，耗水量很小，剖面土壤水分与农田相近，株间土壤水分没有差异，3 龄后株间根系交汇，水平根系逐渐加密，土壤水分仍然没有显著的差异。密植枣林在垂直方向上土壤含水率差异显著。土壤水分的差异与枣林垂直根系关系密切，主根深度与水分消耗深度一致。12 龄枣林根系最大深度和土壤水分亏缺深度大致在 540 cm 处。在雨季土壤水分补给大于根系耗水，雨季后还表现为根层耗水增加和土壤水分减少的过程。0～200 cm 土壤水分经过雨季可以得到恢复，在此期间 0～200 cm 水分处于一个高值。

（4）枣林根系总量随着树龄的增加而增加。0～100 cm 范围根系量比重最大。1、3、5、12 龄最大根系量值分别为 23.01、45.61、89.95、565.73 g/m³。3 龄之后 100 cm 以内的根系比例基本稳定在 57%～61%。12 龄枣林细根干重密度随土层深度增加而减小。0～0.8 m 土层的细根干重密度占整个细根分布土层内的 50% 以上，该土层为根系密集层；密植枣林的细根干重密度较稀植枣林的高。

（5）滴灌密植枣林细根最大分布深度仅为稀植枣林的一半。这表明枣林生长过程中，当上层土壤水分不能满足生长需求时，根系已经逐渐向深层土壤吸收水分。另外，密植枣林由于有滴灌措施，土壤剖面含水量高于稀植枣林，且土壤水分低值区的土层范围较稀植枣林上移。

（6）用控制供水量的方法试验证明，枣树在设置试验的最小供水量和最大供水量范围都可以获得一定产量。这个试验说明枣树在一个较大范围的水分条件内，仍可以依据供水量多少自身调节生长并获得一定的产量。

（7）1～3 龄枣林土壤耗水与旱作农田相同，当年降水量完全可以满足其正常生长。5～7 龄枣林土壤水分 9 月出现亏缺层，说明降雨不够才消耗土壤水分，此阶段所耗水量 393 mm。枣林 5 龄后土壤开始形成不能恢复的干层，12 个月蒸腾量是 231.78 mm，蒸发量 264.02 mm，蒸腾量占蒸散的 46.7%，蒸发量占蒸散量的 53.3%。上述蒸散耗水量值只是在特定条件和特定时间的数值，随着环境、生产管理方式、气候因素等变化，枣树蒸散耗水量会变化。但是可以看出蒸发量占的比重较大，说明在旱作条件下如果能有效采取减少蒸发的措施仍具有较大的节水潜力。

第5章 枣树蒸腾及其主要影响因素

树体蒸腾对其环境因子的响应，一直是黄土高原植物生理、土壤水分生态及节水领域的研究重点。由于研究的地域、气候、植被类型、树种等的不同，液流对各影响因子的响应程度、响应方式、响应阈值等不尽相同（崔宁博等，2009）。枣树虽然具有很强的抗旱特性，对干旱胁迫有较强的适应性，但是在半干旱黄土区枣树蒸腾耗水量仍然大于当地降水量，从而造成了枣林地土壤干化问题。本章通过对枣树蒸腾连续三年的动态监测，获得以下研究成果：①树体液流日内变化总体呈现单峰变化趋势，但其启动时间、峰值大小、旺盛蒸腾时长、开始减弱和基本停滞的时间会随着生育期的改变及其他影响因子的变化而发生变化。②枣树的蒸腾和其生长发育指标之间关系密切，树体的边材面积和瞬时蒸腾（液流速率）成反比，而和日蒸腾量呈正比，枣树全生育期叶面积和叶面积指数均呈二次曲线变化，不同树龄枣树的耗水规律基本相同，在生育初期，不同树龄枣树耗水差异不显著。生育中后期随着树龄的增加，耗水会显著增强。③枣树蒸腾和气象因子的关系比较显著，而且逐日蒸腾、逐月蒸腾和全生育期蒸腾的主要影响因子有所不同。总体而言，VPD 和 PAR 始终是蒸腾的两个主要影响因子，也是枣树蒸腾的两个驱动因子。枣树对两个驱动因子的响应存在明显的"时滞效应"。在蒸腾的启动阶段，两驱动因子和蒸腾几乎同时启动。达到峰值的时间蒸腾最早，PAR 次之，VPD 最后。而液流的下降过程则为 PAR 最早，蒸腾次之，VPD 滞后。这种时滞现象的存在也是枣树抗旱特征的重要标志，可以有效避免枣树的过分失水。但两因子的响应阈值也会随着环境温度等影响因素的改变而发生改变。④土壤水分状况不仅能引起日蒸腾量的变化，也会引起瞬时蒸腾（液流）特征的改变。随着土壤含水量的上升，液流谷值出现的时间提前，峰值出现的时间推后，液流"午休"时间缩短，反之亦然。⑤土壤水分和枣树全年蒸腾总量极显著相关，但是与逐月蒸腾关系并不显著，即枣树全年蒸腾总量主要受土壤水分状况影响，逐月蒸腾主要和自身生长发育阶段有关。随着尺度的提升，气象因子和蒸腾的相关关系逐渐减弱，作物自身生长状况和蒸腾的相关关系逐渐增强。但是相同时间尺度上逐月蒸腾量和全年蒸腾量的主要影响因子存在差异。

5.1 研究方法

5.1.1 试验方案

试验从 2012 年 5 月正式开始监测。在试验基地的东南坡分别选取 3 棵长势一致，树体基干顺直的 5a 生（2007 年栽植）、8a 生（2004 年栽植）和 12a 生梨枣树作为被试枣树进行试验，其中 5a 生和 8a 生主要监测不同树龄枣树蒸腾耗水和土壤水分状况（图 5-1）。12a 生枣树主要用来分析枣树的蒸腾规律，蒸腾和生长发育指标、气象因子、土壤水分状况的关系。布置方式详见第9章。

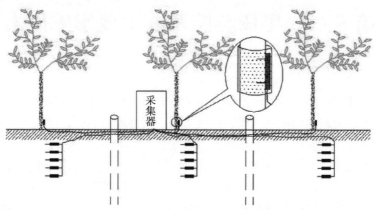

图5-1　5a生和8a生枣树蒸腾和土壤水分监测

5.1.2 指标测定及计算

（1）气象指标。气象指标由在试验点附近布设的小型气象站测定，监测步长为10 min。监测要素包括：降水量（precipitation，P，mm）、总辐射（radiance，R，W/m^2）、净辐射（net radiance，Rn，W/m^2）、光合有效辐射（photosynthetically active radiation，PAR，μmol·m^{-2}·s^{-1}）、风速（wind speed，WS，m/s）、温度（temperature，T,℃）和相对湿度（relative humidity，RH,%）。饱和水汽压亏缺（vapor pressure deficit，VPD，kPa）是当时温度下空气中饱和水汽压（e_s）和实际水汽压（e_a）之间的差值，由以下公式计算得出：

$$VPD = e_s - e_a = (1 - RH) \cdot e_s \quad (5-1)$$
$$e_s = 0.610\,8 \cdot e^{[17.27T/(T+273.3)]} \quad (5-2)$$

式中，VPD 为饱和水汽压差，kPa；RH 为空气相对湿度，%；T 为空气温度，℃。

（2）土壤指标。

①土壤水分。土壤水分数据采用CNC100型中子管水分测定仪进行监测，中子水分测管统一安装在距离树干西侧30 cm处（图5-1），测管安装有效监测深度为3 m。在修剪试验区域布设两根10 m长度的中子水分测管（图5-2），对深层土壤水分状况进行监测。生育期每隔10 d、休眠期每隔15~20 d测定1次体积含水率（%），监测步长为20 cm。中子仪土壤水分全年动态监测，为确保数据准确性，每年生育期和休眠期各校准一次，试验周期内共校准5次，校准方法

图5-2　中子管布置

为取土烘干法，过程从略。

利用 TDT（水分、温度和电导率）三参数探头（SDI‑12，Acclima Inc.，美国）对枣树 0～1 m 土壤水分进行动态监测，探头布设如图 5‑2，探头朝枣树根系方向完全插入原状土。每株监测 5 个深度（20、40、60、80、100 cm），和树干液流采集系统共用 CR1000 型数据采集器进行数据采集，采集频率为 30 min/次。采集到的土壤水分数据用取样烘干法进行校准。

②土壤容重。利用环刀法对试验地 0～50 cm 深度土壤容重进行测定，实验周期内每年测定一次，测定结果如表 5‑1 所示。

表 5‑1　试验地土壤容重测定

单位：g/cm³

年份	10 cm	20 cm	30 cm	40 cm	50 cm	各层平均
2012	1.30	1.34	1.41	1.40	1.42	1.37
	1.29	1.39	1.42	1.43	1.41	1.39
	1.30	1.35	1.28	1.38	1.46	1.35
2013	1.32	1.33	1.28	1.39	1.35	1.33
	1.30	1.39	1.37	1.42	1.40	1.37
	1.27	1.35	1.36	1.40	1.40	1.35
2014	1.34	1.28	1.27	1.40	1.37	1.33
	1.29	1.37	1.29	1.37	1.35	1.33
	1.31	1.34	1.40	1.48	1.34	1.38
平均	1.30	1.35	1.34	1.41	1.39	1.36

（3）叶面积、叶面积指数的监测。

①叶面积指数（LAI）测定。采用基于冠层孔隙度分析的 Winscanopy 叶面积指数仪对生育期内枣树的 LAI 进行测定，测定频率为 10 d/次。步骤为：先用鱼眼相机在冠下拍照，然后利用软件对冠层照片进行分析即可得到 LAI 及其他冠层特性指标。

②叶面积（LA）测定。叶面积测定采用抽样调查法。首先通过采样调查确定枣吊长度和叶片面积的回归关系，实地调查时，对每棵样树的东、西、南、北方向分别选取 3 个代表枣吊，对 12 个典型枣吊全生育期的长度进行动态测定，然后通过回归方程确定叶面积。测定频率 10 d/次。枣吊叶面积回归关系如图 5‑3 所示，对叶面积进行确定时采用二次曲线回归方程进行计算。

（4）液流速率监测。同第 4 章测定及计算方法。

（5）树体生长、形态和产量。

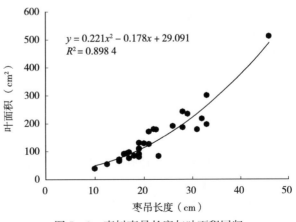

图 5‑3　枣树枣吊长度与叶面积回归

生育期初对树体株高、胸径、主枝长度进行测量，在生育期内的树体的冠幅、新梢生长量等采用刻度尺人工测量。生育末期对全树枣果产量进行测产，人工称重。

5.2 枣树的液流特征与蒸腾变化规律

树干"液流"（Sapflow）即液流在树体内部的流动。它不仅是树体蒸腾的全部来源，而且是树体生命活动的重要标志。对液流特征的描述是研究树体蒸腾规律的基础。

5.2.1 枣树液流参数特征

树体的液流并不能够直接测定，利用 TDP 探针监测的树体液流是基于热扩散原理，通过监测液流参数与液流速率的回归关系进行确定的（Granier，1987）。液流监测参数，实际就是两监测探针之间的温差值。一段时间内液流值的大小不仅和实时监测的参数（温差数据）有关，还和温差参数的最大值、最小值、温差变幅有关。在枣树液流确定之前需要对液流的监测参数进行提取与甄别，在此基础上确定枣树实际的液流速率。

5.2.1.1 枣树液流参数的测定

枣树的蒸腾（液流）现象主要发生在生育期，而在枣树休眠期由于树体落叶、土壤上冻，液流现象基本停止，因而其监测数据在生育期和休眠期有较大差异。本试验 TDP 液流监测从 2012 年 5 月 1 日开始至 2014 年 10 月 20 日结束。由于篇幅所限仅在树体生育期（约 5—10 月）和休眠期（约 11 月至翌年 4 月）的中期分别选取 6 个连续日（2012 年 7 月 1—6 日及 2013 年 2 月 1—6 日），列出其实时监测数据（温差值，图 5-4a），并与同期环境温度值进行比较（图 5-4b）。

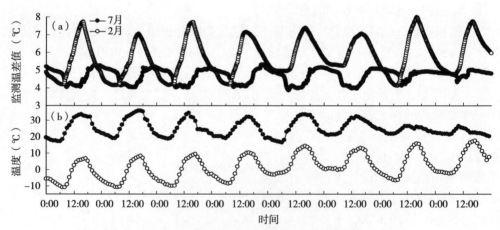

图 5-4　生育期、休眠期逐日液流参数变化
注：（a）探头监测的实时温差值动态；（b）同期环境温度动态。

由图 5-4 可知，树体休眠期和生育期监测的液流参数（最大值、最小值、温差日变幅）变化规律在生育期和休眠期存在明显差异。生育期液流参数变化较为平稳，监测温差的最大值（峰值）和最小值（谷值）分别为 4℃和 5.5℃，变幅仅为 1.5℃，而且和环境温度的变化并不一致；而在枣树的休眠期，液流参数波动剧烈，监测温差的最大值和最小值分别约为 4℃和 8℃，日变幅达 4℃，而且和环境温度变化同步。由此可见，在液流基本停止以后，其监测参数主要受环境温度的影响，而不能代表真实的液流变化。

5.2.1.2　生育期、休眠期液流参数特征值差异

由于液流速率和液流监测参数（最大值、最小值和日温差变化）这些特征值关系密切，为了确定枣树液流的日变化，对整个观测期内逐日特征值的变化进行了提取。

从图 5-5 可以看出，日最大温差、最小温差和温差日变幅 3 个参数在生育期（5—10月）和休眠期（10 月至翌年 4 月）差异较为明显，以 2013 年为例，在生育期 3 个参数逐日变化平均值分别为 5.19、4.15、1.03℃，日际变化幅度不大，且各样本一致性很高（3个参数平均 CV 值分别为 3.4％、6.8％、19.6％），而在休眠期 3 个参数的平均值上升到5.92、4.47、2.18℃，比生长期分别提高了 14％、8％、112％。且参数日际变化剧烈，样本一致性很低（3 个参数平均 CV 值分别为 8.2％、5.4％、42.9％）。虽然这 3 个参数的数值变化和变异系数在生育期始末均会发生较为明显的突变，但就 3 个参数而言，温度日变幅在生育期和休眠期差异最为显著，换言之，温差日最大变幅对有无液流的响应最为敏感。以 2013 年的 4 月、5 月为例，突变前温差日变幅的平均值大于 2℃且平均变异系数大于 25％，但是突变后温差日变幅的平均值小于 2℃且平均变异系数小于 25％。由图 5-5 可知，在每年的 4 月下旬至 5 月上旬和 10 月上中旬，温差日变幅都会发生明显的突变，根据这一显著特征就可以判断是否有真实液流的存在，进而对枣树的生育期和休眠期进行为准确的界定。

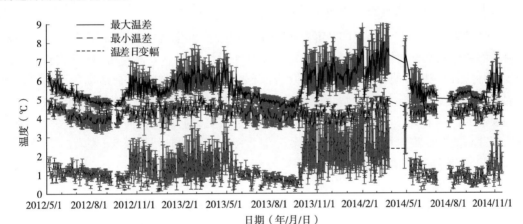

图 5-5　观测期逐日液流参数动态

5.2.2　基于液流参数特征的生育期界定

5.2.2.1　传统的枣树生育期界定方法

枣树是多年生落叶乔（灌）木，枣树树体的蒸腾耗水主要发生在生育期，而休眠期树体落叶，生命活动极其微弱，几乎观察不到液流现象。所以对枣树生育期和休眠期的准确界定对于准确计算枣树的蒸腾耗水量及其耗水的变化规律具有重要的意义。在陕北地区，有两种传统的确定枣树生育期的方法：一种是根据月序的粗略划分，另一种是根据观察枣树的萌芽和落叶来确定。根据月序划分就是根据生产经验将 5—10 月定义为枣树的生育期，而将 11 月至翌年 4 月定义为枣树的休眠期。在枣树的生育期又划分为：开花坐果期（5 月、6 月）、果实膨大期（7 月、8 月）、果实成熟落叶期（9 月、10 月）。这种划分方式将生育期固定在每年的 5 月 1 日至 10 月 31 日，各年生育期时长均为 184 d。而根据观察枣树的萌芽和落叶来确定枣树的生育期，发现枣树在 5 月上中旬开始萌发，每年 10 月大规模落叶。由于每年气温、地温、辐射等的变化差异，每年生育期的起止时间并不一致，具体统计结果如表 5-2 所示。

5.2.2.2　基于液流参数的生育期界定

根据液流参数变化规律确定的枣树生育期和休眠期如表 5-2 所示。它与根据传统生育期以及根据观察树体萌芽和落叶确定的生育期三者存在一定差异。

表 5-2　枣树生育期比较

年份	生育期开始（月/日）			生育期结束（月/日）			生育期长（d）		
	液流启动	树体萌芽	传统统计	液流停止	树体大规模落叶	传统统计	液流特征	观察萌芽和落叶	传统统计
2012		5/4	5/1	10/14	10/16	10/31		165	184
2013	4/30	5/5		10/6	10/9		159	157	
2014	5/8	5/15		10/17	10/21		162	159	
平均							160.5	160.3	

注：由于 2012 年数据开始监测时，树体液流已经启动，未统计其启动日期。

统计结果表明，以 5—10 月界定枣树的生育期会使得生育期延长 20 d 左右。而根据液流监测数据及观察树体萌芽和落叶确定的生育期时长差异不大，均在 160 d 左右。通过表 5-2 可知，在树体萌芽前树体的液流已经开始启动，随着树体生命活动逐渐增强，液流启动的 5~7 d 之后，树体开始萌芽。同样，在生育期末液流停止后的 3~5 d，树体开始大规模落叶。综上所述，以 5—10 月确定生育期会使生育期延长，而根据液流参数及观察树体萌芽和落叶确定生育期长度基本一致，但会使生育期的时间提前 5 d 左右。

5.2.2.3　生育期液流的加强和减弱过程

枣树休眠期和生育期过渡，伴随着液流的启动与停止，树体液流的启动和消失主要受到自身生育状态和环境因素的共同作用。液流的启动与环境温度、土壤水分、辐射等因子关系密切。但是液流的启动和停止变化速度不同，树体液流数值和日最小温差呈反比。由图 5-5 可知，最小温差在生育初期呈现缓慢下降的趋势，在生育末期则呈现快速上升趋

表 5-3　液流的加强和减弱过程

年份	生育期开始（月/日）			生育期结束（月/日）		
	液流启动	液流正常	历时（d）	液流开始减弱	液流停止	历时（d）
2012		5/20		10/15	10/17	2
2013	4/30	5/22	22	10/3	10/6	3
2014	5/8	6/11	34	10/14	10/17	3
平均			28			2.7

势,这说明枣树生育初期液流的增大是一个缓慢的过程,而在生育末期液流的停止是一个较快的过程。从表 5-3 可知,枣树液流完全正常需要 28 d 左右(2013 年 22 d,2014 年 34 d),但是在生育末期液流的停止要迅速得多,只需要 2~3 d(2012 年为 2 d,2013 年和 2014 年为 3 d)。

5.2.3 枣树的液流特征

根据提取的特征值,对枣树液流的动态进行确定,由于篇幅所限仅在 2012 年枣树生育期中选取 5 月 13 日、7 月 15 日、9 月 3 日和 10 月 2 日 4 个代表日,对其液流的日变化过程进行分析。其中除 10 月 2 日为阴天,其他 3 d 均为晴天。从图 5-6 可以看出,枣树液流日内变化均呈现明显单峰变化趋势,白天液流强度较大,夜间液流微弱,液流的波动随着液流的增强而加大。但是不同日其液流特征(开始启动和减弱的时间、液流峰值的大小、峰值持续的时间)均呈现一定的差异。这些液流变化的差异性主要是受到自身生长发育阶段和天气、土壤水分状况等综合因素的影响而造成的。

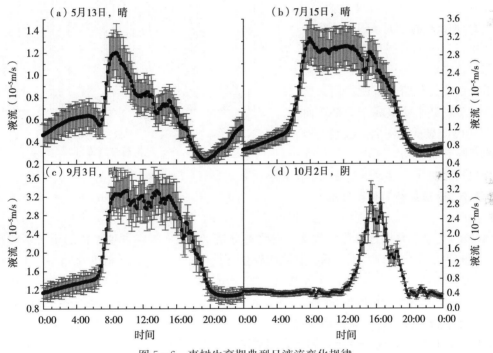

图 5-6 枣树生育期典型日液流变化规律

5 月 13 日(图 5-6a)为生育初期,液流活动还不是很旺盛,早晨 7:00 液流开始启动,9:00 左右达到峰值 1.24×10^{-5} m/s,然后液流速率开始下降,19:00 液流达到全天谷值。总体而言,液流峰值较低,全天蒸腾也较少。图 5-6b、c 正处于 7—9 月,是枣树的旺盛生长阶段,蒸腾较为剧烈,液流启动时间提前到 6:00 左右,从上午 9:00 到下午 4:00 左右都保持比较旺盛的蒸腾,液流峰值分别达到 3.16×10^{-5} m/s 和 3.25×10^{-5} m/s。而在 10 月 2 日(图 5-6b)随着树体果实的成熟和环境温度的降低,液流峰值出现时间推后和液流峰值维持的时间缩短。此外阴天还会使得各枣树液流波动减弱,在 10 月 2 日蒸腾的误差最不显著。总体而言，随着生育阶段的推进，枣树液流日变化呈现窄峰—宽峰—窄峰的变化趋势，液流的峰值也呈现低—高—低的变化趋势。换言之，枣树液流在不同生育阶段变化趋势基本相同，但生育初期和生育末期液流现象较弱，而在枣树生长中期树体液流比较旺盛。

5.2.4 枣树蒸腾变化规律

液流是树体生命活动的重要标志，同时液流也是树体蒸腾的重要组成部分。前期研究表明，树体的液流有超过99％是通过蒸腾作用消耗掉的，只有不到1％的液流用来完成树体自身的生长和发育（康绍忠，1996）。所以可以用液流量来代替瞬时的蒸腾量，同样也可以用全天液流量的累积来代表日蒸腾量。

5.2.4.1 生育期逐月蒸腾

对2012—2014年枣树逐月蒸腾量进行统计（图5-7），发现枣树逐月耗水也呈现单峰变化趋势，在生育期始末的5月和10月蒸腾量较小，7—9月蒸腾量较大，月平均蒸腾达80～105 mm。2013年由于生育期较其他两年有所提前，所以5月蒸腾耗水明显高于同期，而10月蒸腾明显低于同期。虽然当地降雨年际分布不均，土壤水分年际差异也较为明显，但年际蒸腾耗水差异不显著。

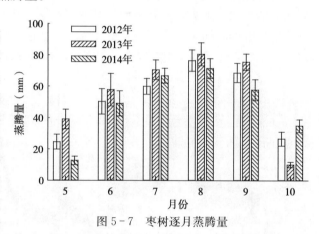

图5-7 枣树逐月蒸腾量

5.2.4.2 逐日蒸腾与昼夜分配

由图5-8可知，枣树液流全天都在进行，夜间虽然微弱但并未完全停止。为此选取枣树2014年全生育期逐日蒸腾数据进行重点分析（图5-8），发现枣树的全天蒸腾和夜间液流的逐日变化规律并不一致。日蒸腾在生育期内呈现一定的单峰变化趋势，生育初期较低（约1 mm/d），生育中后期较高（大于2 m/d），在生育的末期有一定的下降趋势（约2 mm/d）；而生育期的夜间液流总体在0.1～0.5 mm/d变化，而且呈逐渐上升趋势。

通过对夜间液流量占日蒸腾量的比例进行统计分析（图5-9），发现夜间液流占全天蒸腾的比例符合二次曲线变化，回归方程的决定系数R^2达0.65，夜间液流占全天蒸腾的

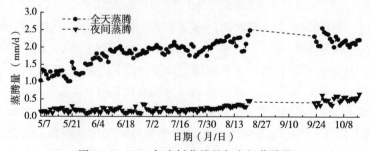

图5-8 2014年枣树蒸腾量与夜间蒸腾量

比例生育中期最低为 10% 左右，到生育后期占比最高达 25% 左右。在生育初期夜间液流的比例较高，这可能是因为在生育初期的土壤水分含量较低，液流偏弱造成的，而生育后期夜间液流比例的升高，可能与降雨较多，土壤含水量增加，根压作用更加显著有关。大量的研究表明，根压是夜间存在液流的主要原因之一。

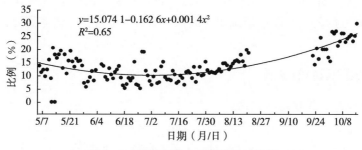

图 5-9　夜间蒸腾占日蒸腾量的比例

5.3　树体生长发育对枣树蒸腾的影响

枣树的蒸腾耗水受到气象因子、土壤水分状况和自身发育状况的综合影响。其中自身生长状况对枣树蒸腾的影响十分重要。影响树体的生长发育的因子众多，主要包括树体的树龄、发育状况、修剪方式、修剪强度、枝叶量、冠幅大小、树干直径、边材面积、叶面积、叶面积指数、病虫害严重程度等。这些因子的变化都会对枣树的生长和耗水产生影响，同时这些因子之间又相互影响、相互关联，为此本章仅选择几个重要且相对独立的因子，对其与树体蒸腾的关系进行重点研究。

5.3.1　边材面积对蒸腾的影响

枣树的液流主要通过树体的边材进行传导，所以枣树蒸腾量不仅受到液流速率的影响，而且和边材面积密切相关。选择 2012 年 6 月 1 日至 7 月 1 日连续 30 d 的液流数据，对液流速度、日蒸腾量和边材面积之间的关系进行研究。

通过图 5-10 可以看出，枣树的液流速度和边材面积之间呈现较为明显的负相关关系

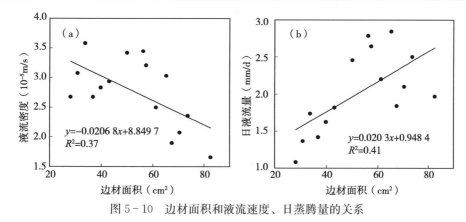

图 5-10　边材面积和液流速度、日蒸腾量的关系

（$R^2=0.37$），但是枣树的日蒸腾量和边材面积呈现比较显著的正相关关系（$R^2=0.41$）。即枣树的液流密度随着边材面积的增加逐渐下降。换言之，随着边材面积不断变大，树干单位面积、单位时间内通过的液流量在减少，液流速度在降低，但是液流总量却在增加，即树体的日蒸腾耗水量在增加。刘晓静等（2009）研究发现，树干直径大的树比树干直径小的树蒸腾作用明显增强。Granier 等（2000）研究发现，树体适应恶劣自然条件的能力会随着水分亏缺程度的上升而逐渐减弱，但是会随着树干直径、树体高度、冠幅规模的增加而增强。

5.3.2 叶片规模对蒸腾的影响

5.3.2.1 叶面积与叶面积指数动态

选择 2012 年和 2013 年，对枣树全生育期的叶面积和叶面积指数进行统计，发现二者在全生育期的变化趋势非常相似，均可以用二次曲线很好地描述（图 5-11），其回归方程的决定系数（表 5-4）在 2012 年分别达到了 0.96、0.97，2013 年分别达到了0.91、0.93。

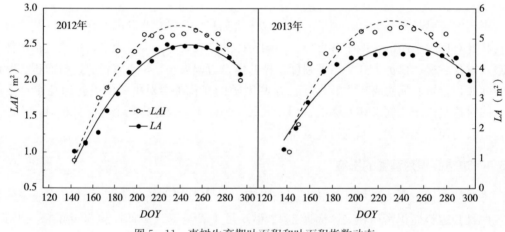

图 5-11　枣树生育期叶面积和叶面积指数动态

表 5-4　叶面积和叶面积指数动态回归

年份	方程	决定系数	样本数
2012	$Y_{LAI}=0.000\,2X^2+0.097\,3X-8.794\,5$	$R^2=0.96$	15
	$Y_{LA}=0.000\,3X^2+0.179\,8X-17.461$	$R^2=0.97$	17
2013	$Y_{LAI}=0.000\,2X^2+0.090\,8X-7.690\,5$	$R^2=0.91$	15
	$Y_{LA}=0.000\,3X^2+0.156\,5X-8.794\,5$	$R^2=0.93$	16

两年观测数据均表明，在枣树生长初期 LAI 和 LA 的增长迅速，中期变化速率不明显，在生育后期则迅速下降。这主要是因为在枣树生长初期，树体的叶片生长旺盛，而到开花坐果期以后，树体由营养生长为主逐渐过渡到以生殖生长为主，叶片生长趋于停滞，

LA 和 LAI 数值基本保持稳定。在生长后期，特别是果实成熟以后，叶片开始枯萎凋落，LA 和 LAI 也快速下降。

5.3.2.2 叶面积和蒸腾的关系

从图 5 - 12 可知，不论是 2012 年还是 2013 年，树体的叶面积和日蒸腾的相关关系存在明显的阶段性，根据叶面积的大小，将树体生育期的生长划分为两个时期：生育前期（Stage Ⅰ）和生育中后期（Stage Ⅱ）。在第一阶段，叶片规模较小，LA 小于 $2.1\ m^2$，蒸腾量随着叶片面积的增加线性增加（$R^2 = 0.90$），这说明在该阶段蒸腾主要受到叶面积的影响。当叶片规模继续增加，LA 大于 $2.1\ m^2$ 时，蒸腾和叶面积没有显著的相关性，随着叶面积的增加，蒸腾数值趋于

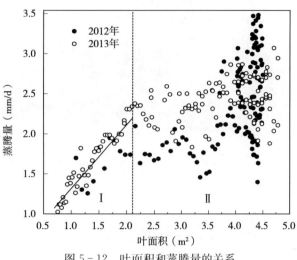

图 5 - 12　叶面积和蒸腾量的关系

离散，表明该阶段树体蒸腾主要受环境因子的影响，在前期对枣树（Liu et al.，2013）和葡萄树（郑睿等，2012）的研究中也得到类似的结果。

对两年生育前期（Stage Ⅰ）叶面积和蒸腾关系进行线型回归。回归参数如表 5 - 5 所示，2012 年、2013 年的日蒸腾量都和叶面积呈现显著的相关性（$R^2_{2012} = 0.93$，$R^2_{2013} = 0.49$）。两年数据进行平均，决定系数 $R^2 = 0.84$。由此可见，枣树生育前期的蒸腾量可以根据叶面积进行确定。

表 5 - 5　蒸腾量和叶面积模型

年份	k	b	R^2	n	p
2012	0.891 9	0.425 2	0.93**	55	0.000
2013	0.662 3	0.637 7	0.49*	11	0.011
两年平均	0.830 5	0.479 6	0.84**	66	0.000

5.3.3　树龄对枣树蒸腾的影响

5.3.3.1 不同树龄枣树的蒸腾差异

树龄也是影响枣树蒸腾的重要影响因子，在试验地选取 5 a 生（2007 年种植）、8 a 生（2004 年）各 3 棵及 12 a 生（2000 年种植，和修剪试验共用）8 棵，通过对其液流状况的监测分析可知（图 5 - 13），不同树龄枣树之间蒸腾规律基本相同，而且随着树龄的增加，枣树的耗水逐步增加。不论是 2012 年、2013 年，还是 2014 年，枣树的日蒸腾量均 5 a 生

最小，8 a 生次之，12 a 生最大。

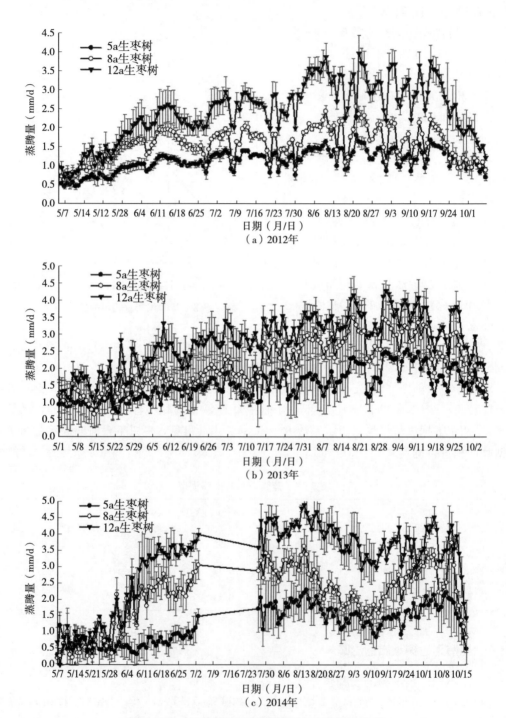

图 5-13 不同树龄枣树生育期逐日蒸腾耗水动态

在不同的生育阶段枣树的耗水规律也不同，在生育早期，不同树龄枣树都呈上升趋势且差异不大，但是在枣树生长的中后期 6—9 月，不同树龄枣树耗水均比较旺盛，而且差异也最为显著，在 2012 年的生育期，12 a 生、8 a 生和 5 a 生枣树的最大日蒸腾耗水量达到 4.4、2.6、1.8 mm/d。2013 年达到 4.3、3.5、2.5 mm/d。2014 年达到 4.9、3.6、2.2 mm/d。在枣树生长的末期树体的蒸腾均有显著降低，在这一阶段树体果实已经成熟，树体开始落叶，树体的蒸腾迅速下降。

不论是 2012 年、2013 年，还是 2014 年，在枣树开始萌发的初期，不同树龄枣树之间的蒸腾差异均不十分显著，特别是 2014 年（图 5-13c）。整个 5 月枣树的蒸腾耗水都比较微弱，而且没有显著差异，这主要是因为在 2014 年的 5 月 5 日，陕北地区发生严重的冻害，最低气温 -2℃，枣树的萌发受到严重的抑制，甚至停滞。在 2013 年（图 5-13b），5 a 树龄和 8 a 树龄的枣树从生育期开始到 7 月中旬以前蒸腾差异并不显著，但是 7 月 15 日以后不同树龄枣树蒸腾耗水的梯度开始增大，特别是 9 月蒸腾梯度进一步增大。这可能是由于土壤水分的抑制作用造成的。在 2014 年的生育初期，土壤水分含量很低，同期土壤含水量为三年最低水平，不同树龄枣树蒸腾均受到土壤水分的抑制，而在 7 月降雨较同期偏多，土壤水分开始恢复，各处理的蒸腾差异开始加大。8—9 月降雨进一步增加，土壤水分状况达到了观测周期内的最大值，各处理的水分差异进一步拉大。

5.3.3.2　不同树龄年际蒸腾耗水差异

为了进一步分析树龄差异对蒸腾耗水的影响，本研究对不同树龄枣树蒸腾的年际差异性进行比较，分析其变异系数（CV 值）的变化规律（图 5-14）。本研究发现不同树龄枣树的蒸腾年际差异较大。在 2012 年和 2014 年，不同树龄枣树蒸腾的变异规律均是生育期始末比较小（CV 值为 20%～30%），而在生育中期较大（CV 值为 40%～60%），其变化规律符合二次曲线变化（$R^2_{2012}=0.61$，$R^2_{2014}=0.32$，表 5-6）。而在 2013 年由于生育初期和生育中后期不同树龄的变异系数都比较低，所以其变异系数符合三次曲线变化（$R^2=0.34$），后期变异系数的偏低，可能与当年生育后期降雨偏多和阴天较多导致辐射偏低有关。

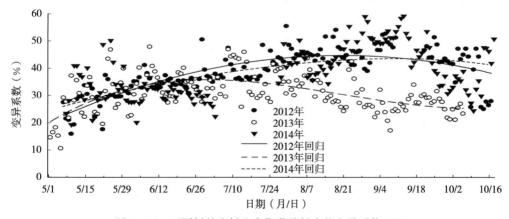

图 5-14　不同树龄枣树生育期蒸腾耗水的变异系数 CV

表 5-6 不同树龄枣树生育期蒸腾耗水的变异系数回归方程

年份	线型	方　　程	决定系数 R^2	显著性水平 p	样本数 n
2012	二次曲线	$y=20.0725+0.4391x-0.002x^2$	0.61	$p<0.01$	155
2013	三次曲线	$y=19.8311+0.6004x-0.0068x^2+0.00002025x^3$	0.34	$p<0.01$	159
2014	二次曲线	$y=24.2609+0.2891x-0.0011x^2$	0.32	$p<0.01$	143

5.4　气象因子对枣树蒸腾的影响

树体的蒸腾，特别是瞬时蒸腾（液流）和气象因子的关系较为密切，由于枣树特殊的耐旱生理，所以其对气象因子的响应和其他树种存在一定差异。本章通过对枣树蒸腾和气象因子的相关关系进行研究分析，为制定科学合理的节水调控措施和山地果园水分管理措施提供一定的理论依据。

5.4.1　蒸腾和气象因子的逐日变化

为研究各气象因子对蒸腾的影响作用，在 2014 年选取 9 月 1—30 日，共 30 个连续日，对气象因子和液流的动态变化进行分析。通过图 5-15 可以发现，除风速（WS）和降雨（P）以外，各气象因子的变化和液流的日内变化存在一定的相关性，而且各个气象因子间也存在较强的相关性。液流的日内变化呈现单峰变化趋势，白天蒸腾较为剧烈，夜间蒸腾量很少。9 月 1—11 日，液流昼夜变化明显，且和气温（TA）、相对湿度（RH）、饱和水汽压亏缺（VPD）、光合有效辐射（PAR）等的变化基本同步。从 9 月 11—15 日开始经历了一次降雨降温过程，TA 持续下降，RH 接近饱和，VPD 很低，蒸腾受到了明显的抑制，连续 5d 蒸腾的波动均不显著，但是随着逐日 PAR 的回升，逐日蒸腾也有提升的趋势。15 日蒸腾达到最大值，这段时间蒸腾和 PAR 的变化规律最为一致，受其影响也最为显著。经过 16 日的降雨，蒸腾降到了最低水平，16—21 日 TA、VPD 和 PAR 开始逐日回升，PAR 的回升最为迅速，18 日即恢复到正常水平，而蒸腾在 19 日仍然继续提升，直到 21 日依然保持着较高水平，可见此阶段影响蒸腾的最主要因素变为 TA 和 VPD。在本月末期 28—30 日，逐日液流出现一个显著的提升过程。此阶段除了 VPD 之外其他因子都没有显著逐日上升趋势，因为此阶段蒸腾的主要影响因子是 VPD。因此在 9 月的不同阶段，蒸腾最主要的影响因子依次为：TA、RH、VPD、PAR—PAR—TA、VPD—VPD。由此可见诸因子对蒸腾的影响存在一定的时间变异性。但总体而言，TA、RH、RA、PAR 和 VPD 均是日蒸腾主要影响因子。由于 RA 和 PAR 变化规律完全一致，在下一步对辐射项的研究中仅仅选取 PAR 做重点研究。

5.4.2　气象因子对蒸腾的影响

5.4.2.1　气象因子对月蒸腾的影响

为了进一步研究气象因子对蒸腾的响应关系。在 2012 年对枣树整个生育期（5—10月）对蒸腾的主要气象因子气温（TA）、相对湿度（RH）、辐射（RA）、光合有效辐射（PAR）、饱和水汽压亏缺（VPD）、风速（WS）和蒸腾进行 Pearson 相关分析，分析诸

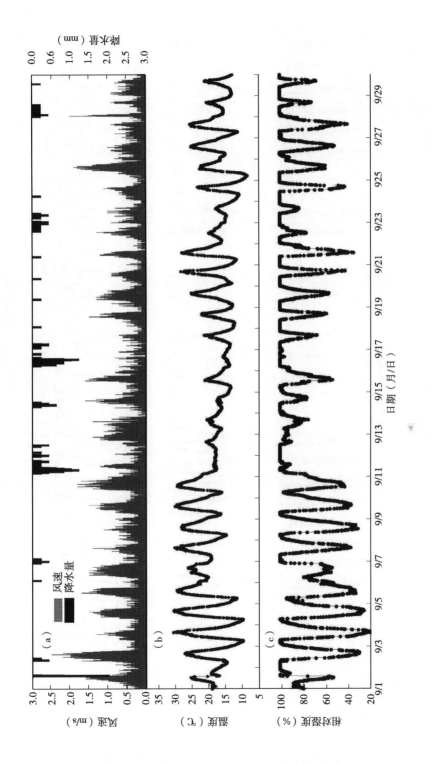

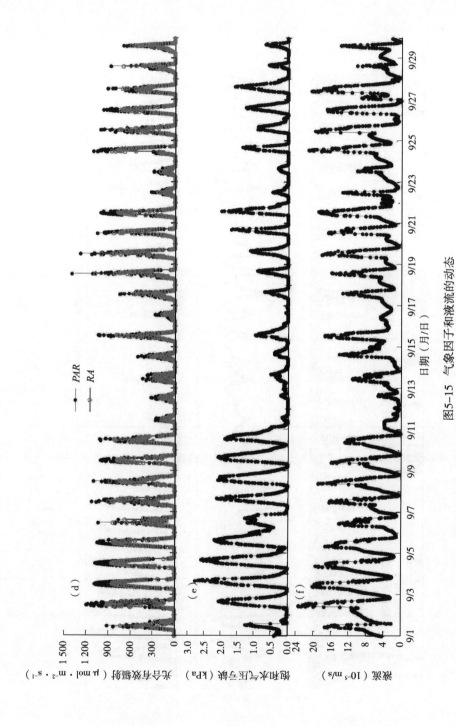

图5-15 气象因子和液流的动态

因子对蒸腾的响应方式和响应程度。

通过对生育期逐月蒸腾量和气象因子的回归分析发现（表 5 - 7 至表 5 - 12），相同气象因子在枣树生育期的不同月份对蒸腾的影响关系（K）和影响显著程度（R^2）存在显著差异。在生育期始末的 5 月和 10 月，TA、VPD 和蒸腾存在显著的负相关关系，RH 和蒸腾存在显著的正相关关系；而在 6—9 月规律则正好相反，TA、VPD 和蒸腾呈显著的正相关关系，RH 和蒸腾呈负相关关系。在全生育期 RA 和 PAR 与蒸腾的相应关系基本一致，所以后期研究中只选取 PAR 做重点研究。在生育期 5—10 月各月最主要两个影响因子依次为：PAR 和 RH、PAR 和 TA、PAR 和 VPD、PAR 和 VPD、TA 和 RH。特别是在蒸腾作用比较旺盛的 6—9 月，TA、PAR 和 VPD 均对蒸腾有促进作用，而 RH 对蒸腾均有抑制作用。虽然逐月之间诸因子对蒸腾的影响存在差异，但总体而言 PAR、RA、VPD、RH 均是对逐月蒸腾影响比较显著的因子。

表 5 - 7　5 月气象因子和蒸腾的关系

	K	b	R^2	n
TA	−0.064 0	3.108 4	0.459 1	638
RH	0.019 3	1.153 3	0.499 0	638
RA	0.000 4	1.914 0	0.504 0	638
PAR	0.000 3	1.914 0	0.504 0	638
VPD	−0.352 0	2.463 1	0.460 6	638
WS	−0.106 5	1.970 0	0.130 9	638

表 5 - 8　6 月气象因子和蒸腾的关系

	K	b	R^2	n
TA	0.022 5	2.051 3	0.552 0	721
RH	−0.001 9	2.652 8	0.007 2	721
RA	0.001 2	2.236 6	0.513 7	721
PAR	0.000 8	2.236 4	0.513 9	721
VPD	0.119 4	2.243 3	0.078 5	721
WS	0.065 0	2.513 7	0.027 3	721

表 5 - 9　7 月气象因子和蒸腾的关系

	K	b	R^2	n
TA	0.084 0	0.673 1	0.328 1	745
RH	−0.013 1	3.573 1	0.186 4	745
RA	0.002 0	2.316 1	0.722 0	745
PAR	0.001 3	2.315 8	0.783 1	745
VPD	0.326 8	2.298 0	0.339 9	745
WS	0.212 4	2.705 6	0.035 4	745

表 5-10　8 月气象因子和蒸腾的关系

	K	b	R^2	n
TA	0.076 3	1.260 2	0.313 0	515
RH	−0.018 1	4.204 2	0.353 1	515
RA	0.001 9	2.655 5	0.755 1	515
PAR	0.001 3	2.655 2	0.755 3	515
VPD	0.488 0	2.433 8	0.552 0	515
WS	0.262 8	3.034 7	0.037 2	515

表 5-11　9 月气象因子和蒸腾的关系

	K	b	R^2	n
TA	0.043 1	2.688 8	0.180 5	186
RH	−0.013 3	4.189 0	0.403 3	186
RA	0.001 5	2.949 3	0.601 4	186
PAR	0.001 0	2.949 1	0.601 5	186
VPD	0.621 1	2.884 3	0.537 6	186
WS	0.363 1	3.219 2	0.089 4	186

表 5-12　10 月气象因子和蒸腾的关系

	K	b	R^2	n
TA	−0.061 6	3.030 3	0.431 3	447
RH	0.014 9	1.391 2	0.461 8	447
RA	−0.000 5	2.511 7	0.040 5	447
PAR	−0.000 3	2.506 3	0.036 2	447
VPD	−0.570 0	2.723 4	0.313 0	447
WS	−0.255 2	2.436 7	0.004 8	447

5.4.2.2　气象因子对全生育期蒸腾的影响

通过全生育期气象因子和蒸腾回归分析（图 5-16），发现 VPD、RA、PAR 与蒸腾的关系较为密切，而 TA、RH 与蒸腾的关系不是很紧密，这与逐月蒸腾的结论存在差异。由此可见，研究的时间尺度不同会造成研究结果的差异性。影响因子的时间尺度效应在本章的 5.6 节中作重点研究。不论是逐月蒸腾，还是全生育期的蒸腾，风速（WS）和蒸腾的关系都不是很显著，这主要是因为风速对蒸腾的影响过程比较复杂，已有研究表明，较小的风速可以增强叶片与周围空气的水汽交换，加大水汽扩散的梯度和增强植物的蒸腾作用。但与此同时，风会降低叶片表面的温度，从而抑制植物的蒸腾作用（王翼龙，2010）。当风速较小时，液流随风速的增加而有所增大，但大风会导致叶片保卫细胞失水过多，对树体叶片造成伤害，进而影响到叶片的蒸腾。Liu 等（2013）前期通过 SW 双源模型对风速下梨枣树蒸腾进行模拟，结果表明在风速较小时可以促进蒸腾，而风速较大时，蒸腾对风速不敏感，随着风速增加蒸腾基本保持恒定，并给出了枣树不同生长时期风速的阈值。

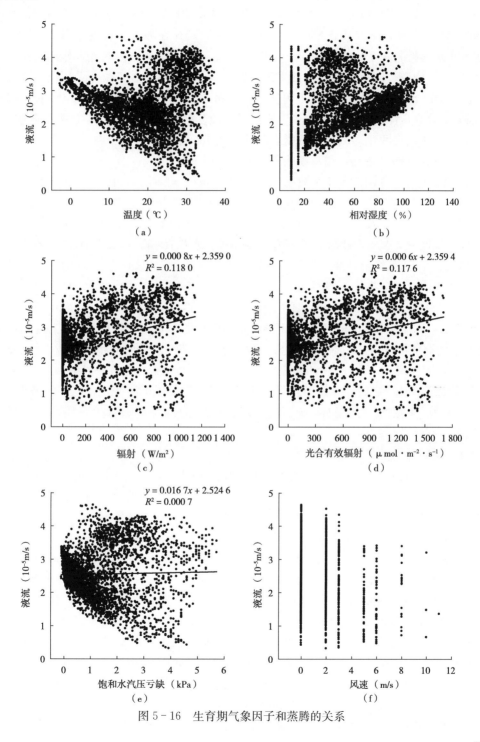

图 5 - 16　生育期气象因子和蒸腾的关系

5.4.3 枣树蒸腾的主要驱动因子

5.4.3.1 主要驱动因子的确定

通过对逐日、逐月以及全生育期蒸腾和因子变化的回归分析发现，虽然各个因子在不同时间段对蒸腾的响应方式（K）和响应程度（R^2）存在差异，但是总体而言 PAR 和 VPD 始终是蒸腾的两个主要影响因子。PAR 是太阳辐射中能被植物光合作用利用的那部分光照，是树体进行同化作用的能量来源。VPD 反映了叶片内部和外界环境之间的水汽压梯度，VPD 越大，空气越干燥，树体和周围环境之间的水汽压梯度（势能差）越大，树体水分更容易从体内散发到空气中。它们是液流变化（冠层蒸腾）的主要驱动力（赵平等，2011），所以对两驱动因子和蒸腾之间的关系进行重点研究。

5.4.3.2 瞬时蒸腾（液流）和驱动因子的变化规律

在 2012 年的生育期选取 4 个典型日（同图 5-6），对 VPD、PAR 和液流的变化进行重点分析（图 5-17），发现 SF 和 VPD、PAR 在日内均呈现出单峰变化。除阴天（图 5-17d）以外，三者均在早晨（6：00—7：00）开始上升，三者达到峰值的时间 SF 最早，PAR 次之，VPD 最后。而开始下降的时刻 PAR 最早，SF 次之，VPD 最后。PAR 在 13：00 达到峰值，然后开始下降，较大值维持时间很短，呈现明显窄峰变化。而 VPD 达到峰值以后会维持一段时间，直至 18：00—20：00 才开始显著下降，呈现明显的宽峰现象。SF 在生育期的不同阶段的变化差异比较大，其随 VPD 和 PAR 启动后，率先达到峰值，在生育初期的 5 月迅速下降，呈现明显的窄峰变化趋势，但是在生育旺盛的 7—9 月，液流能够保持较长时间的旺盛蒸腾，下午液流下降的时间稍晚于 PAR 而略早于 VPD。在阴天（图 5-17d）三者的变化规律没有发生改变，但是峰值出现的时间推后，旺盛蒸腾持续的时间缩短。总体而言，虽然三者日内均呈现单峰变化，但变化仍然存在一定差异。VPD 呈宽峰变化趋势，PAR 呈窄峰变化趋势，SF 随着生育期的变化呈现窄峰—宽峰—窄峰变化趋势。

5.4.3.3 瞬时蒸腾的增强与减弱

在全天的不同阶段，随着液流的上升和下降，VPD 的值也会发生相应的变化，但是这种变化并不完全同步，为了更准确地研究液流和驱动因子的关系，对液流上升和下降阶段和驱动因子的关系作重点研究，发现不论在液流的上升和下降阶段和 VPD、PAR 之间都有显著的相关性。在上升阶段（图 5-18a、c）液流和 VPD、PAR 之间存在极其显著的正相关关系，决定系数 R^2 值分别达到了 0.80 和 0.76。当液流开始启动时，它随着 VPD 和 PAR 的上升而逐步提高，但是当 PAR 达到 1 200 $\mu mol \cdot m^{-2} \cdot s^{-1}$ 或者 VPD 达到 3.5 kPa 时，液流的值开始保持基本恒定。同样在液流下降阶段，起初液流并未随着 PAR 和 VPD 的下降而显著下降，但当 PAR 下降到 1 000 $\mu mol \cdot m^{-2} \cdot s^{-1}$ 或 VPD 下降到 3.5 kPa 以后，液流的值开始显著降低，而且其回归关系也十分显著，决定系数分别达到 0.81 和 0.43。这种树体的液流对气象因子的响应存在阈值的现象，可以有效地避免树体的过量蒸腾。已有研究表明，当蒸腾驱动因子过于强烈，特别是 PAR 过高时，树体会启动"午休"机制，通过部分或全部关闭叶片的气孔，减缓蒸腾作用，从而使得植物免受过分失水带来的危害，前人对葡萄（Zhang et al.，2011）、苹果（Liu et al.，2012）和柠檬

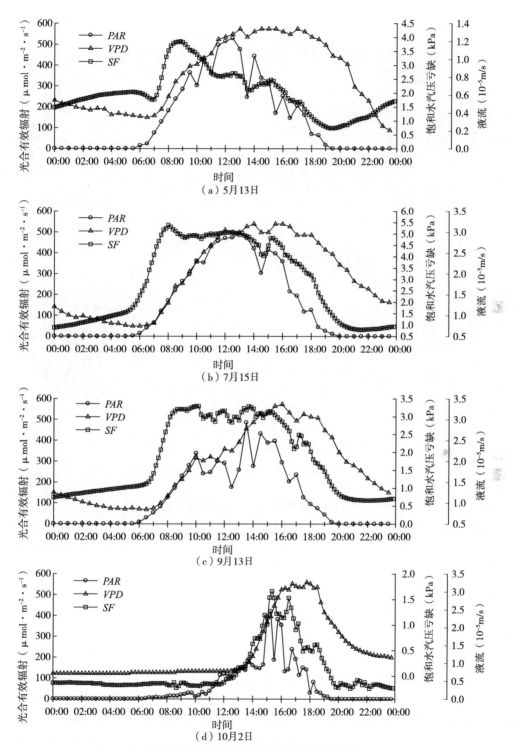

图 5-17 典型日液流和驱动因子的关系

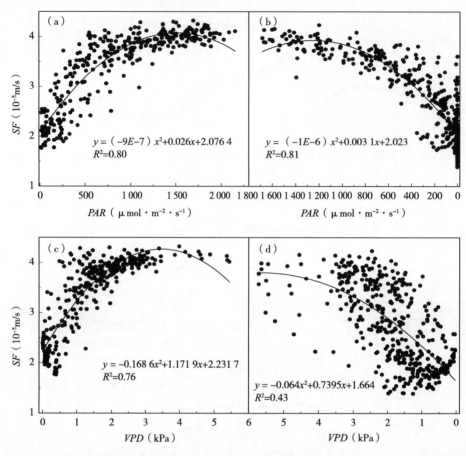

图 5-18　液流上升和下降阶段和主要驱动因子的关系

树（Alarcón et al.，2005）液流的研究也得到了类似的结果。

两因子在上升和下降阶段对 SF 响应的阈值也存在差异。VPD 的阈值在液流的上升和下降阶段基本相同，均在 3.5 kPa 左右，但是 PAR 的阈值却不相同。PAR 在上升阶段的阈值 1 200 $\mu mol \cdot m^{-2} \cdot s^{-1}$ 略高于下降阶段的阈值 1 000 $\mu mol \cdot m^{-2} \cdot s^{-1}$，达到下降阈值时候的环境温度高于达到上升阈值时候的环境温度。前人研究表明，较高的环境温度能够降低 PAR 的阈值（Zhao et al.，2011）。VPD 的阈值比较稳定，但是不同树种间仍然有差异显著。Liu 等（2012）通过对苹果树的研究发现，当 VPD 降低到 4.0 kPa 以下时，VPD 和液流呈现良好的线性相关关系。当 VPD 继续增加，液流将不再增大，而保持稳定。但在对美国山杨和河岸混交防护林的研究中（Hogg et al.，1997），VPD 的阈值变为 1 kPa（Hernandez-Santana et al.，2011）。PAR 的阈值在成熟的山毛榉（Braun et al.，2010）是 900 $\mu mol \cdot m^{-2} \cdot s^{-1}$，亚洲温带落叶混交林（Jung et al.，2011）中是 55 mol $\cdot$ $m^{-2} \cdot d^{-1}$。然而其他研究人员的研究结果未明确给出 VPD 线性响应的阈值点（Meiresonne et al.，1999；Liu et al.，2012）。枣树是黄土高原地区种植的传统耐旱性型树种，这使得其阈值比我们观察到的其他耐旱型要低。总而言之，在日尺度上 VPD、

PAR 不论在上升阶段还是下降阶段均和蒸腾有较为显著的相关性，然而 PAR 的决定系数 R^2 高于 VPD，这说明 PAR 对蒸腾的影响更为显著，此外 VPD 的决定系数在下降阶段明显小于上升阶段，这主要由于"时滞"现象的存在，而且在液流的下降过程中表现得更为显著（Yin et al.，2012）。

5.4.3.4　日蒸腾和主要驱动因子的关系

在整个生育期，随着季节的变化，日平均 VPD 在 $0.01\sim3.0\,\text{kPa}$ 波动，日平均 PAR 在 $21.7\sim542.2\,\mu\text{mol}\cdot\text{m}^{-2}\cdot\text{s}^{-1}$ 波动。日蒸腾量在 $1.1\sim3.1\,\text{mm}$ 波动，生育期平均日蒸腾量为 $2.2\,\text{mm}$，日蒸腾量和 VPD、PAR 之间存在明显的二次相关关系（图 $5-19$），回归的决定系数分别达到 0.50 和 0.31（表 $5-13$）。虽然不管是瞬时蒸腾还是日蒸腾，与 VPD 和 PAR 均呈现出极显著的相关关系，但是在日尺度上因子和蒸腾的决定系数 R^2 有所下降，响应程度有所降低，由此可见 VPD 和 PAR 在较小的尺度上对蒸腾的影响更为显著，随着研究时间尺度的加大，二者的相关性在减弱。

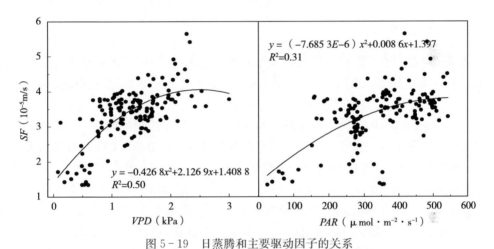

图 $5-19$　日蒸腾和主要驱动因子的关系

表 $5-13$　日蒸腾和主要影响因子的回归关系

方程	决定系数 R^2	因变量 Y	自变量 X	样本数
$Y=-0.426\,8X^2+2.126\,9X+1.408\,8$	0.50	T	VPD	154
$Y=-7.685\,3\times10^{-6}X^2+0.008\,6X+1.397$	0.31	T	PAR	154

5.4.3.5　主要驱动因子的时间变异性

通过图 $5-18$ 和图 $5-19$ 的研究结果可知，PAR 和 VPD 在液流上升和下降阶段对蒸腾的影响最为显著，为了进一步研究 PAR 和 VPD 两大驱动因子对蒸腾的响应规律，仅对白天蒸腾（6：00—20：00）和两因子的响应关系进行重点分析。通过表 $5-14$ 可以看出，在瞬时尺度上，液流和 PAR、VPD 均呈现极显著相关。液流和 PAR 的 Pearson 相关系数在 $0.53\sim0.97$，液流和 VPD 的 Pearson 相关系数在 $0.47\sim0.93$。在生育期的各月 PAR 和液流的相关系数均大于 VPD。可见在瞬时尺度上液流的变化更加依赖于 PAR。生育期各月 PAR 和相关系数表现为：5 月＞7 月＞9 月＞8 月＞6 月。这些差异可能和树体发育状况及其他一些影响因素有关。

表 5-14 *SF* 和水汽压亏缺、光合有效辐射 Pearson 相关系数

月份	PAR	VPD
5	0.97**	0.93**
6	0.64**	0.57**
7	0.80**	0.72**
8	0.69**	0.67**
9	0.70**	0.55**
10	0.53**	0.47**

注:** 表示 $p < 0.01$。

5.4.4 液流的时滞特征

从图 5-16 和图 5-17 可以发现,虽然 *VPD*、*PAR* 和 *SF* 三者在全天之内均呈现单峰变化趋势,但是其变化并不是完全同步的,*SF* 在上升之后会首先达到峰值继而保持稳定,而 *PAR* 和 *VPD* 达到峰值的时间会比 *SF* 有所滞后,这种现象就是液流的"时滞"现象(Farrer et al.,2010)。国内外对液流的时滞特性开展了广泛的研究。为了进一步阐明其时滞特征,本研究选用图 5-17 中的四个典型日进行重点分析,把 *SF* 和其两大驱动因子 *VPD* 和 *PAR* 的日内变化划分为四个时间节点:启动时间、达到峰值时间、开始下降时间和最终停止时间(表 5-15)。由于大多数情况下 *SF* 和 *VPD* 在夜间数值并未完全停止,即值不为 0,所以本研究将其启动时间定义为 *SF* 和 *VPD* 从夜间较低的稳定状态(或者 0)突然增大的时间节点,同样将二者从较大值降低到较低的稳定状态(或者 0)的时间节点定义为该因子的停止时间。当因子呈现窄峰变化时,达到峰值即开始下降。此时,达到峰值时间和开始下降时间相同。

表 5-15 水汽压亏缺(*VPD*)、光合有效辐射(*PAR*)与液流速率(*SF*)的时滞时间比较

典型日	启动时间			达到峰值时间			开始下降时间			停止时间		
	SF	与SF的时滞时间		SF	与SF的时滞时间		SF	与SF的时滞时间		SF	与SF的时滞时间	
		VPD	PAR		VPD	PAR		VPD	PAR		VPD	PAR
5月13日	7:00	0	-0:30	8:30	3:00	4:00	15:30	5:30	-2:30	19:50	4:30	-0:20
7月15日	6:00	0:30	0	8:00	4:00	5:00	15:30	2:30	-2:30	21:00	2:00	-1:00
9月13日	7:00	0	-1:00	8:30	7:30	3:00	15:30	3:30	-2:30	20:00	3:30	0:30
10月2日	12:00	1:00	0	13:20	2:50	3:00	18:00	0:30	-2:45	0:00	1:30	-4:30

注:表中时间差以 *SF* 为参考,正的表示滞后于液流的时间,负的表示提前于液流的时间。

从表 5-15 可以看出,*VPD* 和 *SF* 在早晨启动时几乎同步变化或略有滞后(时滞时间<1 h）。到达峰值时间、开始下降时间、停止时间的滞后时间均为正值，且最大时滞时间达到 5.5 h。这说明在此阶段，VPD 变化整体滞后于 SF，其中达到峰值的时滞现象最明显，这种时滞现象实际上是树木的一种有效的自我保护，及早关闭气孔，使得液流速率提前达到峰值，从而避免了树木过度失水，实现了对水分的保守型利用（Pataki et al.，2003）。

PAR 和 SF 的关系比较复杂：首先，在启动时间上 PAR 的滞后时间为 0 或者负值，即 SF 同时启动或者略微滞后于 VPD，液流启动时间比光照时间晚，说明要激发树体液流的启动，需要光合有效辐射达到一定的阈值，换言之，较弱的光照强度不足以启动液流。其次，在到达峰值时间上 PAR 均为正值，而下降时间均为负值。即在 PAR 到达峰值之前 SF 已经提前停止上升，但是 SF 的下降要晚于 PAR 的下降，这与图 5-18 的分析结果相互印证，即 SF 会先于 PAR 达到峰值。当 PAR 继续上升时，液流保持基本稳定，当 PAR 下降初期液流仍然保持基本稳定，直至降到 PAR 阈值以下，SF 才开始显著下降。SF 这种现象可以有效降低水分消耗，实现对水分的保守利用，也可以避免叶片细胞被过强的辐射伤害。最后，在开始下降时间上 PAR 有时滞后，有时提前。这说明这一时间节点上影响因素较多，关系较复杂，还有待进一步研究。

枣树的蒸腾主要受到 PAR 和 VPD 的影响，因此任何一个因子数值的增加，均有导致树体蒸腾加剧的趋势。而较高的蒸腾强度往往降低了树体的水势（De Swaef et al.，2010）。当树体蒸腾的需求超过树体根系的吸水能力的时候，必然导致树体水分的亏缺，严重的树体水分亏缺还能够导致树体的凋萎甚至死亡（Baert et al.，2013）。一般情况下，树体的蒸腾可以通过 PAR 或者 VPD 进行估算，但是当这些驱动因子的数值超过蒸腾强度的阈值，叶片的气孔开度会有所降低，甚至关闭，从而限制树体的蒸腾强度，避免树体的过分失水，这也是生长在广大干旱半干旱地区植物的一种节水抗旱机制。在陕北的黄土高原地区，气候干燥，高时滞时间是当地植物的共有特性（Wang et al.，2011；Yin et al.，2012）。

5.5　土壤水分对枣树蒸腾的影响

枣树通过根系吸收土壤水分来满足其蒸腾需要是林地土壤水分消耗的主要途径。陕北地区干旱少雨，年际、月际降雨分布不均，不同土层深度的土壤水分时空变异程度较高，较为准确地掌握林地土壤水分的时空变异规律对于研究蒸腾和土壤水分的关系十分必要。传统测定林地树木蒸腾的方法主要通过取样测定土壤水分状况、结合水量平衡原理间接测算确定。由于树木根系发达，其吸水深度和范围都难以准确界定（Ma et al.，2013），传统土壤水分测定时取样深度较浅，大都在 3 m 以内，而且不能原位取样，使得测定结果误差较大。深层取样通常仅一次、两次进行，而缺乏长期定位观测数据（程立平，2011）。本试验连续三年对枣林地土壤水分状况和枣树蒸腾耗水状况进行动态观测，对枣树的蒸腾耗水、林地土壤水分变化规律及二者相互作用关系进行综合研究，其研究结果对于制定科学合理的果园管理制度和改进节水策略都具有重要的现实意义。

5.5.1 土壤水分时空变化规律

5.5.1.1 土壤水分时间变化

运用中子水分仪和 TDT 水分探针对枣林地 1 m 层土壤水分进行连续三年的动态监测（图 5 - 20），发现监测期两种方法监测结果基本一致，在生育期（5—10 月）土壤含水量受降雨和枣林根系吸水综合作用波动剧烈，休眠期（11 月至翌年 4 月）土壤含水量保持基本稳定。根据监测结果发现，在土壤含水量较高情况下（2013 年）两种方法测定结果基本一致，当土壤含水量较低时（2012 年和 2014 年）中子仪测定结果略高于 TDT 水分探针。采用烘干法对两种方法监测结果检验，也发现 TDT 水分探头在水分较低时误差较大。由此可见，虽然中子仪监测结果较为准确，但是数据连续性较差，TDT 水分探针监测结果连续性较好，但是在水分较低时候结果偏低。

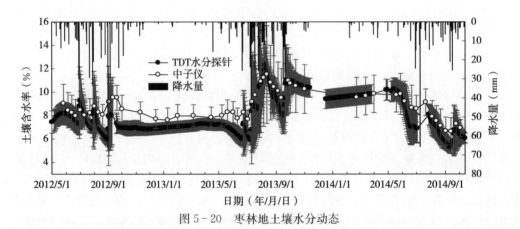

图 5 - 20 枣林地土壤水分动态

由图 5 - 20 可以看出，2012 年、2013 年、2014 年降水量分别达到 477.2、529.8、386.4 mm，分别是多年平均降水量（451.6 mm）的 106%、117% 和 86%，是典型的平水年、丰水年和枯水年。同期土壤水分变化受降雨影响显著，生育期土壤含水量在降雨后迅速升高，在丰水年生育期平均含水量达到 8.75%，生育期始末土壤含水量提高了 3.4%（1 m 层土壤储水量增加了 34 mm）。而在平水的 2012 年和枯水的 2013 年，生育期土壤平均含水量分别为 7.56% 和 7.42%，生育末期土壤储水量相对于初期分别减小了 5.5 mm（0.55%）和 40 mm（4.0%）。丰水年不仅土壤平均含水量较高，而且受降雨影响，土壤含水量变化也较大（土壤含水率变异系数 CV 值达 6.4%）。2013 年 7 月 15 日土壤含水量到历史最高的 12.33%（2013 年 7 月 7—15 日这 9 d 降水量累计达 109.6 mm），最大值远高于 2012 年和 2014 年的最大值 9.31% 和 10.26%。

5.5.1.2 土壤水分的垂直（空间）变化

通过对枣林地 10 m 土壤水分连续三年的动态监测（图 5 - 21），发现三年土壤水分垂直分布规律基本一致，土壤含水量的变异程度随着土层深度的增加逐渐减小，土壤含水量变化总体呈现倒 S 形变化，即 0~2.6 m 土壤含水量先增加后减少，2.6~6 m 土壤水分变化很小，基本稳定在 6.8% 左右，6~10 m 土壤水分逐渐增加。根据土壤含水量在垂直方向的大小及其变异程度可以将其分为两大层次：土壤水分变化层和土壤水分稳定层。

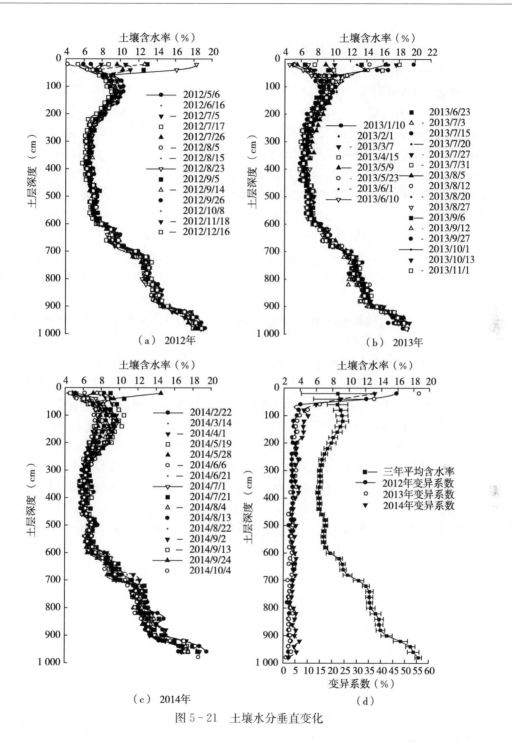

图 5 - 21　土壤水分垂直变化

土壤水分变化层分布在 0~2.6 m，该层水分又可细分为：土壤水分剧烈变化层（0~0.6 m）和土壤水分变化层（0.6~2.6 m）。在土壤水分剧烈变化层，各层含水量变化都极为剧烈，各层的变异系数均大于 10%。0.2、0.4、0.6 m 层土壤水分的三年平均变异系数分别达到 51.8%、36.5%、14.5%。在土壤水分变化层，虽然随着土层深度的增加，其水分变异进一步减小，但其 CV 值均大于 5%。该层土壤水分拐点出现在 1.2m 深度处，2012—2014 年该层土壤含水量分别达到 9.68%±0.39%、9.25%±0.52% 和 8.77%±0.90%，均高于上层和下层水分。各层土壤水分的变化均是降雨入渗和根系吸水共同作用的结果，在该层以上土壤（0～1.2m）土层较浅，更容易受到土壤水分补给，有时甚至大于根系的吸水作用，因而该层水分呈现出一定累积趋势，而该层以下的土层降雨的补给作用逐渐减弱甚至消失，在根系吸水作用下，土壤含水量逐渐降低。即 1.2m 以上土层受降雨的补给作用大于枣树根系吸水作用，而该层以下土层恰恰相反。换言之，1.2m 以上土层含水量变化的主要控制因素是降雨，而 1.2m 以下土层则是枣林根系吸水。

土壤水分稳定层为 2.6～10m，该层土壤含水量十分稳定，基本不随时间变化，其 CV 值大多在 5% 以下。根据各层土壤含水量的大小，又可将该层划分为土壤水分干燥层（土壤水分干层）2.6～6.0m 和土壤水分恢复层 6.0～10.0m。土壤水分干层的厚度超过 3m，该层各深度土壤水分含量非常低（6.5%～7.0%），其变异系数也非常小，平均 CV 值仅为 3.9%。这主要是因为该层受到枣树根系的吸水作用，而又难以得到有效的水分补给，土壤可利用水分已经基本利用殆尽（刘晓丽等，2013），含水量接近于土壤的凋萎含水量。刘晓丽等（2014）研究表明，黄土区枣树根系细根最大深度可达 5.6m。换言之，枣树根系对林地土壤水分的影响最大层为 5.6m。这与本研究的结果基本吻合，可见该土壤水分干层的出现很有可能是由于枣林根系强烈的吸水作用，而且无有效的水分补充。

6.0～10m 是土壤水分恢复层，虽然该层土壤水分依然比较稳定，CV 值也较小，但是随着土层深度的增加，土壤水分呈现出明显的单调递增趋势，土壤水分由 6m 处的 7.8% 上升到 10m 处的 18.67%。而且该层土壤水分的变异性也有一定程度的增加，土壤水分 CV 值在 1.9%～6.7% 波动。特别是在 7m 和 9.2m 土层深度土壤水分发生突变，而且其 CV 值也随之增大。可见该层水分存在水分夹层或一定量的土壤水分侧向补给。在黄土高原丘陵区，沟壑纵横地势地形也各异，下垫面情况比较复杂（张子祥等，2000）。虽然试验地降雨不会直接补给到该层，但是地势低洼地带和下坡位在降雨过后会产生一定量的水分积聚和侧向补给，使得台地的深层土壤含水量呈现增加趋势（崔长美等，2011）。黄土高原山地，地下水位很低，基本不存在深层地下水分补给的可能，该层土壤水分含量的上升，是浅层地下水的侧向补给造成的。而浅层地下水的水分来源仍然是雨水，所以补给呈现出一定的季节性变化，因而在两个水分补给层深度处（7m 和 9.2m）土壤水分的变异系数有所增加（CV 值为 4.8%，略高于土壤水分稳定层的平均值，CV 值为 3.9%）。由此我们推断，在土壤水分干燥层（2.6～6m）的土层中也有存在一定量的侧向补给的可能，但是由于有枣树根系的存在，其强烈的吸水作用使得该层土壤水分没发生显著变化。

虽然三年土壤水分变化规律相同，但是不同水文年型下，各层特别是表层土壤水分的变化，仍然差异明显。2013 年（图 5-21b）是典型的丰水年，降雨较多，土壤含水量总体较高，因而表层含水量大于 10% 达 10 次，特别是 7 月 15 日，表层土壤含水量达到 19.83%，达到三年来的最大值。在平水年（2012 年）观测到表层含水量大于 10% 的仅有 3 次，而在枯水年（2014 年）观测到表层含水量大于 10% 的仅有 1 次，且表层含水量也只为 14.5％。由图 5－21d 可知，虽然 0～2.0m 处土壤含水率变化规律相同，变异系数均随着土层深度的增加而减小，但同层的变异系数却在逐年增大。2012—2014 年 0.6、1.0、1.8m 深度处水分 CV 值分别为 6.8％、14.8％、13.1％，5.5％、6.6％、9.9％，3.6％、4.4％、7.5％。这可能是由于逐年采取了综合节水措施，使得林地土壤的蓄水保墒能力逐渐得到提高，降雨对土壤水分的影响深度在逐渐提升。换言之，采取合理的田间管理措施特别是聚水保墒措施，可以有效改善林地土壤水分状况，提高林地储水能力，这对于干旱半干旱地区的果（林）地管理是十分重要的。

5.5.2　土壤水分对蒸腾的影响

5.5.2.1　液流特征值与土壤水分关系

土壤水分状况不仅影响瞬时蒸腾（液流）数值的大小，也显著地影响到了液流峰值和谷值出现时间。对枣树生育期液流峰值和谷值出现的时间进行统计分析（为避免天气因素对液流变化的影响，只对非极端天气条件下样本进行统计分析，并排除仪器故障数据缺失的数据，2012 年、2013 年、2014 年分析样本数分别为 143、138、118d)，为克服年际样本天数的不一致性，对三年统计结果进行天数加权平均（$N=139$ d)，对峰值、谷值出现频次，各年累积频率、三年加权累积频率进行对比分析。

通过对液流谷值出现时间节点进行统计分析（图 5－22a、c、e)，发现液流谷值大部分出现在 19：00 至翌日 1：00 左右，可见液流的停滞时间主要出现在太阳辐射减弱和彻底消失之后，此阶段树体依然吸收水分是由于树体根压的存在。谷值三峰值则出现在 19：00—21：00，湿润年型使得谷值时间有所提前，19：00 和 21：00 的累计频率分别达到 78.1％和 92.2％，比同期平均水平高 14.2％和 4.9％。这主要是因为较好的土壤水分状况，使得枣树树体较容易从土壤中吸收水分，树体水分恢复较快，树体的水势较高，土壤水势和树体水势之间的能差减小，根压作用减弱，土壤水分状况越好，树体通过根压补水作用越弱（孙林等，2011)。由此可见，土壤水分的减少，会导致液流停滞时间推后。反之，随着土壤水分的增加会使得液流谷值时间提前。

通过对液流峰值出现时间节点进行统计分析（图 5－22b、d、f)，发现液流峰值出现的时间呈明显的"双峰"分布（王力等，2013)，上午峰值主要出现在 7—9 时，下午出现在 13—15 时。这种现象主要是受到辐射和土壤水分状况综合作用的结果。当辐射强度过大或者土壤含水量较低时候，叶片的气孔导度降低甚至气孔完全关闭，以减少蒸腾作用对树体水分的过分消耗，双峰变化在水分逆境中的耐旱植物中表现尤为明显（张毓涛等，2011)，但是不同的土壤水分状况下液流峰值出现时间仍然存在明显的差异，2013 年（丰水年）峰值主要出现在 9：00 和 13：00，2012 年（平水年）和 2014 年（枯水年）峰值主要出现在 7：00 和 13：00 左右，在较好的土壤水分条件下，液流上午的峰值会提前 1h 左右出现。树体通过改变液流峰值出现的时间节点，从而实现对树体蒸腾的调控。湿润条件下会使得液流峰值出现的时间退后，上午下午峰值之间的时间间隔缩短，树体气孔的"午休"时间减少，保持较高蒸腾强度的时间延长，反之则会使得液流峰值出现时间提前，气孔"午休"时间延长。总之，土壤水分较好条件下，液流峰值出现时间退后，谷值出现时间提前，午休时间缩短，反之亦然。

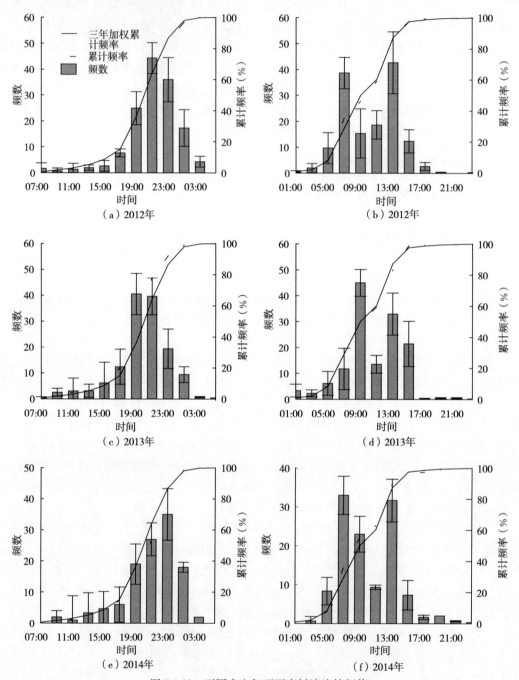

图 5-22　不同水文年型下枣树液流特征值

注：图 a、c、e 为液流谷值出现时间节点，b、d、f 为液流峰值出现时间节点。

5.5.2.2　生育前期土壤水分对蒸腾量的影响

在枣树生育期，降雨和土壤水分年际差异明显，（液流）蒸腾规律也存在明显差异。在陕北地区，降雨主要集中在枣树生长的中后期，而前期降雨则较少。为了更准确地描述土壤水分和枣树蒸腾的关系,本研究分枣树生育期前期和中后期对其蒸腾和土壤水分的关系分别进行研究。

由图 5 - 23 可以看出,2012—2014 年土壤水分状况差异明显,2013 年和 2014 年同期降雨仅有 42 mm 和 17.2 mm,随着日蒸腾量的增加,土壤含水量都出现了明显的下降。特别是 2014 年土壤含水量从 10.1% 下降到 7.3%,土壤储水量减少 28 mm。2012 年同期降雨较多,达到 61.5 mm,使得土壤水分得到了及时补充,土壤含水量一直保持在 7.5% 左右。生育期蒸腾总体呈现逐日增加趋势,这主要是因为这一时期正处于树体的萌芽展叶和叶片生长期,树体的叶面积和叶面积指数都在快速增加,这与郑睿(2012)在沙漠绿洲葡萄观测到的结果一致。通过图 5 - 23 还可以看出树体蒸腾受到降雨的影响会出现波动。这主要是因为降雨造成环境温度的降低,进而减弱了树体的蒸腾作用,使得日蒸腾出现暂时回落,随着环境温度的恢复,蒸腾会继续上升。

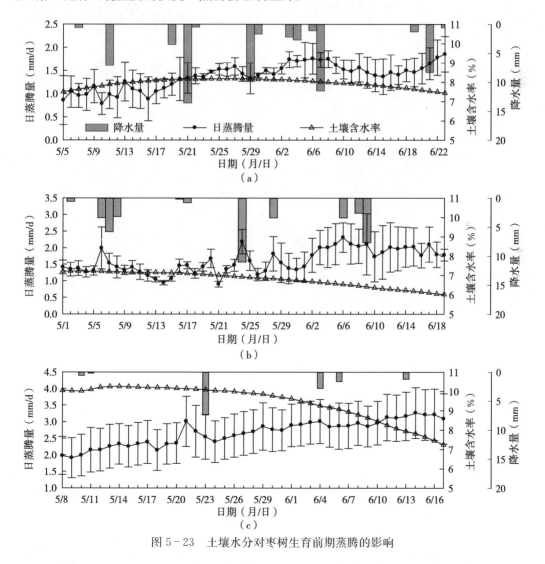

图 5 - 23　土壤水分对枣树生育前期蒸腾的影响

5.5.2.3 中后期土壤水分状况对蒸腾量的影响

在枣树生长的中后期，树体的叶面积增长缓慢，甚至保持恒定，此时蒸腾的波动主要受到气象和土壤因子的影响。通过对日蒸腾量和土壤水分数据的回归分析（图 5-24、表 5-16）发现，土壤水分和蒸腾呈现良好的正相关关系。2012—2014 年决定系数分别达到 0.53、0.43 和 0.46。通过对比发现，在平水年（2012 年，图 5-24a），枣树蒸腾和土壤水分呈现极其显著的相关性，$R^2=0.53$，而在丰水年（2013 年，图 5-24b）和枯水年（2014 年，图 5-24c）决定系数 $R^2=0.43$ 和 0.46。由此可见，土壤水分过高或过低都会降低蒸腾对其响应水平。

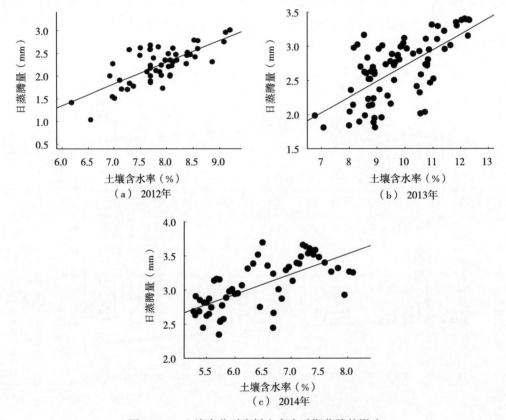

图 5-24 土壤水分对枣树生育中后期蒸腾的影响

表 5-16 枣树中后期蒸腾和土壤水分回归方程

年份	方程	R^2	p
2012	$Y=0.476\,8X-1.512$	0.53	小于 0.01
2013	$Y=0.230\,7X+0.408\,4$	0.43	小于 0.01
2014	$Y=0.296\,3X-1.158\,3$	0.46	小于 0.01

当土壤水分含量较高时，土壤水分对蒸腾的限制作用减弱甚至消失，枣树的蒸腾主要

受气象因子的影响和控制。当土壤水分含量较低时，土壤水分对枣树蒸腾的抑制作用显著增强，土壤水分的改变会带来蒸腾对辐射、气温等气象因子响应的改变。在土壤水分较好条件下，温度和辐射等气象因子会促进树体蒸腾，使得气孔开度较小，甚至部分气孔关闭（李茂松，2010）。这种树木在土壤水分逆境条件下对气象因子响应方式的改变，反而使得土壤水分和蒸腾的相关关系有所减弱。但总体而言，在枣树生长的中后期，枣树蒸腾和土壤水分都呈现极其显著的相关关系。

5.6 枣树蒸腾主要影响因子的时间尺度效应

为了克服农业生产中相关因子搜集困难和搜集到因子尺度不统一的弊端，实现不同尺度影响因子之间的相互转化和研究尺度的提升，本章在不同时间尺度上对蒸腾及其影响因子的关系进行重点分析研究。研究结果对于进一步揭示尺度效应对蒸散规律的影响，确定枣树需水关键期和关键影响因子及制定科学合理的节水调控措施提供理论依据。

5.6.1 数据筛选的预处理

5.6.1.1 主要影响因子的筛选与确定

树体的蒸腾过程是一个包括物理学机理和生物学特性的复杂过程（康绍忠，1996），其蒸腾强度主要受环境因子、土壤水分状况和自身生物学特性等三方面共同作用，影响因子主要包括气温（TA）、相对湿度（RH）、风速（WS）、总辐射（RA）、光合有效辐射（PAR）、水汽压亏缺（VPD）、土壤含水率（SW）、叶面积（LA）和叶面积指数（LAI）。由于 RA 与 PAR 线性相关，两者与蒸腾关系相同，此处选 PAR 进行研究。SW、LA、LAI 在较小的时间尺度上变化不明显，所以在时尺度上不进行研究；SW 仅在日、旬和月尺度上进行研究；LA 与 LAI 仅在旬和月尺度上进行研究。

5.6.1.2 不同时间尺度蒸腾的确定

试验从 2011 年 5 月 1 日开始，于 2013 年 10 月 30 日结束，其中 5 月 1 日至 10 月 25 日为枣树生长期，10 月 26 日至 4 月 30 日为休眠期。试验所涉及气象因子、土壤水分动态和树体生长指标测定方法同前，树体瞬时蒸腾 T 的计算根据第 4 章公式（4-4）确定。枣树日、旬、月、年蒸腾量 T_d、T_t、T_m、T_y 的确定公式如公式（5-3）至（5-6）所示。

$$T_d = \sum_{i=0}^{i=24} T_i \tag{5-3}$$

$$T_t = \sum_{d=0}^{d=10} T_d \tag{5-4}$$

$$T_m = \sum_{t=0}^{t=3} T_t \tag{5-5}$$

$$T_y = \sum_{m=0}^{m=12} T_m \tag{5-6}$$

观测期逐日蒸腾量和降水量数据如图 5-25 所示。由于监测设备出现故障，2012 年第 235 至 266 日数据缺失。

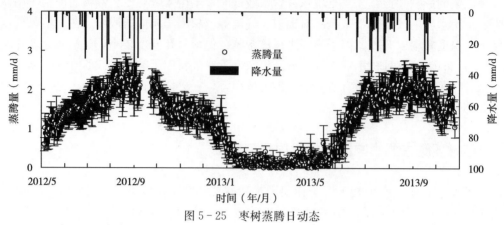

图 5 - 25　枣树蒸腾日动态

5.6.1.3　数据标准化处理

采用皮尔逊相关分析法得到 R^2 和 K 两个重要参数，对不同时间尺度上蒸腾量和影响因子之间的关系进行分析研究。R^2 为回归方程的决定系数，值在 0～1 波动，值越接近 1，说明二者的相关关系越强，模型的可信度越高，回归方程结果值越集中，反之则相关关系比较弱，模型可信度低，回归方程的结果越离散。K 为回归方程的回归系数（斜率），反映了结果对因子的响应程度，$K>0$ 时，表明结果对影响因子为正响应（促进作用），$K<0$ 时，结果对影响因子为负响应（抑制作用），K 的绝对数值越大，则因子数值发生单位变化所引起的结果的变化越剧烈，K 越趋近于 0 时，其响应关系越弱。同时为了便于不同因子间进行比较，消除其量纲影响，对 K 运用 Z-score 方法进行标准化处理得到 K_d，则标准化回归系数 K_d 如公式（5 - 7）所示：

$$K_d = \frac{X - \frac{1}{n}\sum_{i=1}^{n} X}{\sqrt{\frac{1}{n-1}\sum_{i=1}^{n}\left(X - \frac{1}{n}\sum_{i=1}^{n} X\right)^2}} \qquad (5-7)$$

最终影响因子的评价指标为：R^2 和 K_d。

5.6.2　月蒸腾主要影响因子的时间尺度效应

5.6.2.1　时蒸腾对其影响因子的响应

树体逐月蒸腾在时尺度上主要受到气象因子的影响，各因子对枣树蒸腾的影响大致可以分为两个时期，生育期（5—10 月）和休眠期（11 月至翌年 4 月）。由图 5 - 26a 可知，PAR 的 R^2 在全生育期呈单峰变化趋势，峰值主要集中在 6—9 月，R^2 峰值达 0.8（7 月）。其 R^2 在休眠期较低且变化比较平稳，可见 PAR 和枣树蒸腾在整个生育期都有极为显著的关系，休眠期二者的关系则不显著。VPD、RH 和 TA 的 R^2 在整个生育期呈现波动变化，三个因子对枣树生育期的蒸腾也有一定影响，但是 6 月三个因子的 R^2 均显著偏低，这主要是因为当地 6 月干旱少雨，土壤水分亏缺严重制约了树体蒸腾，且随着干旱的加剧，各影响因子对蒸腾抑制的阈值不断降低。VPD、RH 和 TA 的 R^2 在休眠期呈现出一定的上升趋势，且存在小幅的波动。这主要是因为在休眠期树体蒸腾量很低，且变化不明

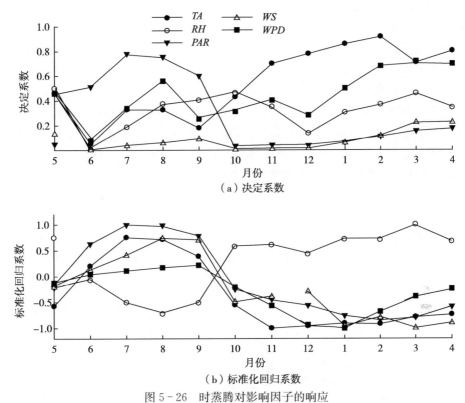

图 5 - 26　时蒸腾对影响因子的响应

注：*TA*，温度；*RH*，相对湿度；*PAR*，光合有效辐射；*WS*，风速；*VPD*，饱和水汽压亏缺。下同。

显，影响因子的剧烈变化，不会引起蒸腾相应变化。*WS* 和树体蒸腾的关系比较复杂，全年 R^2 均维持在较低水平，即不论是生育期还是休眠期 *WS* 对蒸腾均没有显著影响。

K_d 值的大小直接反映了因子对蒸腾的响应程度的大小，从图 5 - 26b 可以看出，除 *RH* 以外，其他气象因子的 K_d 值在生育期均呈现明显的单峰变化趋势，这与枣树蒸腾变化趋势（图 5 - 25）基本一致，说明这些因子对枣树蒸腾能起到明显的促进作用。除 *RH* 以外，其他因子的 K_d 值均在生育期较强，休眠期较小，说明枣树的蒸腾在生育期较强，在休眠期则比较微弱。*RH* 的 K_d 值在全年的变化趋势和其他因子相反，且在休眠期其 K_d 值较高，这主要是因为枣树的休眠期正好为干旱少雨的冬春季节，气候比较干燥，*RH* 数值偏低。

结合图 5 - 26a 和图 5 - 26b 可知，在枣树生育期，特别是生长旺盛的 6—9 月，*PAR* 的 R^2 和 K_d 值均最大，R^2 峰值达 0.8。而且变化规律与枣树蒸腾最为一致，由此可见在时尺度上，影响枣树蒸腾最为显著，且影响作用最为稳定的因子是 *PAR*。此外 *VPD*、*TA* 和 *RH* 也对枣树蒸腾有一定的影响，但 *RH* 对枣树蒸腾的影响为负效应（抑制作用）。虽然在枣树生育期，*WS* 的 K_d 值也比较大，但是由于 R^2 很低，其回归模型的精度很低，即 *WS* 和枣树蒸腾在时尺度上没有显著的相关关系。这主要是因为 *WS* 对枣树蒸腾影响过程比较复杂，且与其他因子交互作用明显。Liu 等（2013）对枣树蒸腾和 *WS* 的研究也得到类似结果。

5.6.2.2 日蒸腾对其影响因子的响应

从图 5-27a 可以看出,在日尺度上各影响因子和树体蒸腾的相关性(R^2)存在明显的时间变异性,不同时期主导因子不同。生育期(5—10 月),逐月最主要影响因子依次为:SW、WS(6 月、7 月)、RH、WS 和 TA。在枣树的生育期,WS 和 RH 的 R^2 值呈现单峰或双峰变化趋势且数值较大,其在生长旺盛的 7—9 月,其 R^2 的峰值分别达到 0.81 和 0.78,可见二者均和枣树蒸腾有极为显著的相关关系。VPD、TA、PAR 在生育期也和枣树蒸腾有较好的相关关系,但是其峰值出现的时间各异。SW 和枣树生育期蒸腾的关系较为复杂,除 5 月和 10 月以外,其他月份均无显著相关关系。5 月正处于枣树萌芽展叶期,蒸腾量逐日增加,而同期又无有效降雨,土壤水分逐日下降,且同期土壤底墒较好,土壤水分没有对树体蒸腾构成抑制,二者均线性变化,所以相关性很高(R^2 = 0.8)。10 月枣树开始成熟落叶,枣树蒸腾逐日下降,同期降雨较多,土壤水分逐日升高,所以 10 月二者变化也有一定相关性(R^2 = 0.28)。除此之外,在生育期的 6—9 月,由于降雨的随机性和枣树蒸腾量的季节性变化规律存在差异,所以二者没有显著相关性。

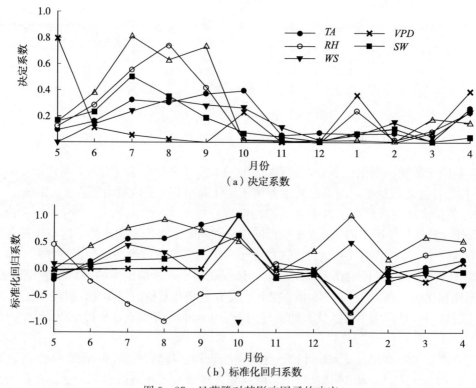

图 5-27 日蒸腾对其影响因子的响应

注:SW,土壤含水率,下同。

在枣树休眠期,各因子和蒸腾的 R^2 均比较低(图 5-27a),但在 1 月和 4 月,部分因子的 R^2 有所上升,可见各因子在休眠期对树体蒸腾的影响并不显著。在 1 月,SW(R^2 = 0.36)和 RH(R^2 = 0.23)与蒸腾相关性有所增强。同期各因子的 K_d(图 5-27b)波动剧烈,这可能与 1 月初气温短期回升,引起树体生命活动暂时增强有关。4 月,部分

因子的 R^2 值升高，则主要是因为当年春季气温回升较早，树体萌芽期有所提前造成的。

从图 5-27b 可以看出，在日尺度上各因子和蒸腾的响应关系较为复杂，且在 10 月和 1 月波动剧烈。10 月各个因子的 K_d 变化剧烈主要是因为当时正处于枣树成熟落叶期，日蒸腾量明显减少，蒸腾量变化较为显著，但是同期气象因子相对稳定。除 5 月以外，RH 在生育期对蒸腾均为负响应。可见不论是在时尺度还是日尺度，RH 对枣树蒸腾均存在较为显著的抑制作用。

结合图 5-27a 和图 5-27b 可知，在日尺度上蒸腾和 RH、WS 关系最为密切，是枣树蒸腾最主要的影响因子，PAR、VPD 和 TA 对蒸腾也有较好相关性，SW 和蒸腾的关系则不明显。除 RH 以外，其他因子对枣树的蒸腾均有促进作用。

5.6.2.3 旬蒸腾对其影响因子的响应

为了克服在旬尺度上研究逐月蒸腾相关性样本过少的不足，以 3 个月为 1 个研究单元，将全年分为生育前期（5—7 月）、生育后期（8—10 月）、休眠前期（11 月至翌年 1 月）和深度休眠期（2—4 月）四个阶段。在旬尺度上对树体蒸腾及其影响因子进行了相关分析。发现在旬尺度上，各个因了和蒸腾的相关性（R^2 值）仍然是生育期（5—7 月和 8—10 月）较高，休眠期（11 月至翌年 1 月和 2—4 月）较低，旬尺度上生育期内各因子对蒸腾的影响要普遍大于休眠期，但是在生育前期和后期各个因子的影响大小不同，生育前期各因子和蒸腾的相关关系表现为 $SW>TA>LAI>LA>WS>VPD>RH>PAR$，后期各因子和蒸腾的相关关系表现为 $LA>LAI>RH>VPD>TA>PAR$。由此可见，枣树全生育期（5—10 月）蒸腾在旬尺度上和 LAI、LA、TA、VPD、RH 关系均比较密切（$p<0.05$）。而 PAR、SW 和 WS 仅在部分生育阶段和蒸腾关系较为密切。

在旬尺度上，相关因子对蒸腾的响应关系（表 5-17 的 K_d 值）不同，生育前期 TA、LA、LAI 和蒸腾呈现显著正相关（$p<0.01$，$K_d>0$），VPD 和蒸腾呈现显著负相关

表 5-17　旬蒸腾对其影响因子的响应

月份		温度 TA（℃）	相对湿度 RH（%）	光合有效辐射 PAR（μmol·m²·s⁻¹）	风速 WS（m·s⁻¹）	饱和水汽压亏缺 VPD（kPa）	土壤含水率 SW（%）	叶面积 LA（m²）	叶面积指数 LAI
5—7	R^2	0.84**	0.35*	0.08	0.60**	0.38*	0.88**	0.68**	0.82**
	K_d	1.00	0.29	−0.42	−0.50	−0.98	−0.34	1.00	1.00
8—10	R^2	0.43**	0.59**	0.33*	0.12	0.58**	0.05	0.73**	0.66**
	K_d	0.22	−1.00	1.00	0.57	1.00	−0.17	0.76	0.75
11 月至翌年 1 月	R^2	0.01	0.01	0.09	0.31	0.00	0.15		
	K_d	−0.02	−0.05	0.65	1.00	0.21	0.21		
2—4	R^2	0.06	0.00	0.32	0.13	0.08	0.23		
	K_d	0.03	0.01	0.23	0.32	0.18	1.00		

注：* 表示行变量和列变量之间达显著相关水平（$p<0.05$），** 表示行变量和列变量之间达极显著相关水平（$p<0.01$），下同。

（$p < 0.01$、$K_d = -0.98$）。生育后期 PAR、VPD、LA、LAI 和蒸腾呈现显著正相关（$p < 0.01$、$K_d > 0$），但和 RH 显著负相关（$p < 0.01$、$K_d = -1$）。这主要和生育前期干旱少雨，生育后期雨水较多，土壤水分恢复，蒸腾对因子的响应方式发生变化有关。综合分析，在旬尺度上和蒸腾影响关系最为密切，而且较为稳定的影响因子是 LA 和 LAI，R^2 峰值分别达到 0.73 和 0.82，其他气象因子 TA、VPD、RH 等和蒸腾也有较好的相关性，但是由于尺度提升，因子的回归系数值（K_d）的大小和正负会发生变化。

5.6.2.4 不同尺度蒸腾对影响因子响应的逐月动态

根据图 5-26、图 5-27 和表 5-17 综合分析，各因子和蒸腾的响应关系存在明显的时间尺度效应。RH 在日和旬尺度上的 R^2 变化规律相似，且均大于时尺度，PAR 在日和旬尺度上 R^2 变化规律相似且均小于时尺度。VPD 在旬尺度上和蒸腾相关性最显著，但在日和时尺度上相关性有所降低。

日和旬尺度上，TA、VPD 与蒸腾的 R^2 均表现为生育期＞休眠期（图 5-27a、表 5-17），但在时尺度上，二者的 R^2 却表现为休眠期＞生育期（图 5-26a）。这主要是因为在枣树的休眠期，树体蒸腾微弱，且在一日之内呈现较为规律的单峰变化趋势，这与 TA、VPD 在一日之内的变化趋势基本一致，但在日和旬尺度上，因子数值发生剧烈变化，蒸腾值依旧变化微小，所以在休眠期日和旬尺度上，两因子的 R^2 偏低。

除生育前期，在不同的时间尺度上 SW 与蒸腾的 R^2 均不明显。在日尺度上，仅 5 月显著相关（图 5-27a，$R^2 = 0.9$），在旬尺度上仅和生育前期（5—7 月）极显著相关（表 5-17，$R^2 = 0.88$），这主要是因为在枣树生长初期蒸腾量逐渐增大，同期降雨偏少，SW 逐渐降低，二者变化同步，但是 K_d 呈现负值，后期随着土壤水分的消耗加剧，土壤水分对蒸腾的抑制作用开始加强，加上降雨和气象因子的综合影响，使得土壤水分和树体蒸腾无显著相关关系。

5.6.3 全年蒸腾主要影响因子的时间尺度效应

在不同尺度上分析全年蒸腾量和影响因子的关系（表 5-18）可以发现，随着尺度的提升其 R^2 的变化规律大体分为三类：先增加后减少型、单调递增型和先减少后增加型。①TA、PAR、VPD 随着尺度的提升呈现先增加后减小趋势。其决定系数在日尺度达到最大，而后减小，相关性减弱。在时和日尺度上三者都与蒸腾有极显著的相关性，在旬尺度上只与 TA 极显著性相关，与 PAR 显著相关，在月尺度上相关性均不显著，相关关系大小表现为：$TA > PAR > VPD$。②SW、LA 和 LAI 随着尺度的提升呈现单调递增趋势，SW 在日、旬和月尺度上决定系数分别达到 0.23、0.38 和 0.62，随着尺度的提升 R^2 明显增大，且均与蒸腾量极显著相关，LA 和 LAI 与蒸腾关系极其显著且 R^2 随着尺度提升而增大，它们与蒸腾的相关关系依次为：$LAI > LA > SW$。③RH 和 WS 随着尺度的提升呈现先减少后增加的趋势，R^2 在日尺度上最小。在时尺度上二者与蒸腾呈极其显著性相关，在日尺度上仅与 RH 呈极显著相关、与 WS 显著相关，而在旬尺度仅与 RH 显著相关，随着尺度的进一步提升，虽然 R^2 有所上升，但是样本数明显减少，使得相关关系并不显著，它们与蒸腾的相关关系大小表现为：$RH > WS$。

表 5 - 18　全年蒸腾在不同尺度上对气象因子的响应

尺度		温度 TA (℃)	相对湿度 RH (%)	光合有效 辐射 PAR ($\mu mol \cdot m^2 \cdot s^{-1}$)	风速 WS (m/s)	饱和水汽压 亏缺 VPD (kPa)	土壤含 水率 SW (%)	叶面积 LA (m^2)	叶面积 指数 LAI
时	R^2	0.010**	0.185**	0.012**	0.058**	0.008**			
	K_d	0.020	0.021	0.003	−0.165	0.439			
日	R^2	0.511**	0.022**	0.329**	0.012 3*	0.250**	0.233**		
	K_d	0.035	0.004	0.002	−0.078	0.436	0.591		
旬	R^2	0.256**	0.145*	0.155*	0.091	0.067	0.384**	0.767**	0.771**
	K_d	0.015	0.008	0.001	−0.300	0.155	0.651	0.163	0.266
月	R^2	0.299	0.296	0.166	0.200	0.045	0.619**	0.893**	0.917**
	K_d	0.017	0.013	0.001	−0.368	0.133	0.956	0.170	0.324

总体而言，在较小的时间尺度（时、日）上蒸腾主要和气象因子均呈现显著相关，时和日尺度上对蒸腾影响最大的因子分别是 RH（$R^2 = 0.185$）和 TA（$R^2 = 0.511$）。在较大尺度上（旬和月）蒸腾与 SW、LA 和 LA 呈极显著相关，而且 R^2 随着尺度的提升而线性增强。总体而言，在较小的时间尺度上蒸腾与气象因子相关性显著。随着尺度的提升，气象因子的影响在减弱，而土壤水分状况和作物自身生长状况对蒸腾的影响越来越显著。

5.7　小结

枣树的蒸腾耗水受气象因子、土壤水分状况和自身生长发育状况的综合影响，通过对枣树耗水状况和主要影响因子进行连续三年的定位观测，对枣树耗水的主要影响因子、影响方式及其时间尺度效应、节水调控措施进行深入分析和综合评价，得到如下研究结果：

（1）通过枣树液流参数变化和液流特征的分析，发现在枣树生育期和休眠期其液流测定参数的变化规律存在显著差异。液流活动规律与树体萌芽落叶确定的生育期时长基本一致，都为 160 d 左右。但液流的启动和停止会早于树体萌芽和落叶 5 d 左右。树体的液流在生育初期启动以后要经历约一个月左右的逐渐增强过程，而树体液流的减弱和停止会在 2～3 d 完成。树体液流日内变化总体呈现单峰变化趋势，但其变化特征均会随着生育期的和其他影响因子的改变而发生改变。枣树全生育期蒸腾主要发生在白天，夜间液流占全天蒸腾的 10%～25%。

（2）通过对枣树的蒸腾及其生长发育相关关系进行研究，发现树体的边材面积和日蒸腾量呈正比，而和瞬时蒸腾（液流速率）成反比，枣树全生育期叶面积和叶面积指数均呈二次曲线变化，当叶面积较小时（$LA < 2.1 m^2$），叶面积和蒸腾之间存现显著的正相关关系（$R^2 = 0.84$），不同树龄枣树的蒸腾在生育初期差异不显著。生育中后期随着树龄的增加，蒸腾会显著增强。日蒸腾的最大值一般出现在 7—9 月，不同树龄枣树年际变化规律存在差异，2012 年和 2014 年不同树龄的蒸腾的变异系数符合二次曲线变化规律（$R^2_{2012} = 0.606 1$，$R^2_{2014} = 0.319 6$）。在生育始末期差异较小，中期差异很大（CV 值 40%～60%），

2013 年的差异在初期和后期都比较小，符合三次曲线变化（$R^2_{2013}=0.319\,6$）。

（3）通过对枣树蒸腾和气象因子的关系进行分析，气象因子对蒸腾的影响存在明显的时间变异性，随着时间变化各影响因子的响应程度（R^2）和响应方式（K）也会发生改变。总体而言 VPD 和 PAR 是蒸腾的两个主要影响因子，同时是枣树蒸腾两个主要的驱动因子。通过对液流上升和下降阶段与两大驱动因子的关系重点分析，发现两因子和液流均呈现极显著的相关关系，而且液流和 PAR 的相关性比 VPD 更高。生育期各月液流和两因子均呈现极显著相关，且液流 PAR 的响应程度均高于 VPD，枣树的日蒸腾和两因子的相关系数会随着研究时间尺度的增大而降低。

（4）通过选取典型日对枣树蒸腾和两个驱动因子的变化进行重点分析，发现蒸腾对两因子的响应存在明显的"时滞效应"。在蒸腾的启动阶段，两因子和蒸腾几乎同时启动。达到峰值的时间蒸腾最早，PAR 次之，VPD 最后。而液流的下降过程则为 PAR 最早，蒸腾次之，VPD 滞后。由于"时滞效应"的存在，枣树对 PAR 和 VPD 的响应会存在阈值现象，在液流上升阶段当两因子超过一定阈值时，蒸腾开始保持基本稳定，不再增加。反之在液流下降阶段当两因子降低到阈值以下，液流才开始显著降低。VPD 的阈值在上升和下降阶段均稳定在 $3.5\,kPa$ 左右，而 PAR 的阈值在上升和下降阶段存在差异（$1\,000\sim1\,200\,\mu mol\cdot m^{-2}\cdot s^{-1}$）。

（5）通过对枣林地 $0\sim10\,m$ 土壤水分进行长期定位监测和数据分析，特别是 $0\sim1\,m$ 层水分的重点分析，发现运用中子仪和 TDT 土壤水分探针两种方法监测的枣林地（$0\sim1\,m$）土壤水分变化规律基本一致，但是土壤水分较低时，TDT 探针监测的土壤含水量数据偏低。枣林地土壤水分受降雨影响波动剧烈。在丰水年（2013 年）显著上升（土壤储水量 $28\,mm$），平水年（2012 年）略有亏缺（$-5.5\,mm$），在枯水年（2014 年）亏缺严重（$-40\,mm$）。土壤含水量的波动程度随着土层深度的加深逐渐降低，枣林地土壤自上而下按照其水分变化情况和波动程度可划分为：土壤水分剧烈变化层（$0\sim0.6\,m$），土壤水分变化层（$0.6\sim2.6\,m$），土壤水分干层（$2.6\sim6\,m$）和土壤水分恢复层（$6\sim10\,m$）。土壤水分状况的变化，也会引起瞬时蒸腾（液流）特征的改变，随着土壤含水量的上升，液流谷值出现的时间提前，峰值出现时间推后，液流"午休"时间缩短，保持旺盛蒸腾时间延长，反之亦然。在不同水文年型，枣树的蒸腾量均会随着土壤含水量的上升而增加。

（6）为研究枣树蒸腾影响因子的时间尺度效应，对不同时间尺度上影响枣树蒸腾的气象因子、土壤水分状况和生长因子进行综合分析，发现各因子与蒸腾相关性（R^2）均在生育期较高。生育期逐月蒸腾在时尺度的主导因子为 PAR（$R^2_{max}=0.68$），日尺度的为 RH（$R^2_{max}=0.78$）和 WS（$R^2_{max}=0.81$），旬尺度的为 LAI（$R^2_{max}=0.82$）和 LA（$R^2_{max}=0.73$）。全年蒸腾量在较小时间尺度上（时和日尺度）与气象因子均呈极显著相关（$p<0.01$），而在较大尺度（旬和月尺度）上仅与 LAI、LA 和 SW 呈极显著相关（$p<0.01$）。土壤水分与枣树全年蒸腾总量极显著相关，但是逐月蒸腾关系并不显著，即枣树全年蒸腾总量主要受土壤水分状况影响，逐月蒸腾主要和自身生长发育阶段有关。随着尺度的提升，气象因子与蒸腾的相关关系逐渐减弱，作物自身生长状况与蒸腾的相关关系逐渐增强。

第6章 基于贝叶斯方法的旱作
枣林蒸散量模拟

蒸散耗水是能量循环、生态系统水文效应以及气候变化中非常重要的环节,准确估算蒸散量并科学评价蒸散模拟过程中的不确定性有利于水资源的优化管理。对于黄土高原地区的枣林来讲,林地蒸散耗水量的精准模拟不仅是合理的灌溉制度制定的基础,而且是无灌溉条件地区枣林旱作技术开发的重要支撑,能够辅助旱作枣林确定修剪强度和适宜的目标产量,也为该区土壤干燥化程度预测及防控提供理论依据。本章基于贝叶斯参数优化方法,借助连续三年茎流计和微型蒸渗仪测量的蒸散量数据,获得的主要结论为:①与先验分布相比,贝叶斯参数率定方法减小了模型参数的不确定性,其中有些参数后验取值会随生育期或土壤水分条件的变化而变化。日尺度和时尺度模型参数后验分布差异明显,因此,对于长期蒸散量模拟,应该考虑季节、土壤水分条件以及时间尺度效应对模型输出结果的影响。②在日尺度上,三个模型于率定年(2013 年)和检验年(2012 年、2014 年)都能满足模型可靠性标准,且 95% 不确定性区间较为优良。由于模拟精度可靠且对输入变量要求较少,在只有气象数据的情况下,推荐使用 PMv 模型估算该区枣园日蒸散量。在测量数据充分的条件下,SW 模型和 PM 模型都可使用,SW 模型结构比 PM 模型复杂,但二者模拟效果差异很小,故优先推荐采用 PM 模型,当然,如果有需要将蒸腾量和蒸发量分开,SW 模型最为合适。③三个模型在时尺度上模拟效果次于日尺度,其中,SW 和 PM 模型误差主要来源于生育期前期第一阶段,PMv 模型误差主要来源于土壤水分较差($\theta < 9\%$)的情况。在模型率定年(2013 年),三个模型都能满足模型可靠性标准,但是在检验年(2012 年和 2014 年)只有 SW 模型能够满足可靠性要求。基于估算精度和不确定性,优先推荐采用 SW 模型模拟小时尺度枣园蒸散量。

6.1 研究方法

6.1.1 试验方案

本研究的对象是陕北黄土高原地区目前大范围推广种植的三主枝自然圆头型矮化枣园,处于雨养条件。试验随机选择 2003 年种植于水平阶地上的梨枣树 8 棵,于 2012—2014 年在树干上安装 TDP 茎流计测量蒸腾量,果园布设微型蒸渗仪测量土壤蒸发量,园地随机选取五个位置布设 TDR 土壤水分传感器监测 0~1 m 土壤含水量,试验期间用气象站监测气象资料,冠层分析仪测量叶面积指数,这些数据作为模型输入变量。另外每棵树株间和行间各布设一根 3 m 长的中子管测量 0~3 m 土壤含水量,用于校验茎流计加微型蒸渗仪测量蒸散量数据的可靠性。

6.1.2 指标测定及计算

（1）叶面积。2012—2014 年生育期里定期用叶面积分析仪对 8 棵枣树冠层拍照分析，得出树体叶面积指数（*LAI*）动态，利用生长函数对生育期 *LAI* 动态进行拟合，根据该拟合公式可估算出树体每日叶面积。拟合结果见式（6-1）、式（6-2）、式（6-3）。

2012 年（$R^2=0.94$）：

$$LAI=\frac{2.87}{1+\exp[-0.039(DOY-152.51)]} \tag{6-1}$$

2013 年（$R^2=0.95$）：

$$LAI=\frac{3.57}{1+\exp[-0.048(DOY-154.38)]} \tag{6-2}$$

2014 年（$R^2=0.97$）：

$$LAI=\frac{2.20}{1+\exp[-0.114(DOY-160.58)]} \tag{6-3}$$

（2）树干液流。在 2012—2014 年生育期里，用 TDP 茎流计测量 8 棵枣树的树干液流，按式（4-1）和式（4-2）计算液流速率（J_s），然后按式（6-4）将其转换为单位地面蒸腾速率（T_g）（Granier，1985）。

$$T_g=K\times J_s\times\frac{A_s}{A_g} \tag{6-4}$$

其中，A_s 是边材面积，cm^2；A_g 是平摊到每棵树的地面面积（按种植密度计算，为株行距的乘积 $2\,m\times3\,m=6\,m^2$）；K 是单位换算系数，等于 86.4；T_g 表示枣园单位地面蒸腾速率，mm/d，将树体蒸腾量平摊到地面。

6.1.2.1 气象相关指标

2012—2014 年试验期间自动气象站实时监测气象数据。用式（6-5）和式（6-6）分别计算饱和水汽压差 VPD 和参考蒸发蒸腾量 ET_0。

$$VPD=0.611\times(1-RH)\times e^{\frac{12.27\times T}{T+278.8}} \tag{6-5}$$

式中，VPD 为饱和水汽压差，kPa；RH 为空气相对湿度，%；T 为空气温度，℃。

$$ET_0=\frac{0.408\Delta(R_n-G)+\gamma\frac{900}{T+273}u_2(e_s-e_a)}{\Delta+\lambda(1+0.34u_2)} \tag{6-6}$$

其中，ET_0 是参考蒸发蒸腾量，$MJ\cdot m^{-2}\cdot d^{-1}$；$R_n$ 是植物表面净辐射，$MJ\cdot m^{-2}\cdot d^{-1}$；$G$ 是土壤热通量，$MJ\cdot m^{-2}\cdot d^{-1}$，日尺度上 $G\approx0$；Δ 是饱和水汽压与温度曲线斜率，kPa/℃；γ 是温度计常数，kPa/℃；u_2 是 2 m 处风速，m/s。

6.1.2.2 土壤相关指标

陕北黄土高原地区普遍推广种植的矮化密植枣树吸水细根主要分布在 0～1 m 土层，且 1 m 以下土层土壤含水量在降雨前后变化相对微弱，故本研究中采用 TDR 测量株间和行间 0～1 m 土层土壤含水量 θ 和土壤温度。按照土壤亏缺程度的大致范围，数据分成四类：$\theta\leq7\%$、$7\%<\theta\leq9\%$、$9\%<\theta\leq11\%$ 和 $\theta>11\%$，分别对应重度亏缺、中度亏缺、轻度亏缺和无亏缺四种土壤水分条件，每种水分条件下 PMv 模型参数独立率定。由于 2013 年为偏湿年，生育期里土壤含水量变化范围较大，涵盖了以上三种水分条件，而 2012 年和 2014 年轻度亏缺数据没有或太少，所以本研究选用 2013 年为模型率定年以获取每种水分条件下的完整模型参数，2012 年和 2014 年作为模型检验年，数据用于评价模型模拟效果。

为了保证数据的可靠性，每棵树株间和行间还安装了中子管测量 $0 \sim 3\,m$ 土层土壤含水量，步长大约为 $10\,d$，该部分数据用于水量平衡方程里，检验茎流计与微型蒸渗仪加和的方法计算枣园蒸散量的可靠性。

枣园土壤日蒸发量采用自制 PVC 微型蒸渗仪（内径 $10\,cm$，高 $15\,cm$）测定，枣园里随机选取 10 个测点，尽量取出原状土芯放于 PVC 微型蒸渗仪内，然后将装入无扰动土芯的 PVC 微型蒸渗仪安装在取走土芯的部位，顶部微微高于地表（Daamen et al.，1993；Sun et al.，2012）。生育期里每日早晨 7：00—8：00 和傍晚 18：00—19：00 测量微型蒸渗仪重量，早晨和傍晚的重量差计为日蒸发量（Poyatos et al.，2007）。根据棵间蒸发强度每 $3 \sim 5\,d$ 更换一次土芯。

按照 Poyatos 等（2007）和 Zhu 等（2013）的方法，将 Penman-Monteith 公式用于估算裸露土壤的每小时蒸发量。这部分估算出的小时尺度蒸发量数据用于计算每日里每小时蒸发量占该日日蒸发量的比例，再将比例乘以 PVC 微型蒸渗仪实测出的日蒸发量数据得小时蒸发量数据。

枣园蒸散量 ET 用茎流计测量的蒸腾与微型蒸渗仪测量的蒸发值加和的方法计算：

$$ET_{plus} = T_g + E_l \qquad (6-7)$$

其中，ET_{plus} 是蒸散量，mm/d；T_g 是茎流计测量的蒸腾量，mm/d；E_l 是微型蒸渗仪测定的土壤蒸发量，mm/d。

为了验证茎流计与微型蒸渗仪结合计算 ET 的可靠性，本研究也采用了水量平衡法计算约 $10\,d$ 尺度的蒸散量进行检验（Gong et al.，2010）。由于试验区降水量有限，地下水埋藏深厚，另外为减少降雨径流损失，种植枣树的水平阶地向内具有一定倾斜角度，故深层渗漏量、耕区地下水补给量和地表径流量忽略不计。因此水量平衡公式简化为：

$$ET_{WBi} = P_i + V_i^0 - V_i \qquad (6-8)$$

其中，ET_{WBi} 是时段 i 里的蒸散量，mm；P_i 是对应时段内的降水量，mm；V_i^0 和 V_i 分别为该时段起、止日期的土壤储水量，mm，土壤储水量用中子仪测量的 $0 \sim 3\,m$ 土层土壤含水量计算；时段 i 时间尺度约为 $10\,d$。

表 6-1 列出了两种方法计算的 ET 在各个时段的值，结果显示除了特大暴雨出现的情况外，每个时段里二者之间差异皆小于 20%，绝大多数时候小于 15%。特大暴雨产生地表径流，使得水量平衡法计算的时段蒸散量值偏高，但特大暴雨一年大约只有一次。图 6-1 中二者的回归线决定系数 R^2 为 0.88，且回归线与 1：1 直线之间差异不显著，这些结果表明茎流计与微型蒸渗仪结合计算蒸散量的方法是可靠的。

表 6-1　2012—2014 年生育期里各时段茎流计与微型蒸渗仪结合方法计算的枣园蒸散量（ET_{SL}）和水量平衡法计算的蒸散量（ET_{WB}）对比

年份	时段（DOY）	降水量（mm）	3m 土层土壤储水量（mm）		ET_{WB}（mm）	ET_{SL}（mm）	MAE（%）
2012	147~157	16.5	306.45	285.35	37.61	40.04	6.47
	158~165	12.6	285.35	266.75	31.19	32.14	3.03
	166~173	9.6	266.75	245.30	31.05	34.03	9.60
	174~183	73.7	245.30	280.85	38.15	29.43	22.86
	184~192	7.0	280.85	252.17	35.68	35.26	1.18
	193~204	45.6	252.17	251.15	46.61	48.14	3.27
	205~214	57.5	251.15	282.05	26.60	30.22	13.59
	215~223	0.0	282.05	237.80	44.25	39.01	11.84
	224~233	24.9	237.80	228.27	34.43	32.56	5.43
	234~247	86.5	228.27	292.08	22.69	27.50	19.22
	266~276	24.5	292.08	286.39	30.20	27.61	8.56
2013	128~140	4.2	286.39	263.45	27.13	31.06	14.47
	141~152	14.0	263.45	249.44	28.02	31.44	12.22
	153~161	13.6	249.44	234.97	28.06	23.35	16.80
	162~174	45.4	234.97	255.06	25.32	27.67	9.29
	175~183	1.2	255.06	225.59	30.67	27.58	10.07
	184~192	93.2	225.59	301.36	17.43	13.67	21.59
	193~199	50.2	301.36	329.41	22.14	19.12	13.65
	200~211	73.2	329.41	359.92	42.69	32.12	24.76
	212~217	26.2	359.92	362.25	23.87	21.32	10.69
	218~224	20.2	362.25	357.17	25.28	22.67	10.31
	225~232	0.0	357.17	332.19	24.98	26.89	7.64
	233~239	34.2	332.19	353.51	12.88	13.81	7.22
	240~248	4.6	353.51	349.39	8.72	9.56	9.64
	249~255	4.8	349.39	337.85	16.34	18.87	15.47
2014	139~148	7.4	226.25	219.62	14.03	11.50	18.01
	148~172	15.6	219.62	211.13	24.09	22.64	6.06
	172~182	45.0	211.13	213.07	43.06	38.13	11.46
	182~202	96.2	213.07	230.40	78.86	58.53	25.78
	202~216	17.6	230.40	215.20	32.80	30.61	6.68
	216~225	13.4	215.20	203.80	24.80	27.09	9.24
	225~234	4.2	203.80	197.66	10.34	8.52	17.57
	234~245	25.4	197.66	187.84	35.22	37.88	7.54
	245~256	26.2	187.84	184.04	30.00	27.09	9.70

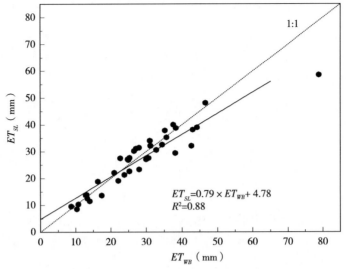

图 6 - 1　2012—2014 年生育期里各时段茎流计与微型蒸渗仪结合方法计算的
枣园蒸散量（ET_{SL}）和水量平衡法计算的蒸散量（ET_{WB}）对比

6.2　模型及参数

6.2.1　Penman-Monteith 模型（PM 模型）

蒸散估算中最为常用的 PM 模型表达式如下：

$$ET_{PM}=\frac{\Delta(R_n-G)+\dfrac{\rho c_p D}{r_a}}{\Delta+\gamma(1+r_c/r_a)} \tag{6-9}$$

式中，ET_{PM} 为 PM 模型模拟蒸散量，$MJ \cdot m^{-2} \cdot d^{-1}$，乘以系数 0.408 可将单位换算为 mm/d（Allen et al.，1998）；R_n、G 分别为净辐射（$MJ \cdot m^{-2} \cdot d^{-1}$）和土壤热通量（$MJ \cdot m^{-2} \cdot d^{-1}$），日尺度上 $G \approx 0$；Δ 为饱和水汽压—温度曲线斜率，$kPa/℃$；D 为空气饱和水汽压差，kPa；ρ 为空气密度，kg/m^3；γ 为湿度计常数，$kPa/℃$；C_p 为空气的定压比热，$1.013×10^{-3}\ MJ \cdot kg^{-1} \cdot ℃^{-1}$；$r_c$、$r_a$ 分别为冠层边界层阻力和空气动力学阻力，m/s。

空气动力学阻力 r_a 的计算考虑到两个方面：首先，研究区风速普遍小于 2 m/s，根据 Norman（1998）的建议，在风速小于 3～4 m/s 的情况下需要进行稳定性修正；其次，枣园冠层郁闭度小于 40%，在稀疏植被条件下，受所截获的辐射影响，地表升温过程中热量会产生浮力（Mason，1995）。所以，本研究中 r_a 采用考虑温度和风速稳定性修正的经典公式进行计算（Lhomme et al.，2000）。

$$r_a=\frac{\ln \dfrac{z-d}{z_0} \ln \dfrac{z-d}{h_c-d}}{k^2 u} \tag{6-10}$$

其中，h_c 是冠层高度，m，本研究中为 2m；z 是参考高度，m，$z=h_c+2$；u 是参考高度处的风速，m/s；k 是卡曼常数，取值 0.40；$\int \pi(Z \mid \theta)\ p(\theta)\mathrm{d}\theta$ 是动量传输粗糙度长度，m，$z_0 = 0.13 h_c$；d 是零平面位移，m，$d = 0.63 h_c$。

冠层边界层阻力 r_c 与气象因子、土壤水分密切相关，可以看成是冠层导度 g_c 的倒数，用下列公式计算（Leuning et al.，2008；Zhu et al.，2013）：

$$g_c = \frac{G_{\max}}{K_Q} \ln\left[\frac{Q_h + Q_{50}}{Q_h \exp(-K_Q LAI) + Q_{50}}\right]\left[\frac{1}{1 + D/D_{50}}\right]F_2 \qquad (6-11)$$

$$F_2 = \begin{cases} 1 & \theta > \theta_{cr} \\ \dfrac{\theta - \theta_w}{\theta_{cr} - \theta_w} & \theta_w \leqslant \theta \leqslant \theta_{cr} \\ 0 & \theta < \theta_w \end{cases} \qquad (6-12)$$

其中，$G_{\max}$ 是冠层顶部叶片最大气孔导度，mm/s；Q_h 是冠层顶部可见光通量密度，W/m²；K_Q 是短波辐射消光系数；Q_{50} 是冠层导度达到最大值一半时的可见光通量，W/m²；D 是空气饱和水汽压差，kPa；D_{50} 是冠层导度达到最大值一半时的饱和水汽压差，kPa；θ 是根区土壤含水量，%；θ_w 是凋萎系数，%；θ_{cr} 是临界含水量，%，是水分对植物产生胁迫的土壤含水量临界值，认为等于田间持水量。

6.2.2　具有变化冠层导度的 Penman-Monteith 模型（PMv 模型）

PM 模型可以改写为以下表达式（Ortega-Farias et al.，2006）：

$$ET_{\mathrm{PM}} = \frac{\Delta}{\Delta + \gamma}(R_n - G)\frac{1 + \dfrac{\rho c_p D}{\Delta(R_n - G)r_a}}{1 + \dfrac{\gamma}{\Delta + \gamma}\dfrac{r_c}{r_a}} \qquad (6-13)$$

Monteith（1965）在该公式的基础上引入了临界阻力 r^*，表达式如下（Daudet et al.，1968）：

$$r^* = \frac{\Delta + \gamma}{\Delta \gamma}\frac{\rho c_p D}{(R_n - G)} \qquad (6-14)$$

根据 Rana 等（1997），在 $r_c < r^*$ 的情况下，ET 随风速增加而增加，而当 $r_c > r^*$ 时，ET 随风速增加而减小。将 r^* 带入式（6-13）之后，PM 模型表达式又可改写为：

$$ET_{\mathrm{PM}} = \frac{\Delta}{\Delta + \gamma}(R_n - G)\frac{1 + [\gamma/(\Delta + \gamma)](r^*/r_a)}{1 + [\gamma/(\Delta + \gamma)](r_c/r_a)} \qquad (6-15)$$

r_c/r_a 与 r^*/r_a 之间存在直线关系（Katerji et al.，1983）：

$$r_c/r_a = a(r^*/r_a) + b \qquad (6-16)$$

式中，a 与 b 是经验系数。

将式（6-16）带入式（6-15），可得具有变化冠层导度的 PM 模型（PMv 模型）表达式：

$$ET_{\mathrm{PMv}} = \frac{\Delta}{\Delta + \gamma}(R_n - G)\frac{1 + [\gamma/(\Delta + \gamma)](r^*/r_a)}{1 + [\gamma/(\Delta + \gamma)][a(r^*/r_a) + b]} \qquad (6-17)$$

式中所有变量的定义与 PM 模型一致。

6.2.3　Shuttleworth-Wallace 模型（SW 模型）

在 PM 模型的基础上，Shuttleworth 等（1985）推导出双源（裸露土壤和郁闭冠层）模型——SW 模型，该模型可以将土壤蒸发和植被蒸腾分开来进行模拟，表达式如下：

$$ET_{SW} = C_c PM_c + C_s PM_s \qquad (6-18)$$

$$PM_c = \frac{\Delta(R_n - G) + [\rho c_p D - \Delta r_a^c (R_n - G)]/(r_a^a + r_a^c)}{\Delta + \gamma(1 + r_s^c/(r_a^a + r_a^c))} \qquad (6-19)$$

$$PM_s = \frac{\Delta(R_n - G) + [\rho c_p D - \Delta r_a^s (R_n - R_{ns})]/(r_a^a + r_a^s)}{\Delta + \gamma(1 + r_s^s/(r_a^a + r_a^s))} \qquad (6-20)$$

$$D_0 = D + \frac{[\Delta R_n - (\Delta + \gamma)ET]r_a^a}{\rho c_p} \qquad (6-21)$$

$$E_{SW} = \frac{\Delta R_{ns} + \rho c_p D_0/r_a^s}{\Delta + \gamma(1 + r_s^s/r_a^s)} \qquad (6-22)$$

$$T_{SW} = \frac{\Delta(R_n - R_{ns}) + \rho c_p D_0/r_a^c}{\Delta + \gamma(1 + r_s^c/r_a^c)} \qquad (6-23)$$

$$C_c = \frac{1}{1 + R_c R_a/[R_s(R_c + R_a)]} \qquad (6-24)$$

$$C_s = \frac{1}{1 + R_s R_a/[R_c(R_s + R_a)]} \qquad (6-25)$$

$$R_a = (\Delta + \gamma)r_a^a \qquad (6-26)$$

$$R_s = (\Delta + \gamma)r_a^s + \gamma r_s^s \qquad (6-27)$$

$$R_c = (\Delta + \gamma)r_a^c + \gamma r_s^c \qquad (6-28)$$

其中，ET_{SW} 为 SW 模型模拟实际蒸散量，$MJ \cdot m^{-2} \cdot d^{-1}$，其中蒸腾和蒸发量分别为 E_{SW} 和 T_{SW}（$MJ \cdot m^{-2} \cdot d^{-1}$）；$PM_c$ 和 PM_s 分别为郁闭冠层和裸露土壤条件下的蒸散量，$MJ \cdot m^{-2} \cdot d^{-1}$，$C_c$ 和 C_s 是相应的比例系数；T_{SW} 和 E_{SW} 计算的分别为植被蒸腾量和棵间土壤蒸发量；R_s、R_c、R_a 为中间变量，无确切含义；D_0 为冠层高度处饱和水汽压差，kPa；r_s^c 是冠层边界层阻力，m/s；r_a^c 是冠层到冠层内部的空气动力学阻力，m/s；r_a^a 是从参考高度到冠层通量平均高度的空气动力学阻力，m/s；r_a^s 是从冠层通量平均高度到地表的空气动力学阻力，m/s；r_s^s 是地表阻力，m/s。R_{ns} 是到达地表的净辐射，$MJ \cdot m^{-2} \cdot d^{-1}$，按下式计算：

$$R_{ns} = R_n \exp(-KLAI) \qquad (6-29)$$

式中，K 为消光系数。

6.2.3.1　冠层边界层阻力

冠层边界层阻力 r_s^c 与环境因子有关，是冠层导度 g_x 的倒数，按如下公式计算（Leuning et al.，2008；Zhu et al.，2013）：

$$g_x = \frac{G_{max}}{K_Q} \ln\left[\frac{Q_h + Q_{50}}{Q_h \exp(-K_Q LAI) + Q_{50}}\right]\left[\frac{1}{1 + D/D_{50}}\right] F_2 \qquad (6-30)$$

式中 F_2 计算方法及相关变量定义与公式（6-12）一致。

6.2.3.2　空气动力学阻力

冠层空气动力学阻力 r_a^c 用如下公式计算（Shuttleworth et al.，1985）：

$$r_a^c = \frac{r_b}{2LAI} \tag{6-31}$$

$$r_b = \frac{100}{n}\left(\frac{w}{u_h}\right)^{\frac{1}{2}}\left[1-\exp(-n/2)\right]^{-1} \tag{6-32}$$

$$n = \begin{cases} 2.5, & h_c \leqslant 1 \\ 2.306+0.194h_c, & 1 < h_c < 10 \\ 4.25, & h_c \geqslant 10 \end{cases} \tag{6-33}$$

式中，u_h 是冠层高度处的风速，m/s；w 是典型叶宽，m，在落叶植被中其值等于最大叶宽，本研究中最大叶宽为 6 cm（Farahani，1995）；n 是涡流扩散衰减常数；h_c 是平均冠层高度，m，本研究中平均冠层高度为 2 m。

基于梯度扩散理论，空气动力学阻力 r_a^s 和 r_a^a 由风轮廓线和涡动扩散系数共同决定，涡动扩散系数在冠层内呈指数衰减，通过将涡动扩散系数从地表积分到冠层通量平均高度，再从冠层通量平均高度积分到参考高度可获得 r_a^s 和 r_a^a 的表达式（Shuttleworth et al.，1990；Zhou et al.，2006）：

$$r_a^s = \frac{h_c\exp(n)}{nk_h} \times \left\{\exp\left(-\frac{nZ_{0g}}{h_c}\right) - \exp\left[-\frac{n(Z_0+d_p)}{h_c}\right]\right\} \tag{6-34}$$

$$r_a^a = \frac{1}{ku_*}\ln\left(\frac{Z_a-d_0}{h_c-d_0}\right) + \frac{h_c}{nk_h}\left\{\exp\left[n\left(1-\frac{Z_0+d_p}{h_c}\right)\right]-1\right\} \tag{6-35}$$

$$k_h = ku_*(h_c-d_0) \tag{6-36}$$

$$u_* = ku_a / \ln\left(\frac{Z_a-d_0}{z_0}\right) \tag{6-37}$$

$$d_0 = \begin{cases} h_c-Z_{0c}/0.3, & LAI \geqslant 4 \\ 1.1h_c\ln[1+(c_dLAI)^{1/4}], & LAI < 4 \end{cases} \tag{6-38}$$

$$Z_0 = \min[0.3(h_c-d_0), Z_{0g}+0.3h_c(c_dLAI)^{0.5}] \tag{6-39}$$

$$Z_{0c} = \begin{cases} 0.13h_c, & h_c \leqslant 1 \\ 0.139h_c-0.009h_c^2, & 1 < h_c < 10 \\ 0.05h_c, & h_c \geqslant 10 \end{cases} \tag{6-40}$$

$$c_d = \begin{cases} 1.4\times10^{-3}, & h_c = 0 \\ [-1+\exp(0.909-3.03Z_{0c}/h_c)]^4/4, & h_c > 0 \end{cases} \tag{6-41}$$

式中，Z_a 是参考高度，本研究中为 4 m；u_a 是参考高度处的风速，m/s；c_d 是单位叶片的阻力系数；k_h 是涡动扩散系数，m²/s；Z_{0g} 是地表粗糙度，m，在林地里取值 0.02 m；u_* 是摩擦速度，m/s。

6.2.3.3 地表阻力

地表阻力 r_s^s 指水汽从土壤内部气化到空气中时在土壤表面遇到的阻力，它与土壤表层含水量 θ_s 关系十分密切，本研究中认为 0～20 cm 土层的土壤含水量为 θ_s，按照如下公式计算地表阻力 r_s^s（Anadranistakis et al.，2000；Field，1983）：

$$r_s^s = rss_{min} \times \left[2.5\left(\frac{\theta_F}{\theta_s}\right)-1.5\right] \tag{6-42}$$

其中，rss_{min} 是最小地表阻力，m/s；θ_F 是田间持水量，%。

6.3 贝叶斯模型参数率定及不确定性分析

6.3.1 贝叶斯理论

相对于经典统计理论将模型参数作为未知常数，在贝叶斯统计理论中，所有未知参数都被看作随机变量，其分布由已知数据推导得出（Borsuk et al.，2001）。因此，贝叶斯理论的基本原理是通过一系列的实测数据和参数的先验概率信息，将反推问题与前推问题相关联（Zhu et al.，2013）。贝叶斯概率反演的通用表达式如下（Hill，1974）：

$$p(\theta \mid Z) = \frac{\pi(Z \mid \theta)p(\theta)}{\int \pi(Z \mid \theta)p(\theta)\mathrm{d}\theta} \propto p(Z \mid \theta)p(\theta) \qquad (6-43)$$

式中，$p(\theta)$ 是先验密度函数（PDF），代表参数 θ 的先验信息；$\pi(Z \mid \theta)$ 是用于拟合特定参数系列的似然函数，反映数据对参数识别的影响；$\int \pi(Z \mid \theta)p(\theta)\mathrm{d}\theta$ 是 Z 个观测值的概率；$p(\theta \mid Z)$ 是参数 θ 的后验结果。

6.3.2 概率蒸散模型

本研究中三个蒸散模型参数用贝叶斯方法率定（Bayes et al.，1763），涉及的参数具体是：PM 模型包括 D_{50}、Q_{50}、G_{max} 和 K_Q，PMv 模型包括 a 和 b，SW 模型包括 D_{50}、Q_{50}、G_{max}、K、K_Q 和 rss_{min}。它们作为参数向量 β 的组成部分，先验信息见表 6-2。

表 6-2　Shuttleworth-Wallace 模型（SW）、Penman-Monteith 模型（PM）和具有变化冠层导度的 Penman-Monteith 模型（PMv）的参数先验分布和区间

模型	参数	单位	先验分布		
			下限	上限	参考文献
SW	D_{50}	kPa	0.5	3	Zhu 等（2013）
	Q_{50}	W/m^2	10	50	Zhu 等（2013）
	G_{max}	mm/s	0	50	Kelliher 等（1995）
	K	—	0	1	Zhu 等（2013）
	K_Q	—	0	1	Zhu 等（2013）
	rss_{min}	s/m	1	150	Camillo 等（1986）
PM	D_{50}	kPa	0.5	3	Leaning 等（2008）
	Q_{50}	W/m^2	10	50	Leaning 等（2008）
	G_{max}	mm/s	0	50	Kelliher 等（1995）
	K_Q	—	0	1	Li 等（2008）
PMv	a	—	0	10	Campbell 等（1999）
	b	—	0	10	Campbell 等（1999）

假设模型误差（模拟值 S 与实测值 O 之间的差异）独立、服从方差（σ^2）为未知常数的正态分布、均值为 0（Svensson et al.，2008；Van Oijen et al.，2005），包含 n 个观

测值的实测数列似然函数表达式如下（Zhu et al.，2013）：

$$P(O \mid \beta, \sigma^2) \propto \sigma^{-n} \prod_{i=1}^{n} \exp\left\{ -\frac{[O_i - S(x_i, \beta)]^2}{2\sigma^2} \right\} \qquad (6-44)$$

其中，O_i 是第 i 个蒸散实测值（$i=1$，2，…，n），x_i 是模型输入向量，$S(x_i, \beta)$ 是参数向量 β 下模型输出值，σ 是模型误差的标准差。

假设需要率定的参数先验分布为均匀分布，无信息先验分布可表达为（Zhu et al.，2013）：

$$P(\beta, \sigma^2) \propto \frac{1}{\sigma^2} \qquad (6-45)$$

利用上述先验信息，联合后验分布如下：

$$P(\beta, \sigma^2 \mid O) \propto \sigma^{-(n+2)} \prod_{i=1}^{n} \exp\left\{ -\frac{[O_i - S(x_i, \beta)]^2}{2\sigma^2} \right\} \qquad (6-46)$$

后验分布抽样采用基于 Gibbs 抽样的马尔科夫—蒙特卡罗（MCMC）方法，通过软件 WinBUGS（全称为 Windows version of Bayesian Updating using Gibbs Sampler）实现（Lunn et al.，2000），共运行三条平行的 MCMC 链，为了减弱链的自相关现象，每 20 次迭代后评估一次链的收敛性，并在需要的时候酌情减少链数。100 000 次迭代之后获得参数后验分布结果。

为了阐释模型参数的时间尺度效应，本研究里对三个模型的参数在日尺度和小时尺度上分别进行率定，考虑到部分参数在枣树不同生育期里有取值变化的可能性，每个时间尺度下对 SW 和 PM 模型参数在萌芽展叶期、开花坐果期、果实膨大期和果实成熟期分别进行率定，而 PMv 模型参数主要根据土壤含水量发生变化，故对该模型在 $\theta \leqslant 7\%$、$7\% < \theta \leqslant 9\%$、$9\% < \theta \leqslant 11\%$ 和 $\theta > 11\%$ 四种不同的土壤水分条件下分别率定参数。

6.4　模型模拟效果评价指标

为了评价三个蒸散模型模拟的可行性，根据的方法，本研究采用三个统计指标将模拟值与实测值进行对比检验——平均相对误差（MAE，%）、决定系数（R^2）和威尔莫特一致性系数（D）。模型精度可靠的标准为 R^2 和 D 大于 0.8，同时 MAE 小于 20%，三个指标计算式如下（De Jager，1994）：

$$MAE = \frac{(1/N) \sum_{i=1}^{N} |P_i - O_i|}{O} \times 100 \qquad (6-47)$$

$$D = 1 - \frac{\sum_{i=1}^{N} (P_i - O_i)^2}{\sum_{i=1}^{N} (|P_i - O_i| + |O_i - O|)^2} \qquad (6-48)$$

$$R^2 = \frac{\sum_{i=1}^{N} (P_i - O)^2}{\sum_{i=1}^{N} (O_i - O)} \qquad (6-49)$$

式中，P_i 和 O_i 分别代表第 i 个模拟值和实测值，O 是实测值平均值，N 是数据数量。

本研究也选取了三个统计指标来评价三个模型不确定性区间的优良性：覆盖率（CR，％，指模型不确定性区间覆盖实测数据的比率，值越大表示预测区间越优良）、平均带宽（B，在保证较高的覆盖率的前提下，对于特定的置信水平，平均带宽越窄越好）和平均偏移幅度（DA，衡量不确定性区间的中心线偏离实测曲线的程度，理论上来讲，偏移幅度越小表示不确定性区间的对称性越好）。其计算公式如下（董磊华等，2011）：

$$CR = \frac{n}{N} \times 100 \qquad (6-50)$$

$$B = \frac{1}{N} \times \sum_{i=1}^{N}(Piu - Pil) \qquad (6-51)$$

$$DA = \frac{1}{N} \times \sum_{i=1}^{N}\left|\frac{1}{2}(Piu + Pil) - O_i\right| \qquad (6-52)$$

式中，N 和 n 分别表示实测数据和被不确定性区间覆盖的实测数据数量；Piu 和 Pil 分别表示第 i 个实测值对应的模型不确定性区间的上下边界值；O_i 是第 i 个实测值，mm/d。

6.5　研究期枣树生长阶段环境因子动态

2012—2014 年生育期里枣园的关键环境因子动态见图 6-2。黄土高原地区降雨主要集中在 7—9 月，且年际变化很大（Huang et al.，2008）。2012—2014 年生育期降水量分别为 449、491、312 mm，其中 7—9 月降水量分别为 291、401、236 mm，分别占生育期降水量的 64.81％、81.67％、75.64％。试验期间虽然时有降雨，但多日连续干燥的情况普遍，使得土壤含水量在两次明显降雨之间呈逐渐下降趋势，在降雨后又得到不同程度的补充，表层土壤含水量生育期内波动尤为明显。2012 年生育期内 0～20 cm 和 0～1 m 土层平均土壤含水量分别为 8.10％和 7.60％，在相对湿润的 2013 年分别为 9.32％和 8.48％，由于 2014 年降水量偏少，土壤含水量明显下降，分别为 7.12％和 7.76％。

2012—2014 年生育期里地表以上 4 m 高度处的风速日变化范围很接近，分别为 0～1.04 m/s、0.1～1.4 m/s 和 0.2～1.14 m/s，但是 2012 年波动最为剧烈，生育初期风速较高，6 月结束之后快速走低，7—10 月日均风速小于 0.2 m/s，该年生育期平均风速为 0.17 m/s。而 2013 年和 2014 年生育期里日平均风速波动较为平缓，平均值分别为 0.60 m/s 和 0.61 m/s，明显高于 2012 年的值。三年里日平均太阳辐射 R_s 和饱和水汽压差 VPD 生育期动态很相似，前期值稍高而后期稍低，峰值出现在 5 月末至 6 月中旬。2012—2014 年生育期里日 R_s 波动范围分别为 16.97～360.79 W/m²、24.37～303.87 W/m² 和 17.76～318.60 W/m²，平均值分别为 235.37、194.76 和 202.46 W/m²；VPD 波动范围分别为 0.08～2.99 kPa、0～3.08 kPa 和 0～2.19 kPa，平均值分别为 1.39、1.02、0.87 kPa。作为反映气象条件的综合指标，参考蒸发蒸腾量 ET_0 的值在 2012 年生育期里总体高于 2013 年和 2014 年（平均值分别为 2.43、3.03、3.04 mm/d），说

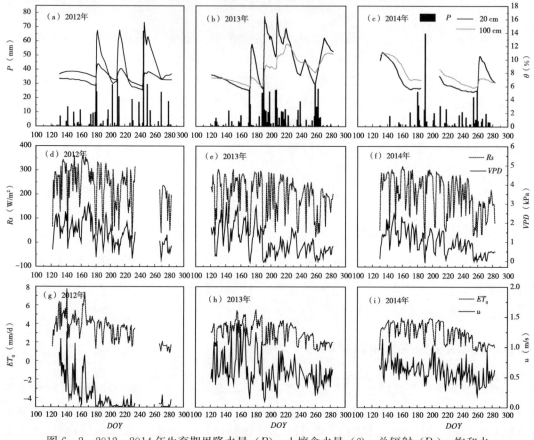

图 6-2　2012—2014 年生育期里降水量（P）、土壤含水量（θ）、总辐射（R_s）、饱和水
汽压差（VPD）、参考蒸发蒸腾量（ET_0）和 4 m 高度处风速（u）动态

明 2012 年大气蒸发力较强。

6.6　模型参数后验分布

以小时尺度数据为例，图 6-3 绘出 PM 和 SW 模型果实成熟期，以及 PMv 模型在 $\theta < 7\%$ 土壤水分条件下 MCMC 链的收敛情况，虽然三条 MCMC 链里 β 和初始取值不同，但经过迭代之后达到稳定的收敛状态。

同样以小时尺度数据为例，图 6-4 为 PM 和 SW 模型果实成熟期，以及 PMv 模型在 $\theta < 7\%$ 土壤水分条件下参数 β 和方差 σ 的自相关函数。图里 β 和自相关函数快速趋近于 0，说明三个模型里率定参数之间没有显著的互相关性。

图 6-5 是各模型参数的后验概率密度图，同样是小时尺度，以 PM 模型和 SW 模型果实成熟期以及 PMv 模型 $\theta < 7\%$ 土壤水分条件为例。而图 6-6 和图 6-7 分别绘出日尺度和小时尺度下三个模型参数在不同生育期或不同土壤水分条件下的平均值和 95% 置信区间。从这三个图里可以清晰看出各参数的边际分布的分散性和对称性（Lehuger et al.，

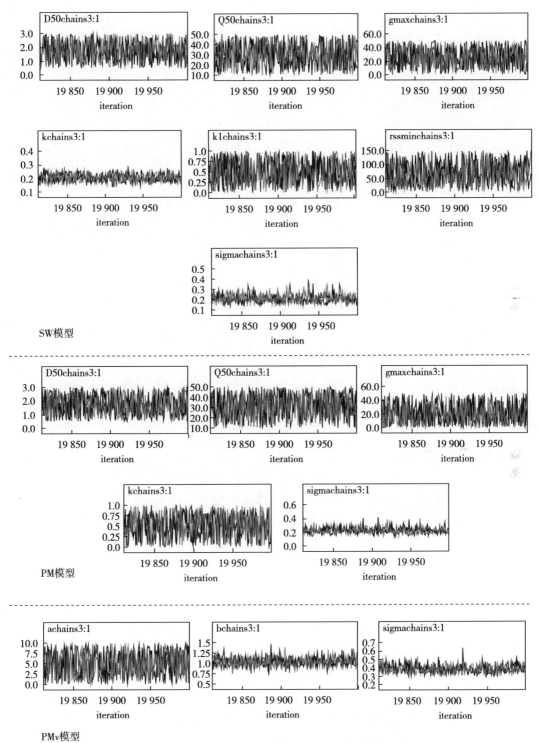

图 6-3　小时尺度模型参数马尔科夫—蒙特卡罗链收敛情况

注：SW 和 PM 模型以果实成熟期为例，PMv 模型以 $\theta < 7\%$ 土壤水分条件为例。

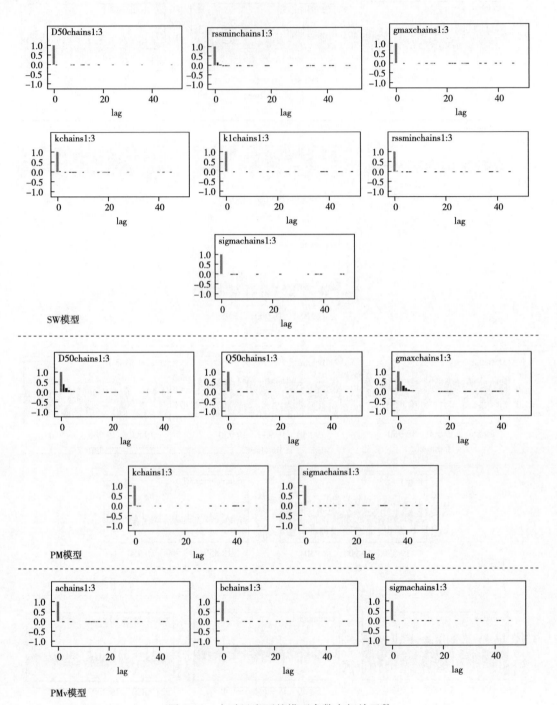

图 6-4 小时尺度下的模型参数自相关函数

注：SW 和 PM 模型以果实成熟期为例，PMv 模型以 0<7%土壤水分条件为例。

2009)，图6-6和图6-7还可以清晰对比各模型参数对季节和土壤水分的依赖性大小，具体数据见表6-3。

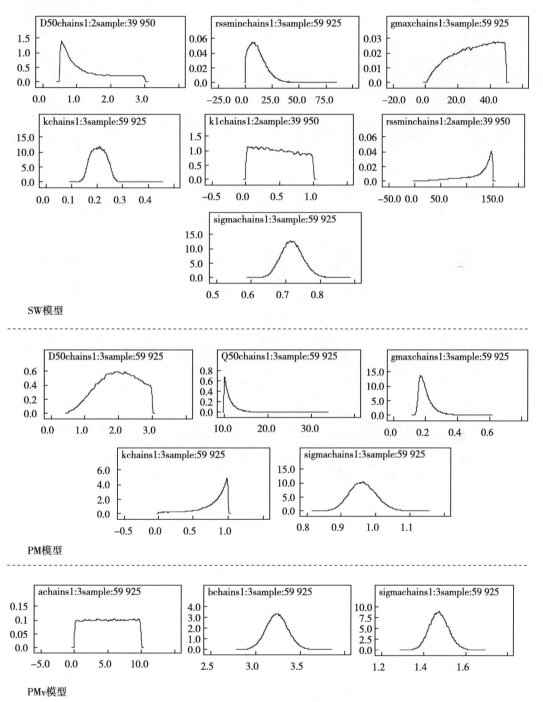

图6-5　小时尺度下模型参数后验分布

注：SW和PM模型以果实成熟期为例，PMv模型以0＜7%土壤水分条件为例。

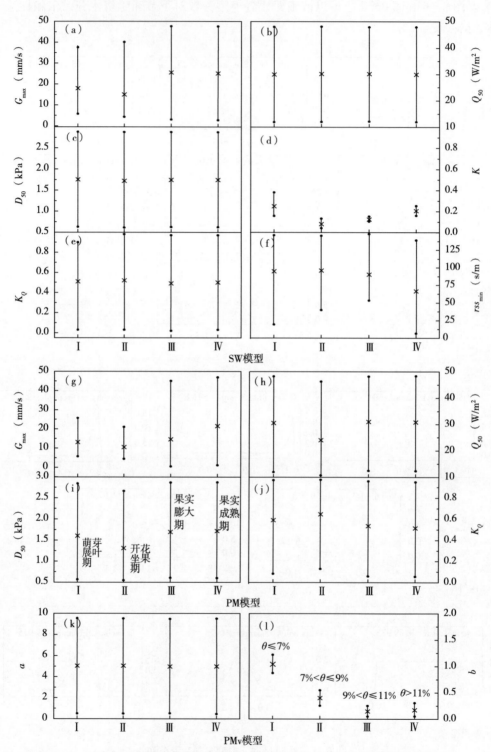

图 6-6　2013 年三个模型日尺度参数后验分布平均值（×）和 95％置信区间（·）

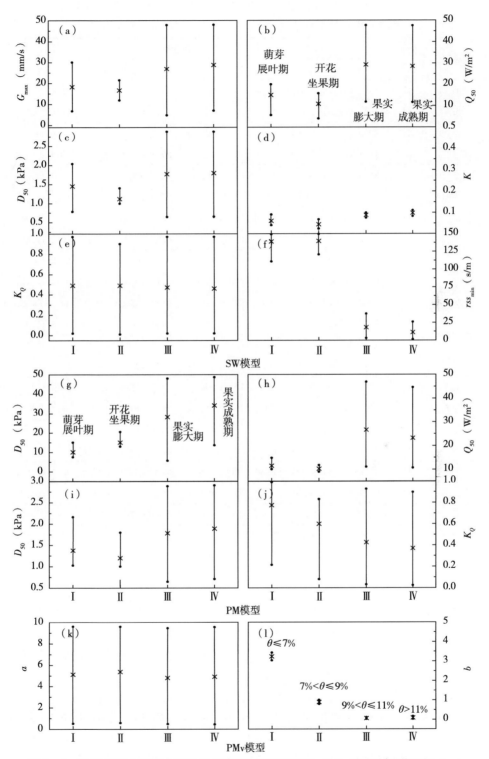

图 6-7 2013 年三个模型小时尺度参数后验分布平均值（×）和 95% 置信区间（·）

表 6-3　2013 年日尺度和时尺度下各生育期 SW 和 PM 模型，以及不同土壤水分

条件下 PMv 模型参数后验分布（包含平均值和 95％置信区间）

模型	参数	时间尺度	后验分布			
			萌芽展叶期	开花坐果期	果实膨大期	果实成熟期
SW	D_{50} (kPa)	日	1.76 (0.56, 2.94)	1.68 (0.55, 2.93)	1.75 (0.56, 2.94)	1.75 (0.56, 2.94)
		时	1.61 (0.53, 2.15)	0.56 (0.50, 0.72)	1.78 (0.57, 2.94)	1.80 (0.58, 2.94)
	Q_{50} (W/m²)	日	29.9 (11.0, 48.9)	30.4 (11.1, 49.1)	29.9 (11.0, 48.9)	30.0 (11.0, 48.9)
		时	18.7 (5.06, 25.2)	10.7 (10.02, 12.8)	29.1 (10.9, 48.8)	28.4 (10.7, 48.8)
	G_{max} (mm/s)	日	25.5 (5.80, 38.5)	20.5 (4.03, 40.16)	25.5 (3.0, 47.8)	25.1 (2.71, 48.7)
		时	23.3 (6.04, 30.0)	16.9 (10.8, 21.5)	27.9 (4.11, 48.8)	29.5 (5.28, 49.0)
	K	日	0.21 (0.10, 0.38)	0.08 (0.03, 0.14)	0.12 (0.10, 0.16)	0.21 (0.15, 0.26)
		时	0.03 (0.01, 0.09)	0.04 (0.01, 0.07)	0.09 (0.07, 0.10)	0.10 (0.08, 0.11)
	K_Q	日	0.50 (0.03, 0.92)	0.53 (0.03, 0.98)	0.50 (0.03, 0.97)	0.50 (0.03, 0.97)
		时	0.49 (0.02, 0.97)	0.47 (0.01, 0.90)	0.47 (0.02, 0.97)	0.47 (0.02, 0.97)
	rss_{min} (s/m)	日	100.1 (15.4, 148)	90.3 (32.6, 146)	112.1 (39.5, 149)	66.2 (3.30, 144)
		时	130.4 (97.7, 149)	138.6 (111, 149)	19.46 (4.20, 38.2)	9.13 (0.46, 24.4)
PM	D_{50} (kPa)	日	1.59 (0.54, 2.91)	1.32 (0.52, 2.85)	1.70 (0.55, 2.93)	1.74 (0.56, 2.94)
		时	2.16 (1.01, 2.96)	0.59 (0.50, 0.83)	1.77 (0.57, 2.94)	1.85 (0.69, 2.90)
	Q_{50} (W/m²)	日	29.7 (10.8, 49.1)	28.5 (10.7, 48.9)	30.7 (11.2, 49.1)	30.4 (11.0, 49.1)
		时	11.3 (10.0, 15.6)	10.3 (10.0, 11.1)	28.1 (10.7, 48.8)	25.7 (10.5, 48.2)
	G_{max} (mm/s)	日	13.1 (5.70, 25.7)	10.6 (4.33, 21.0)	20.1 (1.14, 48.3)	22.0 (0.70, 48.5)
		时	10.1 (7.15, 15.3)	15.05 (13.0, 20.5)	27.5 (3.04, 48.9)	32.5 (13.6, 48.7)
	K_Q	日	0.58 (0.04, 0.98)	0.56 (0.04, 0.98)	0.52 (0.03, 0.98)	0.51 (0.03, 0.98)
		时	0.73 (0.21, 0.99)	0.63 (0.08, 0.83)	0.46 (0.02, 0.96)	0.41 (0.02, 0.90)
PMv			$\theta \leqslant 7\%$	$7\% < \theta \leqslant 9\%$	$9\% < \theta \leqslant 11\%$	$\theta > 11\%$
	a	日	4.97 (2.30, 9.75)	5.11 (2.50, 9.57)	4.59 (2.42, 9.75)	4.99 (2.47, 9.52)
		时	4.99 (0.24, 9.76)	5.03 (0.25, 9.76)	5.01 (0.25, 9.76)	4.90 (0.24, 9.55)
	b	日	1.03 (0.83, 1.25)	0.40 (0.22, 0.58)	0.19 (0.04, 0.36)	0.17 (0.05, 030)
		时	2.85 (2.57, 3.13)	0.38 (0.26, 0.48)	0.09 (0.01, 0.19)	0.09 (0.02, 0.17)

与先验分布区间相比较，部分参数如 SW 模型里的 K 和 rss_{min}、PM 模型里的 G_{max} 和 PMv 模型里的 b，经过 MCMC 方法得到了非常好的率定，后验分布对称性良好且 95％置信区间较窄，随生育期或土壤水分条件有明显变化，说明率定过程大幅度减小了这些参数的不确定性。但是对于其他参数，如日尺度下 SW 模型里的 G_{max}、Q_{50}、D_{50} 和 K_Q，以及 PM 模型里的 Q_{50}、D_{50} 和 K_Q，PMv 模型里的 a，它们的 95％后验区间较宽，且在不同生育期或不同土壤水分条件下均值及 95％置信区间几乎没有变化，尤其是 SW 模型里的 K_Q 和 PMv 模型里的 a，后验分布依然呈均匀分布状态。这些说明以上参数没有得到很理想的率定，因为先验信息不是很充分（Patrick et al.，2009）。

尽管如此，经过后续的模型不确定性分析可知，在低风速情况下（大部分情况）模型不确定性很小，带宽很窄，说明在黄土高原地区的干燥气候条件下三个模型对上述参数并不敏感。

与日尺度相比，小时尺度参数后验置信区间更窄，这是因为小时尺度上观测值数量比日尺度多很多，在大量观测数据下进行率定有利于马尔科夫链在较窄参数区间内收敛，极大地限制了后验参数的不确定性（Reinds et al.，2008）。除了 K_Q 和 a 之外，三个模型的其他参数后验分布在日尺度和小时尺度上差异明显，说明在估算不同时间尺度的蒸散量时应该采用不同的参数序列值，采用同一套参数值同时估算日尺度和小时尺度蒸散量是不合适的。所以研究不同时间尺度下参数取值之间的关联性和内在机制是非常有必要的（Zhu et al.，2013）。

在 SW 模型和 PM 模型里 G_{max} 这个参数在生育期变化很大，日尺度和时尺度上皆如此。萌芽展叶期该参数取值较小，从开花坐果期之后其取值开始不断增大。不同的是，在中国西北胡杨林（Zhu et al.，2011）、位于北温带的美国中北部威斯康星州草地（Ewers et al.，2002）和青藏高原高山草甸（Zhu et al.，2013），G_{max} 这个参数的最大值出现在生育期初的展叶阶段，之后其取值逐渐减小。造成这种差异的一个可能原因是树种不同。另外这也可能是由于环境条件不同引起的，本研究地处黄土高原地区，生育期前段的萌芽展叶期和开花坐果期里由于雨季未到，土壤含水量普遍较低，而干旱胁迫会限制植物气孔开度，从而使得最大气孔导度 G_{max} 取值较低。同样，Poyatos 等（2007）和 Irvine 等（1998）的研究表明，气孔导度与土壤—叶片通路里的水力学导度密切相关，而土壤—叶片通路里的水力学导度会被干旱诱发的栓塞所限制。Sperry 等（1992）对苏格兰松树的研究发现，水分胁迫条件下叶片气孔大幅度关闭，使得土壤—植物路径中的水力学阻力大大增加，防止过度的木质部栓塞发生，当干旱期过后，冠层气孔导度和土壤—植物路径中的水力学阻力都会恢复。

与 G_{max} 相同的生育期变化趋势也存在于时尺度的 D_{50} 和 Q_{50} 里，萌芽展叶期和开花坐果期取值相对较低，SW 模型里均值分别为 1.3 kPa 和 13.5 W/m²，PM 模型里均值分别为 1.3 kPa 和 11 W/m²。之后的果实膨大期和果实成熟期里 SW 和 PM 两个模型里均值分别增大到 1.8 kPa 和 29 W/m² 和 1.85 kPa 和 25 W/m²。然而日尺度上这两个参数取值在生育期里比较稳定，没有发生大的波动，SW 模型里 D_{50} 和 Q_{50} 均值分别为 1.75 kPa 和 30 W/m²，PM 模型里分别为 1.6 kPa 和 29 W/m²。

土壤含水量对 SW 模型里 rss_{min} 和 PMv 模型里 b 的影响也非常明显。与其他相关研究结论相似，本研究中这两个参数在日尺度和时尺度上取值都随着土壤含水量的减少而增大（Rana et al.，1997a；Rana et al.，1997b）。另外，SW 模型里的 K_Q 和 PMv 模型里的 a 是所有参数中仅有的两个同时在日尺度和时尺度上都没有显示出生育期差异的参数，它们的均值分别为 0.5 和 0.45。

初始假设三个模型的参数随生育期或土壤水分条件变化很小，但结果表明，由于生育期过长，加上土壤水分条件随着雨季多变，黄土高原地区枣园蒸散量模拟需要考虑参数随时间或土壤水分条件的变化性。有些研究中蒸散量估算过程里整个生育期采用同一套参数取值，结果被整体低估或高估的情况时有发生（O'Grady et al.，2009；Zhu et al.，

2011；Zhu et al.，2013），因此蒸散模拟里考虑参数取值的生育期或土壤水分条件变化十分有必要。

6.7 日尺度上三个模型模拟效果对比

6.7.1 日尺度三个模型模拟精度对比

三个模型精度评价基于模型参数的最优估计来进行，图6-8里将采用最优参数估计值计算出的日蒸散值与实测蒸散量进行对比，可以看到三个模型模拟的日蒸散量模拟值与实测值之间较好地沿着1：1直线分布，说明模拟效果较可靠，相关的模型精度指标值见表6-4。

在日尺度上大部分前人研究表明SW模拟精度远好于PM模型，尤其是在稀疏植被如果园和森林里（Fisher et al.，2005；Freer et al.，1996；Zhang et al.，2008）。本研究中

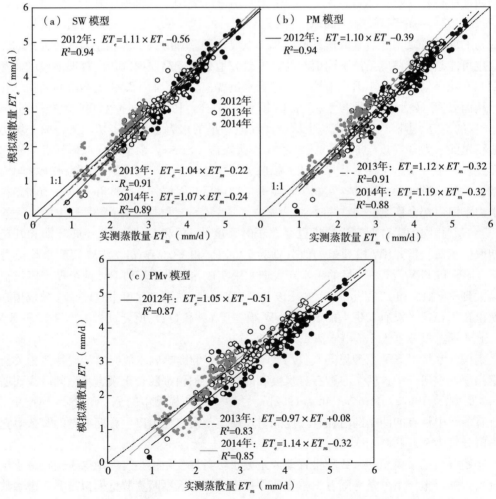

图6-8　2012—2014年SW（a）、PM（b）和PMv（c）模型日尺度蒸散量模拟值（ET_e）与实测值（ET_m）的相关关系，2013年为模型率定年，2012年和2014年为模型检验年

枣园冠层郁闭度小于 40%，属于稀疏种植园，但日尺度上的结果显示 SW 模型与 PM 模型的模拟精度差异很小，这与多数相关研究结论不同，原因可能是本研究采用了贝叶斯方法对模型参数进行了优化。三个模型里 PMv 模型效果相对稍差，它的相对误差 MAE 在率定年 2013 年为 8.49%，在检验年 2012 年和 2014 年分别达到 10.26% 和 17.60%，为三个模型里的最高值；决定系数 R^2 在 2013 年为 0.83，在 2012 年和 2014 年分别为 0.89 和 0.85，为三个模型里的最低值；威尔莫特一致性系数 D 在 2012 年、2013 年和 2014 年分别为 0.86、0.89 和 0.83，也为三个模型里的最小值。原因可能是 PMv 模型里并没有与植物生理直接相关的参数，导致该模型在不同土壤水分条件下的模拟精度不太稳定。但总体来讲，三个模型的模拟精度不管在率定年还是检验年都能满足 De Jager（1994）推荐的模型可靠性标准：$R^2 > 0.8$，$D > 0.8$ 同时 $MAE < 20\%$。

　　对比之前的一项相关研究，卫新东等（2015）在黄土高原枣林里采用传统方法对 SW 和 PM 模型进行率定，结果显示日尺度上 SW 模型能够满足可靠性指标（2012 年和 2013 年 MAE 分别为 10.86% 和 16.67%，D 分别为 0.87 和 0.82，R^2 分别为 0.87 和 0.83），但是 PM 模型不能满足可靠性标准（2012 年和 2013 年 MAE 分别为 15.33% 和 17.94%，D 分别为 0.79 和 0.77，R^2 分别为 0.62 和 0.74）。在本研究里通过贝叶斯参数优化，SW 和 PM 模型对枣园蒸散模拟的精度都有提高，尤其是 PM 模型提高很明显。其中 SW 模型精度指标提高到：2012 年、2013 年和 2014 年 MAE 分别为 5.77%、6.78% 和 15.81%，D 分别为 0.92、0.94 和 0.89，R^2 分别为 0.94、0.94 和 0.89。PM 模型精度指标提高到：2012 年、2013 年和 2014 年 MAE 分别为 5.15%、7.52% 和 17.00%，D 分别为 0.91、0.94 和 0.87，R^2 分别为 0.93、0.94 和 0.88。

6.7.2　日尺度三个模型不确定性区间对比

　　基于贝叶斯参数估计方法下的蒸散估算模型不仅可以获得后验模拟均值，同时也给出了后验概率密度区间。图 6-9、图 6-10 和图 6-11 分别为 SW、PM 和 PMv 模型日尺度蒸散量模拟值与实测值的生育期对比，灰色区间为相应的 95% 不确定性区间。可以看到大部分实测点落入 95% 不确定性区间里，且与模拟均值之间差异在大部分情况下较小。与 Poyatos 等（2007）在松树林、Samanta 等（2007）在糖枫树和 Li 等（2010b）在樱桃园的研究相比较，本研究中不确定性区间明显较窄，可能原因是：其一，本研究采用 Leuning 等（2008）和 Zhu 等（2013）发展的冠层导度 g_s 子模型，该子过程更详细地考虑了环境因子的影响，可能会降低蒸散模型的不确定性；其二，本研究在不同生育期或土壤水分条件下分别率定模型参数，可能也会降低模型的不确定性；其三是研究区风速普遍较低，这一点后续会有所解释。

　　SW 和 PM 模型的 95% 不确定性区间在生育期前段比在生育期后段明显要宽，生育期前段正好对应叶面积快速增长阶段。本研究中叶面积指数 LAI 采用基于空隙分数理论的冠层分析仪测量（Welles et al.，1996），该方法本身包含一些关于叶片空间分布、冠层各部分是否进行光合作用等的假设。另外鱼眼相机拍出的冠层照片需要人为归类，这些都会在很大程度上影响得出的 LAI 数值（Jonckheere et al.，2004；Weiss et al.，2004）。在叶面积较小的阶段，这些过程造成的误差相对较大（Liu et al.，2013），给生育前期的蒸

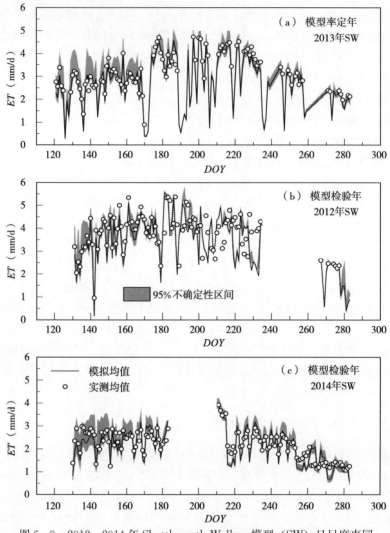

图 6-9 2012—2014 年 Shuttleworth-Wallace 模型（SW）日尺度枣园
蒸散量模拟结果及相应的 95% 不确定性区间与实测值对比

散量模拟带来较大的不确定性，这应该是最为主要的原因，因为 SW 和 PM 模型里输入变量中含有 LAI，而 PMv 模型里并不包含 LAI，对比三个模型的不确定性区间可以看出 SW 和 PM 模型里生育期前段不确定性大于后期的现象更加明显，PMv 模型里虽然也有存在，但不是很明显。除此之外风速也可能是原因之一，从图 6-2 可以看到试验区生育前期风速整体高于后期，尤其 2012 年，风速在三个模型里都是输入变量，故可以推断高风速会给模型带来较大不确定性。研究区常年风速较低，生育前期最高不超过 1.5m/s，后期绝大多数情况下在 1m/s 以下，这也是本研究里不确定区间比其他研究窄的一个重要原因。

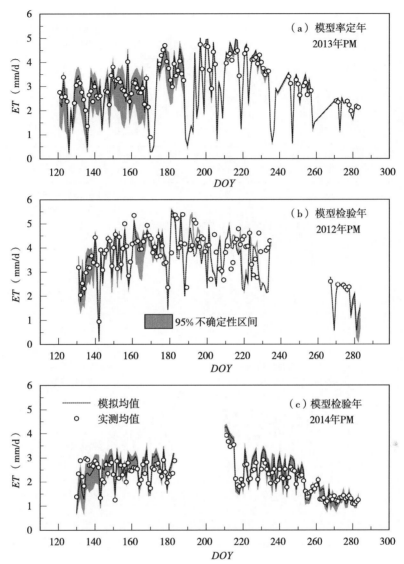

图 6-10　2012—2014 年 Penman-Monteith 模型（PM）日尺度枣园蒸散量
模拟结果及相应的 95％不确定性区间与实测值对比

　　总体上来讲，蒸散量实测点大多数情况下与模拟曲线吻合度挺高，且大部分点都落在
95％不确定性区间内，但是也有一些点落在了 95％不确定性区间之外，但原因并不是模
拟值与实测值距离很远，而是不确定性区间很窄。与环境因子对比之后可知，风速高于
0.75m/s 的情况下 95％不确定性区间较宽，低于该临界值时 95％不确定性区间很窄。根
据 Poyatos 等（2007）的研究，VPD 是影响不确定性区间宽度的主要因子，在日均 VPD
小于 1.5 kPa 的情况下，实测点大多落在不确定性区间之外。这与本研究的结论是相似
的，因为 VPD 是由相对湿度 RH 与气温 T 共同决定的，而风速在很大程度上会影响
RH，也会影响 T。
　　三个模型的 95％不确定性区间的指标值见表 6-4，根据 Li 等（2009）的标准，在保

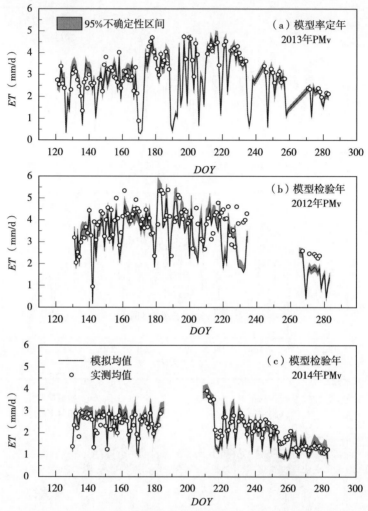

图 6 - 11 2012—2014 年具有变化冠层导度的 Penman-Monteith 模型 (PMv) 日尺度
枣园蒸散量模拟结果及相应的 95% 不确定性区间与实测值对比

证高覆盖率 CR 的前提下，平均偏移幅度 DA 和平均带宽 B 越小表示不确定性区间越优
良，SW 模型的不确定性区间最优，因为它的 CR 最高（率定年 2013 年为 74.17%，检验
年 2012 年和 2014 年分别为 49.99% 和 65.20%），同时 DA 最小（率定年 2013 年为
0.16 mm/d，检验年 2012 年和 2014 年分别为 0.24 mm/d 和 0.17 mm/d），虽然 B 不是最
小，但与其他两个模型差别不大（率定年 2013 年为 0.47 mm/d，检验年 2012 年和 2014
年分别为 0.38 mm/d 和 0.54 mm/d）。PM 模型与 PMv 模型相比，PM 模型的 CR 和 DA
值都更小。

与 6.7.1 的结果结合起来，日尺度上 PMv 模型在三个模型里精度最低且 95% 不确定
性区间优良性最差，但是它的所有指标也都能够满足模型可靠性标准。另外该模型没有其
他两个模型复杂，输入变量较少，率定过程也只有两个参数，因此在条件不具备，只有气
象数据的情况下，推荐使用 PMv 模型，它能够估算出可靠的枣园日蒸散量。在输入量充

足的条件下，日尺度上更推荐 PM 模型估算枣园蒸散量，因为 SW 模型计算复杂很多，但是最终模拟效果比 PM 模型提高不是很大。

表 6-4　2012—2014 年黄土高原枣园生育期日尺度 SW 模型、PM 模型和
PMv 模型模拟精度及 95%不确定性区间评价指标汇总

| 年份 | 模型 | O (mm/d) | 模型模拟精度 | | | | 95%不确定性区间 | | |
			P (mm/d)	MAE (%)	R^2	D	CR (%)	B (mm/d)	DA (mm/d)
模型率定年									
2013	SW	3.23	3.18	6.78	0.94	0.94	74.17	0.47	0.16
	PM	3.23	3.29	7.52	0.94	0.94	59.58	0.40	0.18
	PMv	3.23	3.19	8.49	0.83	0.89	47.85	0.29	0.37
模型检验年									
2012	SW	3.78	3.69	5.77	0.94	0.92	49.99	0.38	0.24
	PM	3.78	3.74	5.15	0.93	0.91	47.96	0.39	0.25
	PMv	3.78	3.56	10.26	0.89	0.86	39.13	0.30	0.33
2014	SW	2.17	2.09	15.81	0.89	0.89	65.20	0.54	0.17
	PM	2.17	2.27	17.00	0.88	0.87	48.60	0.47	0.19
	PMv	2.17	2.16	17.60	0.85	0.83	48.80	0.39	0.20

注：表中 O 是蒸散实测平均值，P 是模拟平均值。R^2、MAE 和 D 分别表示决定系数、平均相对误差、威尔莫特一致性系数；CR、B 和 DA 分别表示模型 95%不确定性区间的覆盖率、平均带宽和平均偏移幅度。

6.8　时尺度上三个模型模拟效果对比

图 6-12、图 6-13、图 6-14 分别绘出了小时尺度上三个模型蒸散量估算值与实测值之间的相关关系，具体拟合结果见表 6-5。小时尺度三个模型模拟精度和 95%不确定性区间评价指标汇总于表 6-6 中。

可以看到率定年 2013 年三个模型模拟精度最好，R^2、MAE 和 D 值在 SW 模型里分别达到 0.92、16.04%和 0.92，在 PM 模型里分别达到 0.96、14.37%和 0.94，在 PMv 模型里分别达到 0.89、18.56%和 0.91。而检验年 2012 年和 2014 年模拟效果明显不如 2013 年，其中 2012 年 R^2、MAE 和 D 值在 SW 模型里分别为 0.87、16.33%和 0.88，在 PM 模型里分别为 0.85、20.70%和 0.86，在 PMv 模型里分别为 0.85、23.95%和 0.83；2014 年 R^2、MAE 和 D 值在 SW 模型里分别为 0.90、15.35%和 0.81，在 PM 模型里分别为 0.88、22.50%和 0.77，在 PMv 模型里分别为 0.80、26.77%和 0.70。模型率定年里三个模型都满足可靠性标准，但检验年里只有 SW 模型能够满足可靠性要求。

为了深入分析模型精度，把枣树生育期划分为两个阶段，第一个阶段为叶面积快速增长阶段，第二个阶段为叶面积增长稳定阶段，对比发现，SW 模型和 PM 模型在这两个生育阶段模拟效果差别很大，而 PMv 模型在这两个生育阶段里模拟效果没有明显差别，根据 Rana 等（1997）的研究，PMv 模型的模拟效果对土壤水分条件的依赖性较大，故按土

壤水分情况对 PMv 模型模拟数据进行归类，分析发现 PMv 模型模拟效果在 $\theta<7\%$、$\theta>9\%$ 和 $7\%\leqslant\theta\leqslant9\%$ 三种土壤水分情况下表现出明显差异。

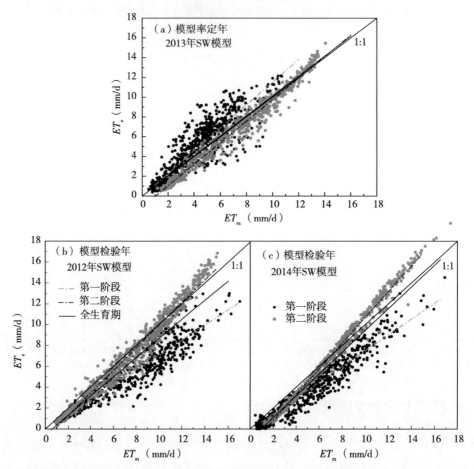

图 6-12　2012—2014 年 SW 模型时尺度蒸散量模拟值（ET_e）与实测值（ET_m）的
相关关系，2013 年为模型率定年，2012 年和 2014 年为模型检验年

　　对于 SW 和 PM 模型来说，不管是率定年还是检验年，第二个生育阶段里模拟值与实测值之间的差异较小，数据点较好地沿 1∶1 直线分布，二者之间的回归线 R^2 值很高（大于 0.90），说明模拟精度较高，PMv 模型里当 $\theta>9\%$ 时也是这样的情况。然而在模型检验年里，SW 和 PM 模型第一个生育阶段，以及 PMv 模型土壤水分状况较差（$\theta<9\%$）的情况下，三个模型对小时尺度的蒸散量有明显的低估趋势，模拟值与实测值数据点整体分布在 1∶1 直线的下方，且比较离散，说明模拟效果不是很理想。就 SW 和 PM 模型而言，可能原因之一是之前提到过的第一个生育阶段叶面积指数测量误差较大，另外一个重要原因可能是 2013 年春天试验区有一场持续十多天的霜冻发生，霜冻期间的低温会破坏植物组织和细胞结构，这在霜冻结束之后的一段时间里会持续抑制酶活性，进而抑制植物蒸腾（Li et al.，2013）。而该年是模型率定年，生育期初始的参数里反映了霜冻在内的信息，当用于没有发生霜冻的 2012 年和 2014 年之后，会使得蒸散量发生低估。类似的现

象在西北石羊河地区的葡萄园里也有发生过（Zhang et al.，2008）。

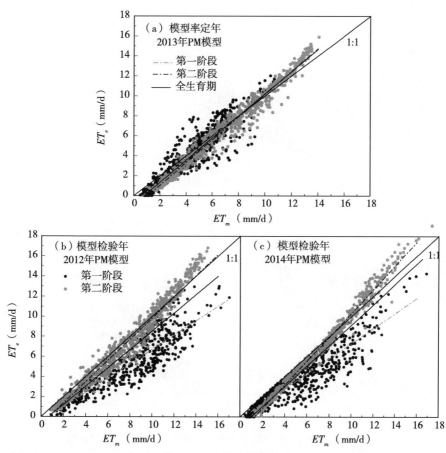

图 6-13　2012—2014 年 PM 模型时尺度蒸散量模拟值（ET_e）与实测值（ET_m）的
相关关系，2013 年为模型率定年，2012 年和 2014 年为模型检验年

与本研究类似，Kato 等（2004）发现虽然 PM 模型在作物生长的早期低估了蒸散量，但是在随后的旺盛生长期估算精度良好。SW 模型对蒸散量产生低估的现象在葡萄园（Ortega-Farias et al.，2010）和春玉米地（Zhu et al.，2014）的研究里也有发现。但是 Zhang 等（2008）和 Ortega-Farias 等（2004）的研究表明 PM 模型明显高估了葡萄园和大豆地的蒸散量，尤其是在晴朗天气的中午时段。SW 模型高估蒸散量的现象也大量存在（Li et al.，2013；Ortega-Farias et al.，2007；Zhang et al.，2008）。可见 SW 模型和 PM 模型对蒸散量的估算精度随植被和气候条件会有所差异。此外研究表明 PMv 模型在番茄地（Ortega-Farias et al.，2006）和大豆田（Rana et al.，1997）土壤水分良好的情况下蒸散量模拟精度更优，该结论与本研究结论一致。

本研究中第一个生育阶段小时尺度蒸散量被整体低估，所以采取适当的方法对模型进行修正，或者寻找更加准确和可靠的蒸散量模拟方法是非常有必要的。可以尝试在模型中嵌入新的参数，如叶水势和叶片温度（Li et al.，2010），或者一些生物化学、水力学相关信息如木质部 ABA 浓度等（Ahmadi et al.，2009）。另外，采取适当的措施对冠层结

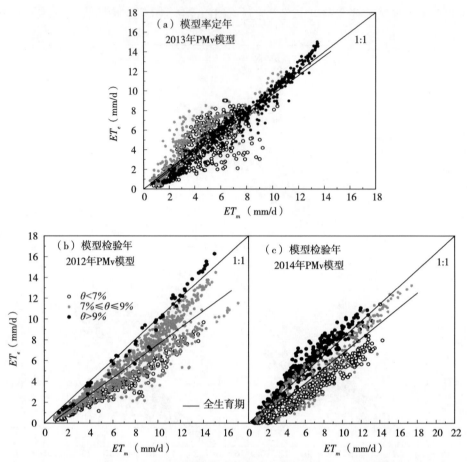

图 6-14 2012—2014 年 PMv 模型时尺度蒸散量模拟值（ET_e）与实测值（ET_m）的相关关系，2013 年为模型率定年，2012 年和 2014 年为模型检验年

构信息进行精细化采集非常有必要（Mcnaughton et al.，1995），尤其是在果园等冠层结构复杂的系统里，冠层结构影响着光环境，而光又是驱动叶片进行蒸腾耗水的重要因子（Barthélémy et al.，2007；Lauri et al.，2006），而且冠层结构的精细化描述有助于更加准确地获得叶面积指数数据。这些方面很有希望提高蒸散模型的精度和可靠性，但是有待证实，因为详细考虑这些过程势必会增加模型复杂程度、参数数量以及输入变量数量，而输入变量的增加也有可能会由于测量误差的累积而降低模型精度（Mackay et al.，2003；Samanta et al.，2007），故探求具有较少参数和较小不确定性且模拟精度高的模型最优结构很有必要。

从表 6-6 可以看出小时尺度上三个模型里 SW 模型具有最优的 95%不确定性区间，CR 值在 2013 年、2012 年、2014 年分别为 48.34%、39.24%、36.77%，B 分别为 0.53、0.75、0.70 mm/d，DA 值分别为 0.80、1.27、1.45 mm/d。PMv 模型的不确定性区间优良度最差，CR 值在三个模型中最低，在 2013 年、2012 年和 2014 年分别为 25.64%、19.91%、19.30%，DA 值最高，分别为 1.01、4.11、3.96 mm/d。与日尺度相比，三个模型不确定性区间在更大带宽范围下对实测点的覆盖率更低。散落在 95%不确定性区间之外的实测点大多数处于白天与黑夜交接的低辐射条件（大多数夜间值 VPD 小于 0.6，这部分数据已排除）或低风速条件。

表 6-5　2012—2014 年黄土高原枣园生育期小时尺度 SW 模型、PM 模型和 PMv 模型模拟值（ET_e）与实测值（ET_m）之间的相关关系

年份	模型	第一阶段拟合方程	第二阶段拟合方程	全生育期拟合方程
模型率定年				
2013	SW	$ET_e=1.15\times ET_m-0.07$ $R^2=0.85$	$ET_e=1.12\times ET_m-1.15$ $R^2=0.97$	$ET_e=1.04\times ET_m+0.01$ $R^2=0.92$
	PM	$ET_e=1.11\times ET_m-0.74$ $R^2=0.88$	$ET_e=1.14\times ET_m-1.23$ $R^2=0.98$	$ET_e=1.25\times ET_m-0.59$ $R^2=0.96$
	PMv	$ET_e=0.98\times ET_m-0.22$　$R^2=0.89$		
模型检验年				
2012	SW	$ET_e=0.75\times ET_m-0.29$ $R^2=0.85$	$ET_e=1.10\times ET_m-0.93$ $R^2=0.96$	$ET_e=0.95\times ET_m-0.34$ $R^2=0.87$
	PM	$ET_e=0.71\times ET_m-0.24$ $R^2=0.84$	$ET_e=1.09\times ET_m-0.95$ $R^2=0.95$	$ET_e=0.91\times ET_m-0.52$ $R^2=0.85$
	PMv	$ET_e=0.83\times ET_m-0.44$　$R^2=0.85$		
2014	SW	$ET_e=0.76\times ET_m-0.09$ $R^2=0.92$	$ET_e=1.24\times ET_m-1.67$ $R^2=0.98$	$ET_e=1.0443\times ET_m-1.01$ $R^2=0.90$
	PM	$ET_e=0.75\times ET_m-0.20$ $R^2=0.84$	$ET_e=1.18\times ET_m-1.54$ $R^2=0.96$	$ET_e=1.01\times ET_m-1.02$ $R^2=0.88$
	PMv	$ET_e=0.88\times ET_m-0.67$　$R^2=0.80$		

注：枣树生育期划分为两个生育阶段，第一个阶段为叶面积快速增长阶段，第二个阶段为叶面积稳定阶段。

　　前人很多研究也表明模型在不同时间尺度上所表现出来的估算精度和不确定性差异明显（Li et al.，2010b；Poyatos et al.，2007；Rana et al.，1997a；Rana et al.，1997b；Samanta et al.，2007）。本研究中基于贝叶斯方法率定的这三个模型在日尺度效果好于小时尺度，原因可能是一天里不同时间段蒸散量有时被低估，有时被高估，但是加和到一天里时，一部分低估和高估的值相互抵消，最终输出与实测值相差不大的日平均蒸散值。此外，树木中存在电容，导致树干液流与叶片蒸腾之间并不完全同步，而是存在时滞效应，一天里的一些时段为了满足大气蒸发力，存储在边材或其他部位的水分会被临时调运到叶片进行蒸腾（Phillips et al.，1997），这部分水分在树干上的茎流计监测不到，妨碍了小时尺度蒸腾量的准确估算。但是植物根部会在接下来的时间里从土壤中吸水，对失水的这部分组织进行储水补充，当扩大到日尺度上时，电容引起的组织暂时失水与后续的组织储水补充抵消，对日尺度耗水量模拟影响相对来说较小。

　　综上所述，时尺度上三个模型里只有 SW 模型能够在率定年和检验年同时满足可靠性标准，而且它的 95% 不确定性区间比 PM 和 PMv 模型优良，基于高精度和低不确定性，

推荐使用 SW 模型估算黄土高原地区矮化雨养枣园小时尺度的蒸散量。

表 6-6　2012—2014 年黄土高原枣园生育期时尺度 SW 模型、PM 模型和
PMv 模型模拟精度及 95%不确定性区间评价指标汇总

年份	模型	O (mm/d)	模型模拟精度				95%不确定性区间		
			P (mm/d)	MAE (%)	R^2	D	CR (%)	B (mm/d)	DA (mm/d)
模型率定年									
2013	SW	5.34	5.39	16.04	0.92	0.92	48.34	0.53	0.80
	PM	5.34	5.15	14.37	0.96	0.94	39.90	0.88	0.76
	PMv	5.34	5.22	18.56	0.89	0.91	25.64	0.40	1.01
模型检验年									
2012	SW	7.36	6.51	16.33	0.87	0.88	39.24	0.75	1.27
	PM	7.36	6.32	20.70	0.85	0.86	28.69	0.69	1.41
	PMv	7.36	5.88	23.95	0.85	0.83	19.91	0.35	4.11
2014	SW	5.08	4.30	15.35	0.90	0.81	36.77	0.70	1.45
	PM	5.08	3.99	22.50	0.88	0.77	30.51	0.62	1.69
	PMv	5.08	3.72	26.77	0.80	0.70	19.30	0.41	3.96

注：表中 O 是蒸散实测平均值，P 是模拟平均值。R^2、MAE 和 D 分别表示决定系数、平均相对误差、威尔莫特一致性系数；CR、B 和 DA 分别表示模型 95%不确定性区间的覆盖率、平均带宽和平均偏移幅度。

6.9　小结

（1）与先验分布相比，贝叶斯参数率定方法减小了模型参数的不确定性，其中有些参数后验取值会随生育期或土壤水分条件的变化而变化。日尺度和时尺度模型参数后验分布差异明显，因此，对于长期蒸散量模拟，应该考虑季节、土壤水分条件及时间尺度效应对模型输出结果的影响。

（2）在日尺度上，三个模型于率定年（2013 年）和检验年（2012 年、2014 年）都能满足模型可靠性标准，且 95%不确定性区间较为优良。由于模拟精度可靠且对输入变量要求较少，在只有气象数据的情况下，推荐使用 PMv 模型估算该区枣园日蒸散量。在测量数据充分的条件下，SW 模型和 PM 模型都可使用，SW 模型结构比 PM 模型复杂，但二者模拟效果差异很小，故优先推荐采用 PM 模型，当然，如果有需要将蒸腾量和蒸发量分开，SW 模型最为合适。

（3）三个模型在时尺度上模拟效果次于日尺度，其中，SW 和 PM 模型误差主要来源于生育期前期第一阶段，PMv 模型误差主要来源于土壤水分较差（$\theta < 9\%$）的情况。在模型率定年（2013 年），三个模型都能满足模型可靠性标准，但是在检验年（2012 年和2014 年）只有 SW 模型能够满足可靠性要求。基于估算精度和不确定性，优先推荐采用SW 模型模拟小时尺度枣园蒸散量。

第7章 枣林地蒸散的测定方法优化

枣林地蒸散包括土壤水分蒸发和枣树蒸腾耗水两部分，枣林地蒸散除了受气象因子、土壤水分状况和立地条件等综合影响外，还与测定方法有关，可以说枣林地蒸散量精确测定难度较大。本章以黄土丘陵枣林为研究对象，通过对枣林蒸腾和土壤水分长期定位监测试验，探讨一些提高枣林地蒸散估算的方法，获得以下结果：①不同方位探针和不同深度探针监测树干液流结果间均存在差异，利用在树干北侧和深度为 20 mm 的 TDP 监测值计算生育期耗水量较为准确；②茎直径微变化仪可根据土壤环境和天气条件准确地测定植被的生长变化情况；③利用中子管水分测定仪测定土壤水分含量之前，必须要对其进行标定，针对中子仪表层测量精度低的特点，采用分层标定的方法更能准确反映林地土壤水分。该研究为蒸散量的准确测定提供了可参考的方法，对于掌握枣树蒸散规律和对其过程进行有效的调控，实现生态经济林（枣林）的可持续经营均具有重要的意义。

7.1 研究方法

试验于 2014 年 5 月至 10 月在陕西省米脂县远志山山地红枣试验示范基地进行，试验树种为 7 a 生嫁接梨枣树，株行距为 2 m×3 m。选取长势相近的 6 棵树，分为两组，3 棵一组。其中一组在树干的东、西、南、北四个方位分别安装 20 mm 的 TDP，用于监测不同方位的树干液流（图 7-1）；另一组在树干北侧沿径向分别安装 5 mm、10 mm 和 20 mm 的 TDP，用于监测不同深度的树干液流（图 7-2）。在树干距离地面 20 cm 高处刮掉长 10 cm、宽 3 cm 的树皮后，用配套钻头在该处钻上下垂直的两个孔，距离为 5 cm，插入探针后用防辐射铝箔塑纸包裹上下 30 cm，防止太阳照射引起探针测量误差，然后连接到 RR-2048 型数据采集器，监测系统每 10 min 自动记录一次数据平均值，每 10 d 收集一次数据。

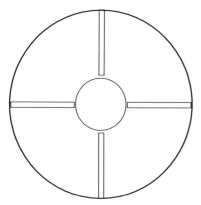
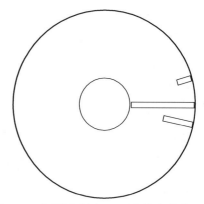

图 7-1 不同方位 TDR 探针安装截面示意 　　图 7-2 不同径向深度 TDR 探针安装截面示意

7.2 探针式茎流计

7.2.1 探针式茎流计工作原理

探针式茎流计由一对热消散探针组成，安装时将探针上下相隔 $10\sim15$ cm 插入树木的边材中，上方的探针缠绕电阻丝，供直流电加热时下方探针不加热，保持与周边木材组织的温度相同，根据两探针的温差变化反映树木的液流密度。

茎流计采用热耗散传感器原理，包括四个探针。第一个和第二个探针插入茎秆上下不同部位，上部探针用恒定电流加热，两个探针之间形成温差。水流上升时，带走热量，两个探针之间温差变小。温差和茎流之间具有函数关系，通过测量温差算出茎流。第三个和第四个探针测量茎秆纵向温度梯度，用以修改和第二个探针之间非茎流带来的温差。

采用 Granier（1987）经验公式计算树干液流速率，见式（4-1）和式（4-2）。单位时间的茎流量 Q 公式见式（4-3），蒸腾量（transpiration，T，mm/h）为：

$$T=\frac{3.6Q}{Col\times Row} \tag{7-1}$$

7.2.2 枣树树干液流沿径向分布的变异特性

7.2.2.1 不同深度 TDP 监测树干液流时尺度上的变异特性

由图 7-3 可知，在生育期的不同阶段，24 h 内不同深度探针监测值的变化规律基本

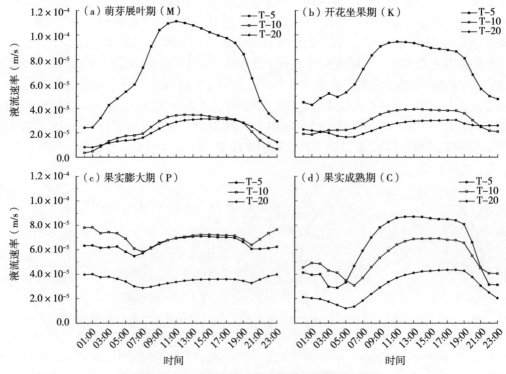

图 7-3　不同深度 TDP 监测时尺度结果比较

相同。其中萌芽展叶期、开花坐果期和果实成熟期内不同深度探针监测值都有一个单峰，5 mm 探针（T-5）的单峰持续时间最长，相对明显；10 mm 探针（T-10）的单峰持续时间较 T-5 短，明显程度较弱；20 mm 探针（T-20）的单峰持续时间最短，且不明显，呈缓坡状。萌芽展叶期和开花坐果期内，不同深度探针监测值的大小为 T-5＞T-10＞T-20，其中 T-10 与 T-20 之间无显著差异（$p>0.05$，表 7-1），其他不同深度探针监测值相互间均具有极显著差异（$p<0.01$）；果实膨大期内，不同深度探针监测值的大小为 T-10＞T-5＞T-20，不同深度探针监测值相互间均具有极显著差异（$p<0.01$）；果实成熟期内，不同深度探针监测值的大小为 T-5＞T-10＞T-20，其中 T-5 与 T-10 之间无显著差异（$p>0.05$），其他不同深度探针监测值相互间均具有极显著差异（$p<0.01$）。分析知，随生育期进行，T-5 与 T-10 监测值间的差异显著性由极显著逐渐变为无显著差异，说明随着生育期进行，树干液流沿径向的分布为从形成层向树心方向运移，且逐渐均匀，可能至枣树果实成熟还尚未达到 20 mm 深处，或少量分布，还不能显著影响 T-20 与 T-5 和 T-10 监测值间的差异。

表 7-1 不同深度 TDP 监测时尺度结果差异显著性检验 p 值

时期	探针	T-5	T-10	T-20
M	T-5	—	0.000	0.000
	T-10	0.000	—	0.923
	T-20	0.000	0.923	—
K	T-5	—	0.000	0.000
	T-10	0.000	—	0.196
	T-20	0.000	0.196	—
P	T-5	—	0.000	0.000
	T-10	0.000	—	0.000
	T-20	0.000	0.000	—
C	T-5	—	0.145	0.000
	T-10	0.145	—	0.000
	T-20	0.000	0.000	—

7.2.2.2 不同深度 TDP 监测树干液流日尺度上的变异特性

由图 7-4 可知，在整个生育期内，不同深度探针监测值的变化趋势为：T-5 监测值在整个生育期内的变化趋势呈 M 形，两个峰值分别出现在 6 月 7 日和 9 月 20 日前后，谷值出现在 7 月 30 日前后；T-10 监测值在整个生育期内的变化趋势呈 S 形，在 7 月 23 日前上升趋势明显，此后一直维持较高的水平，直至 10 月 23 日前后；T-20 监测值在此期间呈缓坡型，先上升后下降，峰值出现在 9 月 23 日前后。7 月 28 日即 T-5 监测值谷值出现前，T-5 监测值远高于 T-10 和 T-20 监测值，T-5 谷值出现后 T-10 监测值上升至高于 T-5 监测值，两个深度探针的监测值远高于 T-20 监测值。结合在不同深度探针时尺度的研究可知，生育期初，枣树耗水量较小时，水分的运移主要在靠近形成层的外层木质部，随着枣树耗水增加，水分沿径向的分布范围逐渐向树心扩大，T-10 监测值逐渐增大，说明此时 10 mm 左右范围的木质部为主要导水部分，耗水量减小后，水分运移的主要部分又向形成层靠近，表现为 T-5 监测值的增大。在此期间 T-20 监测值虽然也在增大，但始终远低于 T-5 和 T-10 监测值，说明枣树耗水量增大时，水分运移沿径向的分布也影响到了 20 mm 左右范围的木质部，由于试验树是新嫁接枣树，后期并没有形成果实，耗水量还不能显著影响 20 mm 左右范围的木质部。但是从树干液流速率的变化趋势来看，只有 T-20 监测值符合枣树生育期耗水量的变化，随枣树生物量和降水量增大，耗水量也呈增大趋势，且由 T-20 监测值计算所得枣树耗水量与之前研究结果一致。因此，在计算枣树生育期耗水量时应采用 20 mm 探针的监测值。

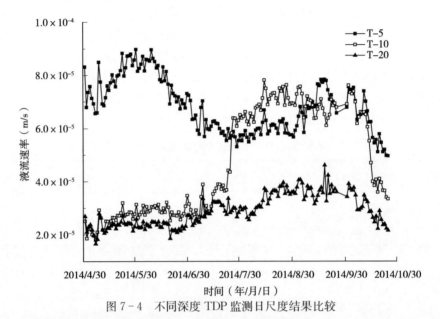

图 7-4　不同深度 TDP 监测日尺度结果比较

7.2.2.3　不同深度 TDP 监测树干液流月尺度上的变异特性

由图 7-5 可知，全生育期内，不同深度 TDP 监测月尺度结果各不相同，其中 T-10

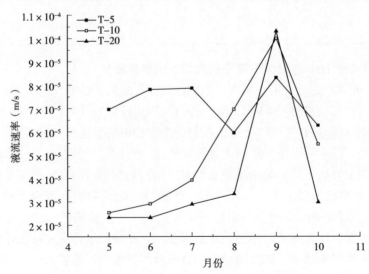

图 7-5　不同深度 TDP 监测月尺度结果比较

与 T-5、T-20 监测值之间无显著差异（$p>0.05$，表 7-2），T-5 与 T-20 监测值之间具有显著差异（$p<0.05$）。同前面对不同方位探针监测值月尺度上的结果分析一样，当研究尺度放大以后，受误差的影响，监测值间的差异显著性发生变化，因此，小尺度树干液流监测值的准确获得对于提高整树蒸腾耗水量的精度有重要意义。

表 7-2　不同深度 TDP 监测月尺度结果差异显著性检验 *p* 值

月尺度	探针	T-5	T-10	T-20
月	T-5	—	0.207	0.043
	T-10	0.207	—	0.388
	T-20	0.043	0.388	—
	耗水量（mm）	581.53	436.72	330.17

7.2.3　枣树树干液流沿圆周分布的变异特性

7.2.3.1　不同方位 TDP 监测树干液流时尺度上的变异特性

由图 7-6 可以看出，不同方位 TDP 监测结果在时尺度上的表现为：树干北向（T-N）液流速率变化呈双峰型，双峰间的谷值出现在 13：00；西向（T-W）和东向（T-E）液流速率变化呈相同的趋势，有明显的单峰，出现在 10：00—16：00，其中液流速率的整体大小为 T-E>T-W>T-N；T-S 变化比较平缓，在中午 12：00 左右也有相对高值，但是相对于其他三个方位的变化不明显。根据图 7-6 可以将 24 h 内的液流速率变化分为阶段一（Stage Ⅰ）0：00—10：00、阶段二（Stage Ⅱ）11：00—15：00 和阶段三（Stage Ⅲ）16：00—23：00。由表 7-3 可知，在 24 个小时内，T-E 与 T-W 之间有显著差异（$p<0.05$），T-N 与 T-E、T-S 间有极显著差异（$p<0.01$），其他各探针相互间没有显著差异。在 Stage Ⅰ内，T-N 与 T-W 间没有显著差异，其他各探针相互间均

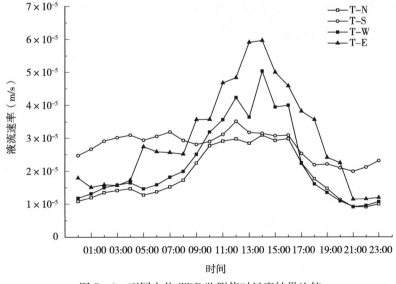

图 7-6　不同方位 TDP 监测值时尺度结果比较

具有极显著差异（$p < 0.01$）。在 Stage II 内，T-S 与 T-N、T-W 间均没有显著差异，T-W 与 T-N 之间有显著差异（$p < 0.05$），其他各探针相互间均具有极显著差异（$p < 0.01$）。在 Stage III 内，T-N 与 T-E 之间有显著差异（$p < 0.05$），其他各探针相互间均没有显著差异。综合上面分析，从 Stage I 到 Stage III，探针相互间的差异显著性经历了由极显著差异向无显著差异的变化，即从启动到停止，液流在树干不同方位的分布是逐渐趋于均匀的。

表 7-3　不同方位 TDP 监测时尺度结果差异显著性检验 p 值

时尺度	方位	T-E	T-W	T-S	T-N
时	T-E	—	0.013	0.441	0.000
	T-W	0.013	—	0.080	0.237
	T-S	0.441	0.080	—	0.004
	T-N	0.000	0.237	0.004	—
Stage I	T-E	—	0.007	0.001	0.000
	T-W	0.007	—	0.000	0.327
	T-S	0.001	0.000	—	0.000
	T-N	0.000	0.327	0.000	—
Stage II	T-E	—	0.000	0.000	0.000
	T-W	0.000	—	0.072	0.021
	T-S	0.000	0.072	—	0.537
	T-N	0.000	0.021	0.537	—
Stage III	T-E	—	0.092	0.449	0.041
	T-W	0.092	—	0.339	0.695
	T-S	0.449	0.339	—	0.182
	T-N	0.041	0.695	0.182	—

注：$p < 0.05$ 时表示有显著差异，$p < 0.01$ 时表示有极显著差异。

7.2.3.2　不同方位 TDP 监测树干液流日尺度上的变异特性

由图 7-7 可知，不同方位探针监测液流速率日尺度上的变化情况可以分为三个阶段：Stage I，5 月 1 日至 7 月 4 日；Stage II，7 月 5 日至 9 月 26 日；Stage III，9 月 27 日至 10 月 31 日。其分别对应着枣树耗水量不同的生育期。整个生育期内，不同方位探针监测液流速率的整体变化是随生育期呈上升趋势。Stage I 内，T-N、T-W 和 T-E 变化都比较平稳，T-S 有较大波动，但总体没有明显的上升或下降趋势，不同方位监测值的大小为 T-S > T-W > T-N > T-E，其中 T-N 与 T-W 之间无显著差异（$p > 0.05$，表 7-4），其他不同方位监测值相互间都具有极显著差异（$p < 0.01$）；Stage II 内，T-N、T-W 和 T-S 上升趋势明显，上升幅度较 T-E 大，T-N 与 T-W 之间无显著差异（$p > 0.05$），其他不同方位监测值相互间具有极显著差异（$p < 0.01$）；Stage III 内，T-N、T-W 和 T-E 急剧下降，T-S 仍有上升趋势，不同方位监测值相互间均具有极显著差异（$p < 0.01$）。从 Stage I 到 Stage III，不同方位探针相互间的差异显著性发生变化的只有 T-N 和 T-W，由无显著差异变化为极显著差异，其他探针相互间的差异显著

性没有发生变化，始终是极显著。在随生育期耗水量增加，树干液流速率增大的过程中，T－N 与 T－W 之间始终为无显著差异，而在液流速率减小时出现极显著差异，说明枣树耗水量的变化对树干液流在不同方位的分布有显著影响。其中，在 Stage Ⅰ，由于枣树嫁接萌芽展叶较晚，此阶段内枣树基本没有叶片，同时该阶段内降水量较小，占整个生育期降水量的 29.2%，此阶段内枣树蒸腾耗水量较小，因此 Stage Ⅰ 内监测值较大且与其他方位 TDP 监测值有显著差异的 T－S 监测值不能采用；在 Stage Ⅱ，枣树进行萌芽展叶，并开花，树体生物量也达到最大，同时该期降水量占整个生育期降水量的 64.5%，此阶段内枣树蒸腾耗水量较大，因此 Stage Ⅱ 内监测值较小且与其他方位 TDP 监测值有显著差异的 T－E 监测值不能采用；在 Stage Ⅲ，进入枣树生育末期，树叶凋落，树体生物量减小，同时该期降水量占整个生育期降水量的 6.32%，此阶段枣树蒸腾耗水量较小，树干液流速率应该处于下降状态，因此 Stage Ⅲ 内监测值表现为先上升后下降的 T－W 监测值不能采用，而整个生育期 T－N 监测值始终与枣树生长耗水规律一致，能较好地反映枣树蒸腾耗水的真实情况，因此应该采用树干北侧探针的监测值。

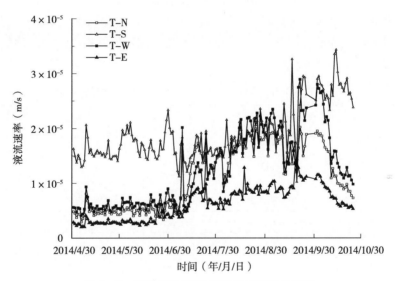

图 7－7　不同方位 TDP 监测日尺度结果比较

表 7－4　不同方位 TDP 监测日尺度结果差异显著性检验 p 值

日尺度	方位	T－E	T－W	T－S	T－N
3d	T－E	—	0.013	0.000	0.000
	T－W	0.013	—	0.000	0.022
	T－S	0.000	0.000	—	0.000
	T－N	0.000	0.022	0.000	—
Stage Ⅰ	T－E	—	0.000	0.000	0.000
	T－W	0.000	—	0.000	0.206
	T－S	0.000	0.000	—	0.000
	T－N	0.000	0.206	0.000	—

（续）

日尺度	方位	T-E	T-W	T-S	T-N
	T-E	—	0.000	0.000	0.000
Stage Ⅱ	T-W	0.000	—	0.003	0.058
	T-S	0.000	0.003	—	0.000
	T-N	0.000	0.058	0.000	—
	T-E	—	0.000	0.000	0.000
Stage Ⅲ	T-W	0.000	—	0.000	0.000
	T-S	0.000	0.000	—	0.000
	T-N	0.000	0.000	0.000	—

7.2.3.3　不同方位 TDP 监测树干液流月尺度上的变异特性

由不同方位探针监测树干液流月尺度结果差异显著性检验 p 值（表 7-5）可知，在 1 个月内的不同方位树干液流监测结果相互之间没有显著差异。与不同方位液流速率探针监测值在时尺度和日尺度对比可以发现，随着研究尺度的增大，不同方位探针监测树干液流速率的差异显著性在降低，因此，小尺度树干液流监测精度的提高对于准确估算枣树蒸腾耗水量具重要意义。

表 7-5　不同方位 TDP 监测月尺度结果差异显著性检验 p 值

月尺度	方位	T-E	T-W	T-S	T-N
	T-E	—	0.711	0.432	0.933
月	T-W	0.711	—	0.674	0.774
	T-S	0.432	0.674	—	0.482
	T-N	0.933	0.774	0.482	—
耗水量（mm）		124.28	183.93	148.20	370.63

7.3　茎直径微变化仪

7.3.1　茎直径日变化的理论基础

枣树的茎秆既具有运输水分的能力，又具有储存水分的能力。茎秆运输水分主要通过木质部来实现，茎秆的储存水分主要依赖茎秆中的薄壁细胞来完成，其细胞具有弹性较强的细胞壁。白天，蒸腾开始时提供给叶子的水来自茎中的薄壁细胞，水分的抽出使细胞体积减小，茎秆直径收缩。到了夜晚蒸腾减弱后，若土壤水分充足，根系吸收的水分来补充茎秆器官损失的水分使茎秆膨胀，茎秆复原或伴有生长；反之，茎秆不能复原。

茎直径变化来源于茎秆细胞水分状况、生长的改变，这种变化是对外界环境条件影响和植物自身生理状况的综合表现。测量植被茎直径变化既可以随时了解植物的生长情况，又可以研究外界环境对植物的作用。

茎直径日变化是利用精密的测量仪器，连续记录 24 h 内的茎直径的数值。茎直径日变化可以提取出茎直径日最大收缩量（MDS）、日增长量（DG）、茎直径日最大值（MXTD）和最小值（MNTD）、在一个 24 h 周期内完全复原所需时间（RT）等茎直径日变化指标。其中，MXTD 和 MNTD 分别指一天中茎直径最大和最小值，MDS 为一天中 MXTD 与 MNTD 的差值，DG 为当日与前一天的 MXTD 与 MNTD 之差。由于 MXTD 出现在早上，气象条件变化不大，MXTD 波动性较小，因此用连续两天的 MXTD 之差作为 DG（Moriana et al.，2002；湛景武等，2009）。如图 7-8 所示，图 a、b 分别代表在 24 h 内茎直径能复原并伴有生长和不能完全复原的情况，RT 指当日复原所需时间，在图 b 的情况下，日增长量为负值，RT 以 24 h 计算。

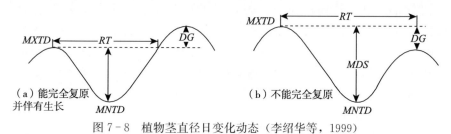

图 7-8　植物茎直径日变化动态（李绍华等，1999）

茎直径日变化包括因自然生长而引起的增粗及由茎秆自身水分状况变化而引起的收缩和膨胀，茎直径日变化过程可分为三个阶段。①收缩阶段（Contraction phase）：茎直径从日最大值向其最小值变化，一般从 8：00 到 16：00。②膨胀阶段（Expansion phase）：茎直径从日最小值恢复到前一天最大值的过程，一般从 16：00 到次日 2：00。③生长阶段（Stem increment phase）：茎直径从膨胀期结束至下一个日最大值的时间，一般从 2：00 至 8：00。

茎直径日变化可根据土壤环境和天气条件分为四种理论类型。

第一类：植物根系吸水速率等于植物蒸腾速率。这种情况下，白天茎直径收缩或者不收缩，表现为－/0，晚上膨胀或者不膨胀，表现为＋/0，振幅表现为有振幅或者没有振幅（＋/0），茎直径增加。

第二类：植物吸水速率略小于植物蒸腾速率。这种情况下，白天由于蒸腾茎直径收缩量大，用两个减号表示，晚上由于根系提水茎直径膨胀量亦大，用两个加号表示，最终表现为振幅为四个加号，茎直径日生长量为 0 或者一个单位的收缩（茎秆能或不能复原）。

第三类：植物吸水速率小于植物蒸腾速率。这种情况下，由于植物本身水分不足，土壤水分也不足，白天由于蒸腾茎直径收缩，用一个减号表示，晚上由于根系提水茎直径膨胀，用一个加号表示，最终表现为振幅为两个加号，茎直径为一个减号的收缩（茎秆不能复原）。

第四类：植物吸水速率远小于植物蒸腾速率。这种情况下，由于植物本身水分不足，而较低的土壤水分含量使植物无法吸水，白天由于蒸腾茎直径收缩用一个减号表示，晚上由于根系无法提水茎直径基本不变，最终表现为振幅为一个加号，茎直径为两个减号的收缩（茎秆不能复原）。

7.3.2　测定方法

茎秆直径微变化采用茎直径微变化仪连续测定。将茎秆测量仪安置于茎秆的第一个分支与地面之间的中点处，最好朝北向。安装前先用木锉轻刮树干的死皮，以确保框架牢固和探头与主干接触良好，用隔热银箔纸将探头包住，以防止风、气温和降雨等对探头的直接影响。所有探头与数据采集器相连，每隔一定时间（一般为30 min）自动记录一次数据。从测定的茎秆变化数据中计算日最大收缩量、日生长量、日生长速率、累计生长量。

茎直径微变化仪种类颇多，良莠不齐，常见的主要有：

德国 Ecomatik 植物直径生长测量仪 DD，其测量范围 11 mm，通过重调测量范围可一直扩大，准确性为 7 μm，应用环境−30～40 ℃。

美国 Dynamax DEX 果实—树木茎干生长测量仪有 4 种型号，分别对应不同的里程（5～25 mm、10～70 mm、25～100 mm、95～200 mm），准确度为 0.050 mm，应用环境−10～50 ℃。

国内高校和研究机构也做了大量的研制，例如中国计量大学研制的茎直径精密测量装置，由容栅数显卡尺、电感位移传感器、固定支架组成，可同时实现静态测量和动态测量。静态测量部件是长爪型数显卡尺，测量树木直径绝对量，测量范围 120～190 mm，分辨力 0.01 mm，精度±0.3 mm；动态测量部件是电感位移传感器，测量树木直径的日变化量，测量范围 2 mm，分辨力 0.1 μm。

7.4 中子水分仪

7.4.1 工作原理

图 7-9 为中子水分仪示意图。中子水分仪探头中的中子源不断地放射出快中子，当它和氢原子核碰撞时，损失的能量最大，很快就被慢化成热中子。而土壤中的氢原子绝大多数来自土壤水分，故通过对热（慢）中子的数量的统计从而计算出土壤水分含量。从整体上看，中子源周围的土壤中总是裹着一团中心密集，边缘稀疏的热中子，这团热中子称作热中子云球。在快中子慢化过程中，氢原子有着特别重要的作用，一方面它们每次碰撞时损失的能量比别的元素大得多，另一方面氢原子与中子的作用截面也较大，也就是说相碰的机会也较多，所以当把中子源放入土壤中，若土壤中含氢量大，中子就慢化得快，中子源周围形成的"热中子云球"的半径就小，热中子密度也就大，反之，热中子密度就较小。中子源旁有一块体积确定的热中子探测器，它能将进入探测器的热中子转换成光电信号并通过电子线路将其个数记录下来，这样土壤中含氢量大，仪器记录到的计数就多。土壤中的氢大部分来自土壤水，这样热中子计数和土壤含水量之间就存在着一种确定的关系（王赛宵等，2010；张晓虎等，2008），其关系式表示为：

$$y = ax + b \qquad (7-2)$$

式中，y 为体积含水量，cm³/cm³；x 为中子仪测定计数与其标准计数的比值；a、b 为拟合参数。

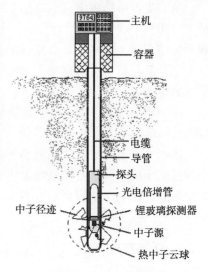

图 7-9 中子水分仪示意

7.4.2　标定方法

枣林土壤水分数据采用 CNC100 型中子管水分测定仪进行监测。在利用 CNC100 型中子管水分测定仪测定土壤水分数据前，需要对其进行标定。标定方法为：①选择具有代表性的枣林地，该林地 0～5 m 土层为质地均匀的黄绵土，其中粉粒、砂粒和黏粒所占质量百分比分别为 7.7%、47.8% 和 44.5%，土壤容重为 1.29～1.31 g/cm³，0～2 m 土层有效氮、磷、钾含量分别为 30.12、1.56、89.33 mg/kg，地下水埋深在 50 m 以下。②采用土钻外径比中子管直径略大的洛阳铲在枣林地中部打 2 m 深垂直孔，将 2.2 m 长中子管埋入该钻孔中，管子露出地面 20 cm，让中子管与土壤紧密结合，半个月以后再用于标定试验和土壤含水量的测量。③为了获取较宽范围的土壤水分数据，可采取人工辅助形式增加或减少土壤含水量。如土壤含水量太高，可在中子管 1 m 远处挖沟，阻断侧向水分的渗润，上盖塑料薄膜防雨，晴天打开曝晒，以取得低含水量点；如果土壤含水量太低，需要对测定区域进行人工降雨或灌水处理。中子仪的测量精度与计数时间和重复次数有密切关系，同一计数时间，重复次数越多精度就越高。采用 16 s 计数时间时，重复次数为 3 次（胡顺军等，2000；王纪华等，2002）。④通过烘干法进行标定，得出一组中子计数与土壤含水量两者关系的对应点，然后求出回归方程，这样就可以通过该方程，由一个已知量（测量计数）求出另一个未知量（土壤含水量）。具体标定时，先用中子仪读取不同深度的中子计数，测定步长为 10 cm，再用土钻在中子管周围 30～60 cm 对应深度处取土，每个深度 3 个重复，将同一深度测定的中子计数和土钻烘干得到的土壤水分按大小一一对应起来进行标定，并去掉个别与整体偏离程度较大的点。烘干法常用的单位是重量含水量，而中子法则一般采用体积含水量。两者通过土壤干容重相联系，如垂直方向土壤容重变化大，应挖剖面测出土壤干容重用于换算，枣林地 0～5 m 土层土壤质地均一，容重变化不大，不需对容重进行分层测量。⑤曲线标定，针对中子仪表层测量精度低的特点，采用分层标定的方法，中子外溢主要发生在 10 cm 以上土层（陈洪松等，2003），即标定深度从 20 cm 开始，每隔 10 cm 设定一土层。考虑到表层土壤中的有机质含量等与较深层土壤差异大，把 20 cm 和 30 cm 土层作为一条标定曲线（图 7 - 10a），40～200 cm 土层作为一条标定曲线（图 7 - 10b）。

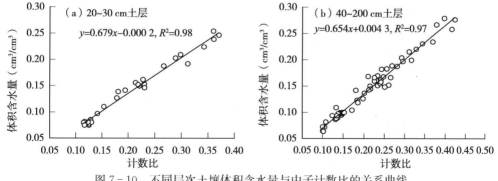

图 7 - 10　不同层次土壤体积含水量与中子计数比的关系曲线

7.5 小结

（1）不同方位探针监测结果间存在差异，从阶段一（0：00—10：00）到阶段三（16：00—23：00），不同方位探针相互间的差异显著性经历了由极显著差异向无显著差异的变化，即从启动到停止，液流在树干不同方位的分布是逐渐趋于均匀的。黄土丘陵山地枣树探针方位选择安装在树干北侧能较准确地测定枣树蒸腾。研究时间尺度不同，各方位监测结果间的差异显著性不同，差异显著性大小表现为时尺度＞日尺度＞月尺度。

（2）不同深度探针监测结果间存在差异，不同深度探针监测值在枣树萌芽展叶期、开花坐果期和果实成熟期内均为一个单峰，5mm探针（T-5）的单峰持续时间最长，相对明显；10mm探针（T-10）的单峰持续时间较T-5短，明显程度较弱；20mm探针（T-20）的单峰持续时间最短，且不明显，呈缓坡状。试验证明选择20mm探针测定枣树耗水较为适宜。随研究时间尺度的不同，不同深度探针监测结果间的差异显著性不同，差异显著性大小表现为时尺度＞日尺度＞月尺度。

（3）茎直径微变化仪可根据土壤环境和天气条件准确地测量植被茎直径变化，可以随时了解植物的生长情况，太阳辐射和日温差是影响茎直径日最大收缩量的主要决策变量。

（4）由于坡地土壤物理性质的空间变异性和微地貌的差异性，采用分层标定的方法能够取得很好的效果，林地土壤可分为10cm、20～30cm、大于40cm三个层次进行标定。

第 8 章　树体结构与枣树生长

树体结构与太阳能的截获、降雨的截留以及冠层内部小气候的形成均有着紧密的联系，植物借助叶片等器官与环境发生能量交换和干物质积累，进而促进自身生长，通过改变树体结构来影响冠层内水、热、气等微环境，最终影响植物的光合效率和产量，同时准确估算树体生物量也是进行水分生产率评价的重要指标。研究枣树的树体结构，不仅对旱作枣树的生理生态过程及枣林水文循环过程有着重要的意义，而且合理的树体结构能够控制枣树的营养生长，减少果树低效蒸腾耗水，从而提高果树的产量。本章在大量实际测定及调查数据的基础上，获得如下结果：对于估算枣树生物量的模型而言，线性模型适用于枝条生物量的预测，枣吊生物量和叶片生物量的最优模型为非线性模型，果实生物量最优模型为二元非线性模型，单个枣吊长度和枣吊上的叶片数目呈现出良好的一元线性关系。从 WinsCanopy2005a 植物冠层分析仪的分析结果看，生长季枣树冠层各项指标均有明显的动态变化。至成熟期，叶面积指数、叶绿素含量和叶面积都达到了最大，林隙分数、平均叶倾角和冠层光合光量子通量密度均达到最小；不同林龄、不同坡向枣园冠层差异、树冠留枝量、冠幅和产量差异较大。至枣树开花结果期，10 a 生枣树和阳坡枣树冠层光截获能力最强，枣树留枝量、树高、冠幅和产量最大，优质果品率最高，3 a 生枣树和阴坡枣树的冠层光截获能力最弱，冠层留枝量、树高、冠幅和产量最小，优质果品率也最低。林隙分数、开度、叶面积指数、冠层上下光合光量子通量密度之间有很好的相关关系，相关系数均达到 0.80 以上。以上研究证明枣树通过合理修剪保持一个合理的树体结构是枣树优化生长的重要途径，节水型修剪则是基于本研究的成果，追求一定降水量背景下的合理生物产量及营养生长和生殖生长的平衡关系。

8.1　研究方法

8.1.1　试验方案

8.1.1.1　树体结构试验

本试验采用非正交试验设计，以林龄和坡向作为两个主要变化因素，本试验共计 7 个试验小区。林龄选择 3 a、5 a、10 a 三个龄段；坡向选择阴坡、阳坡、半阴坡和半阳坡 4 个坡向。本试验为研究方便，供试枣树统一选为山西临猗梨枣，种植规格为 2 m×3 m 的株行距，采用矮化密植的新型栽培模式，小区大小约为 20 m×20 m。试验在枣树萌芽期、展叶期、开花结果期、果实膨大期、枣果成熟期和落叶期进行。按照树龄和坡向的不同选择观测小区，每个试验小区按照坡上、坡中、坡下的不同坡位，选择 9 棵长势和大小相当的树，每棵树从 4 个不同的方向进行观测后求取平均值，再把 9 棵试验树的平均值作为这个林段的最终值。照相时，预先在地面打入内径为 25 mm，壁厚为 2 mm，长度为 15 cm

的 PVC 管，将其打入土壤 10 cm 左右，露出地面 5 cm 为宜，为了消除太阳直射产生的巨大光斑，照相一般选择在早上 7：00—9：00（日出前）或下午 16：00—18：00（日落后）进行，利用 WinsCanopy2005a 冠层分析仪对各小区试验树进行拍照，在室内计算机上利用分析软件分析得出冠层的各项指标。试验平均每 7～15 d 观测一次，观测高度距离地面 0.5 m，每次观测的样点位置相同，根据特殊情况，在枣树萌芽和展叶期可以适当增加拍摄的次数，如每 3 d 拍照一次。试验区具体布设如图 8-1 所示。

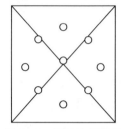

图 8-1　样地取样示意

冠层指标测定：包括林隙分数、开度、叶面积指数、平均叶倾角、定点因子、聚集因子、冠层上下有效光合辐射通量密度，利用 WinsCanopy 植物冠层分析仪器和自带分析软件通过对试验树半球照片的分析可以直接得出。每次拍照前，打开相机，将相机分辨率设置为 2 048×1 536，照片格式设为 TIF 格式，并将当天的天气状况和时间一并设置。插入冠层分析仪，仪器大约距离地面 50 cm 而距离枣树最下层叶片约 10 cm 为宜，利用指南针将相机快门键对准正北方向，仪器固定以其不左右摇晃为宜。打开仪器开关和相机开关，按动遥控器，听到"滴"的一声后，照相结束。

8.1.1.2　枣树生物量模型试验

于 2013 年 7 月在试验地选择 4 a 至 5 a 生枣树群，采用随机抽样法采集样本。枝条采集以 10～15 mm 为长度间隔，每个区间采集数据 3 组，共得到数据 135 组，区间 3 组数据取平均值为此长度段枝条最终长度，共得到有效数据 45 组，长度在 85～750 mm，其中 25 组数据用于建立模型，20 组数据用于检验模型。枣吊采集方法类同于枝条采集，以 10 mm 为长度间隔，每个区间采集 2 组数据取平均值得到此段枣吊最终长度，共得到数据 62 组，40 组用于建立模型，22 组用于检验模型。树叶采集以叶片纵径和横径为指标，得到 40 组有效数据，20 组用于校核，20 组用于检验。分别测量枝条枝径 D_1、长度 H_1、枣吊长度 H_2、枝径 D_2、单枝上的叶片数目 M，以及平均大小叶片的纵径 Z 和横径 T（每个枣吊分别在两端和中部共取三个叶片取平均值作为此枣吊叶片大小）。枣果从纵横径 10 mm 开始测量其径的变化，并对各种径级的果实称重，以求得枣果实重量与直径的关系。各部分生物量用称重法测定，精确到 0.01 g。利用烘干法测定各组分干重。烘干时，烘箱先以 105.5 ℃持续 30 min，然后以 70.5 ℃持续 8 h 后称重得到各组分干重。枣树各器官生物量模型结构见表 8-1。为得到模型中相关参数，利用部分实测数据，采用 SPSS 软件对其进行拟合，求解参数。为评估模型对生物量估算的准确性，利用剩余独立数据对其进行检验，另外，以相关系数 R^2、拟合指数 W、标准误 SEE、变异系数 CV 和预估精度 P 作为模型精度的评价指标，确定最优模型结构。

表 8-1　17 种模型结构

模型类型	模型	自变量
多元非线性模型	(1) $W = a_0 D^{a1} H^{a2}$	D、H
	(2) $W = a_0 (D^2 H)^{a1}$	$D^2 H$

（续）

模型类型	模型	自变量
多元非线性模型	(3) $W=a_0D^{a1}$	D
	(4) $W=a_0D^{a1}H^{a2}M^{a3}S^{a4}$	D、H、M、S
	(5) $W=a_0 \ (D^2H)^{a1}M^{a2}S^{a3}$	D^2H、M、S
	(6) $W=a_0D^{a1}H^{a2}M^{a3}$	D、H、M
	(7) $W=a_0 \ (D^2H)^{a1}M^{a2}$	D^2H、M
	(8) $W=a_0Z^{a1}T^{a2}$	Z、T
	(9) $W=a_0 \ (Z^2T)^{a1}$	Z^2T
	(10) $W=a_0Z^{a1}$	Z
	(11) $W=a_0D_1^{a1}D_2^{a2}$	D_1、D_2
	(12) $W=a_0 \ (D_1^2D_2)^{a1}$	$D_1^2D_2$
线性模型	(13) $W=a_0D+b$	D
	(14) $W=a_0(D^2H) \ +b$	D^2H
	(15) $W=a_0Z+b$	Z
	(16) $W=a_0 \ (Z^2T) \ +b$	Z^2T
	(17) $W=a_0 \ (D_1^2D_2) \ +b$	$D_1^2D_2$

注：式中，W 为各器官生物量（g），D、H 为枝条、枣吊枝径（mm）和长度（mm），M 为单个枣吊上叶片数目（个），S 为叶片纵径和横径的乘积（mm²），Z 为叶片纵径（mm），T 为叶片横径（mm），D_1 为果实横径（mm），D_2 为果实纵径（mm）。$a0$、$a1$、$a2$、$a3$、$a4$ 为拟合系数，系数通过 SPSS 软件拟合得出。

8.1.2　指标测定及计算

（1）叶面积。每个小区按照坡上、坡中、坡下选择试验树 3 棵，每棵树按照上、中、下位置及东、西、南、北 4 个方位选择长势均匀的枝条 12 枝，标记每棵枣吊从上数完全展开的第二片叶子后从 5 月初开始每 7 d 观测一次，观测时间早上 8：00—9：00，最后将 3 棵树的平均值作为最终值，测量仪器为北京澳作生态仪器有限公司生产的 AM - 300 手持式叶面积仪，如图 8 - 2 所示。

（2）叶绿素。标记方法与观测方法和叶绿素测定相同，测量仪器为北京澳作生态仪器有限公司生产的 CCM200 叶绿素测定仪，如图 8 - 3 所示。

图 8 - 2　AM - 300 手持式叶面积仪

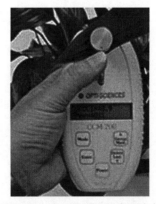

图 8 - 3　CCM200 叶绿素测定仪

（3）冠幅及树高。每个小区按照坡位不同选择试验树 3 棵，利用 5 m 卷尺分别在枣树萌芽期、展叶期末端、果实膨胀期末端对每棵树按照东西、南北 2 个方向测定冠幅，同期测定树高，最后求平均值。

（4）林冠枝量。每个小区按照坡位不同选择试验树 3 棵，每棵树按照主枝、二次枝、枣股和枣吊的不同分别记录各自枝量，最后将 3 棵树的平均值作为林段的最终值。

（5）产量测定。各小区单产单收（测定一级果、二级果、三级果及病虫果，单果重量、百果重和单株产量），利用电子秤对枣果进行分批并单个称重。

8.2 枣树生物量模型

8.2.1 枣吊相关分析

8.2.1.1 枣吊生物量分析

枣吊的生物量分为两种类型来进行建模，分别为枣吊鲜重和枣吊干重。枣吊生物量与较多的变量具有相关性，如枣吊长度 H、枣吊直径 D、单枝叶片数 M 及叶片大小，利用多元非线性关系和线性关系来建立模型，并利用 SPSS 软件求解参数，表 8-2 至表 8-5 分别为枣吊鲜重和枣吊干重的拟合回归模型。

表 8-2　枣吊鲜重模型参数估计值

模型	参数					
	$a0$	$a1$	$a2$	$a3$	$a4$	b
（1）	0.005	1.02	1.078	—	—	—
（2）	0.03	0.731	—	—	—	—
（4）	1.373	0.564	0.785	0.436	0.593	
（5）	2.01E-4	0.285	0.915	0.746		
（6）	9.22E-4	0.876	1.692	-0.587	—	
（7）	0.022 5	0.571	0.512			
（14）	0.003 3					0.838 4

表 8-3　枣吊鲜重模型评价指标

模型	评价指标				
	R^2	W	SEE	CV	P
（1）	0.904	0.929	0.135	0.070	0.964
（2）	0.890	0.955	0.146	0.068	0.974
（4）	0.885	0.951	0.149	0.070	0.972
（5）	0.815	0.934	0.139	0.067	0.968

（续）

模型	评价指标				
	R^2	W	SEE	CV	P
(6)	0.900	0.926	0.174	0.078	0.964
(7)	0.863	0.950	0.137	0.066	0.972
(14)	0.868	0.897	0.190	0.085	0.956

表 8 - 4　枣吊干重模型参数估计值

模型	参　　数					
	$a0$	$a1$	$a2$	$a3$	$a4$	b
(1)	0.002	0.94	1.076	—	—	—
(2)	0.013	0.711	—	—	—	—
(4)	6.03$E-5$	0.635	0.629	0.39	0.696	—
(5)	7.18$E-5$	0.316	0.702	0.797	—	—
(6)	1.00$E-3$	1.004	1.731	-0.857	—	—
(7)	0.011	0.627	0.259	—	—	—
(14)	0.001 2	—	—	—	—	0.332 5

表 8 - 5　枣吊干重模型评价指标

模型	评价指标				
	R^2	W	SEE	CV	P
(1)	0.800	0.836	0.048	0.069	0.940
(2)	0.943	0.969	0.053	0.066	0.976
(4)	0.893	0.928	0.052	0.068	0.961
(5)	0.864	0.911	0.050	0.067	0.957
(6)	0.857	0.069	0.119	0.077	0.889
(7)	0.885	0.907	0.048	0.065	0.957
(14)	0.949	0.967	0.069	0.084	0.972

　　通过表 8 - 3 可以看出，所有拟合模型的 P 均达到了 95％以上，比较 R^2，只有多元非线性模型 1 和 6 相关系数达到 0.9，因此拟合效果较好。此外，二者的 SEE 和 CV 都很小，但模型 1 的 SEE 和 CV 更小，而且模型 1 仅需两个实测的调查因子就能精准地估测出枣吊鲜重，从而减少生物量估测工作量，进而确定枣吊鲜重的拟合模型为非线性模型 1。表 8 - 5 显示，一元非线性模型 2 和线性模型 14 的拟合效果明显好于其他，二者的 R^2 都达到了 0.94 以上，而且 P 也达到了 97％以上，W 大小相当，对 SEE 和 CV，一元非线性模型 2 稍占优势。二者要求的实测调查因子都为枣吊长度和枝径，因此这两个模型都可以作为预测枣吊干重的最优模型。

8.2.1.2 枣吊长度与叶片数量相关性分析

利用一元线性关系，采用部分实测数据建立单个枣吊长度与枣吊叶片数量的回归方程，同时利用剩余实测数据检验回归方程预测叶片数目的准确性，其结果见图 8－4 和图 8－5。

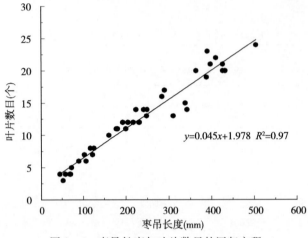

$y=0.045x+1.978\ R^2=0.97$

图 8－4　枣吊长度与叶片数目的回归方程

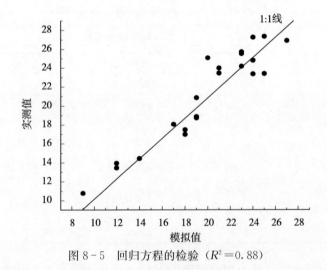

图 8－5　回归方程的检验（$R^2=0.88$）

由图 8－4、图 8－5 可以看出，枣吊长度与单个枣吊叶片数目呈现良好的线性关系，其相关系数达到 0.88 以上。

8.2.2　枝条生物量

枝条生物量只关联枝长 H 和枝径 D 两个实测因子，运用一、二元非线性模型和一元线性模型来进行生物量方程的建立。其参数结果如表 8－6 至表 8－9 所示。

表 8-6　枝条鲜重模型参数估计值

模型	参数					
	$a0$	$a1$	$a2$	$a3$	$a4$	b
(1)	0.002	1.564	1.016	—	—	—
(2)	0.002	0.900	—	—	—	—
(3)	0.075	3.157	—	—	—	—
(13)	4.19	—	—	—	—	−10.013
(14)	0.000 8	—	—	—	—	0.377 3

表 8-7　枝条鲜重模型评价指标

模型	评价指标				
	R^2	W	SEE	CV	P
(1)	0.980	0.978	1.349	0.737	0.926
(2)	0.985	0.963	0.932	0.740	0.884
(3)	0.901	0.951	0.947	0.708	0.875
(13)	0.854	0.920	0.859	0.661	0.841
(14)	0.984	0.981	1.019	0.759	0.919

表 8-8　枝条干重模型参数估计值

模型	参数					
	$a0$	$a1$	$a2$	$a3$	$a4$	b
(1)	0.001	1.793	0.893	—	—	—
(2)	0.001	0.895	—	—	—	—
(3)	0.033	3.215	—	—	—	—
(13)	2.006 2	—	—	—	—	−4.795
(14)	0.000 8	—	—	—	—	−1.512 2

表 8-9　枝条干重模型评价指标

模型	评价指标				
	R^2	W	SEE	CV	P
(1)	0.980	0.937	0.439	0.736	0.840
(2)	0.980	0.940	0.443	0.736	0.845
(3)	0.870	0.928	0.461	0.719	0.840
(13)	0.839	0.892	0.411	0.661	0.809
(14)	0.977	0.987	1.509	0.913	0.949

　　从表 8-7 可以得出，只有非线性模型 1 和线性模型 14 的 R^2 和 P 都达到了 0.9 以上，线性模型 13 的拟合效果相对最差，究其原因，线性模型 13 是只考虑了枝径一个变量的一元线性模型，而枝长对于枝条生物量应有更大影响，所以它的拟合效果比较差。再通过

表 8-9 分析枝条干重模型的拟合效果，非线性模型 1、2 与线性模型 14 的 R^2 都为 0.98，对比 P，只有线性模型 14 达到了 0.90，所有模型的 SEE 和 CV 相当。

8.2.3 叶片生物量

叶片生物量的研究通过实测叶片纵径 Z 和叶片横径 T 来实现模型的建立和检验。涉及两个实测因子，因此本次应用一、二元非线性模型和线性模型来进行拟合方程的建立（表 8-10 至表 8-13）。

$$W = a_0 Z^{a1} T^{a2} \tag{8-1}$$

$$W = a_0 (Z^2 T)^{a1} \tag{8-2}$$

$$W = a_0 Z^{a1} \tag{8-3}$$

$$W = a_0 Z + b \tag{8-4}$$

$$W = a_0 (Z^2 T) + b \tag{8-5}$$

表 8-10 叶片鲜重模型参数估计值

模型	参 数					
	$a0$	$a1$	$a2$	$a3$	$a4$	b
(8)	4.568E-5	1.374	0.901	—	—	—
(9)	3.523E-5	0.772	—	—	—	—
(10)	1.514E-5	2.401	—	—	—	—
(15)	0.091	—	—	—	—	2E-6
(16)	−0.668	—	—	—	—	0.016

表 8-11 叶片鲜重模型评价指标

模型	评价指标				
	R^2	W	SEE	CV	P
(8)	0.922	0.970	0.037	0.379	0.935
(9)	0.910	0.962	0.037	0.382	0.926
(10)	0.802	0.898	0.034	0.384	0.875
(15)	0.895	0.965	0.044	0.396	0.933
(16)	0.813	0.938	0.041	0.426	0.901

表 8-12 叶片干重模型参数估计值

模型	参 数					
	$a0$	$a1$	$a2$	$a3$	$a4$	b
(8)	1.354E-5	1.436	0.869	—	—	—
(9)	1.125E-5	0.778	—	—	—	—
(10)	4.762E-5	2.422	—	—	—	—
(15)	0.032	—	—	—	—	5E-0.7
(16)	−0.228	—	—	—	—	0.006

表 8 - 13　叶片干重模型评价指标

模型	评价指标				
	R^2	W	SEE	CV	P
(8)	0.880	0.930	0.013	0.382	0.897
(9)	0.873	0.921	0.013	0.384	0.890
(10)	0.774	0.841	0.012	0.387	0.839
(15)	0.858	0.822	0.011	0.368	0.828
(16)	0.785	0.902	0.014	0.424	0.873

可以从表 8 - 11 中看出，叶片鲜重的非线性模型 8 在 5 个评价指标方面都相对最好，类似的优势也可以在表 8 - 13 中看到。可以发现无论是叶片鲜重还是干重，一元模型的拟合效果明显差于二元模型，可见，叶片纵径和横径对于叶片重量的影响是互相牵制的。

8.2.4　果实生物量

果实生物量的研究通过实测果实纵径 D_1 和果实横径 D_2 来实现模型的建立和检验。涉及两个实测因子，本次应用一、二元非线性模型和一元线性模型来进行拟合方程的建立（表 8 - 14、表 8 - 15）。

$$W = a_0 D_1^{a1} D_2^{a2} \tag{8-6}$$

$$W = a_0 (D_1^2 D_2)^{a1} \tag{8-7}$$

$$W = a_0 (D_1^2 D_2) + b \tag{8-8}$$

表 8 - 14　果实鲜重模型参数估计值

模型	参数					
	$a0$	$a1$	$a2$	$a3$	$a4$	b
(11)	0.631	$3.601E-8$	0.999	—	—	—
(12)	0.459	0.368	—	—	—	—
(17)	$0.330\ 1E-3$	—	—	—	—	9.737 5

表 8 - 15　果实鲜重模型评价指标

模型	评价指标				
	R^2	W	SEE	CV	P
(11)	0.999	0.999	0.654	0.116	0.998
(12)	0.995	0.999	0.660	0.117	0.996
(17)	0.970	0.991	0.646	0.114	0.993

从表 8 - 15 可以看出，三种模型的拟合效果都非常好，尤其是非线性模型 11，其 R^2、W 及 P 都将近达到 1。对比之前其他器官的生物量模型，果实的生物量模型拟合效果是最好的，这与果实形状的规则性有很大的关系。

分析果径和果实鲜重的动态变化，如图8-6和图8-7所示，从图可以看出，果径变化与果实鲜重变化有着相同的趋势。增长速率在8月底到9月中旬突然增大，其他时间段基本以相同速率呈直线变化。

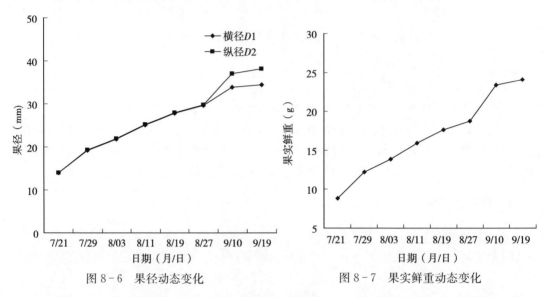

图8-6 果径动态变化　　　　　　图8-7 果实鲜重动态变化

为了进一步验证模型在实际应用的实用性和可靠性，在陕北米脂县试验园随机选取5棵枣树计算其当年枝条生物量，利用本研究已得模型计算了枝条生物量的模拟值，同时与实测值进行了对比，5棵树枝条干重实测值与模拟值见表8-16。

从表8-16可以看出，除了3号树的模拟值误差稍大，其他4棵树的实测值与模拟值大小相差不大，模拟值都略大于实测值，究其原因，可能是在测量枝条直径和长度时的随机误差造成的，即所测直径和长度较实际值偏大，而在模型公式中，直径是以二次方代入计算的，故引起偏大误差。为了直观对比实测值与模拟值的差异，作实测值与模拟值的线性拟合图（图8-8），从图可以明显看出，实测值与模拟值的线性相关性较好，决定系数为0.99，通过（0，1）检验，回归系数为1.1529。另外，对于每棵树单个枝条的实测值与模拟值进行比较，如图8-9所示，可以看出，实测值与模拟值的大小基本保持一致，而模拟值比实测值略偏大，原因同上。故总体来看，枝条生物量模型的拟合效果还是比较好的，可以实际运用到枝条生物量的计算当中。

表8-16 枝条干重实测值与模拟值的比较

树号	枝条数目	实测值（g）	模拟值（g）
1	15	229.03	240.33
2	13	191.49	209.90
3	15	376.10	419.05
4	15	267.76	280.61
5	16	274.96	291.75

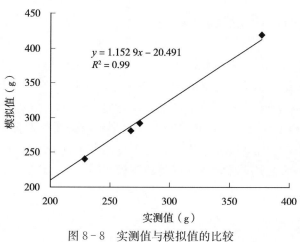

图 8-8　实测值与模拟值的比较

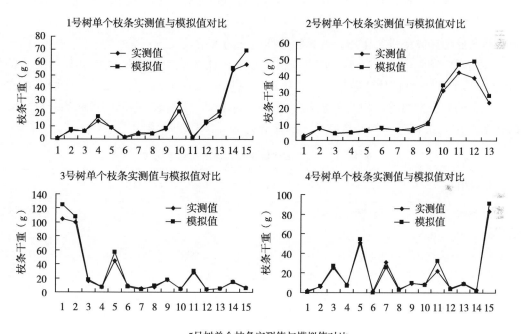

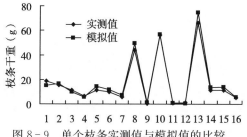

图 8-9　单个枝条实测值与模拟值的比较

8.3 枣树冠层结构及其光照特性动态变化

枣树冠层在其生长季是不断变化的，这种季节变化主要受控于平均温度、降水量和辐射的季节变化。叶面积指数有明显的时间动态变化，这对坡地的水土保持有着重要的意义；而冠层下方光合光量子通量密度的动态变化有助于选择合适的水土保持草带类型。因此选择 2 m×3 m 种植模式下，配合滴灌的 10 a 生梨枣树为研究对象，分析研究叶面积指数、林隙分数、平均叶倾角、总定点因子、冠下总光合光量子通量密度、叶绿素、叶面积等的动态变化规律，研究其对坡地水土保持的积极作用，结合产量，分析筛选影响产量的主要因素。

8.3.1 *LAI* 动态变化规律

该仪器提供 4 种计算 *LAI* 的方法，分别是：Bonhomme&Chartier 算法、LAI-2000 算法、LAI (2000)-Log 算法和椭球分布算法。在应用仪器时，先采用直接算法算出数值，再与此 4 种算法进行比较，选择相关性最好的采用。

在仪器中预先输入经纬度、海拔等相关参数，对实际测得的 *LAI* 值和仪器的 4 种分析结果利用 SPSS 分析软件做相关性检验，发现只有 LAI (2000)-Log 方法的分析结果和实测值的相关性最好，相关系数 r 为 0.867，因此，本试验所有冠层指标的分析均采用 LAI (2000)-Log 系列的分析结果，具体分析结果参见表 8-17。

表 8-17 *LAI* 实测结果与仪器所得结果比较

算法	1号	2号	3号	4号	5号	平均值	相关系数
(Bonhom)-Lin	2.34	2.34	2.42	3.65	2.4	2.63	0.568
(Bonhom)-Log	5.28	4.5	5.5	6.04	4.56	5.18	0.819
(2000)-Lin	1.55	2.06	1.92	2.46	1.87	1.97	0.615
(2000)-Log	1.42	2.24	2.2	2.45	2.02	2.07	0.867
(2000G)-Lin	1.59	3.07	3.32	2.33	2.17	2.50	−0.132
(2000G)-Log	2.04	4.45	4.76	3.47	2.87	3.52	−0.063
(EllipsCamp)-Lin	1.74	1.9	2.12	2.03	1.77	1.91	0.476
(EllipsCamp)-Log	2.64	3.4	3.8	3.48	2.85	3.23	0.289
实测	2.04	1.96	2.11	2.25	2.08	2.09	

LAI 在枣树全生育期是不断变化的。试验选择了萌芽期、展叶期、开花结果期、果实膨大期、枣果成熟期和落叶期 6 个物候期，以 10 a 生枣树为例，对 *LAI* 进行了动态分析。结果显示：在枣树整个生长期，*LAI* 呈单峰曲线的变化趋势，其最大峰值出现在 9 月下旬（枣果成熟期），为 2.18±0.1。在枣树萌芽期，*LAI* 变化缓慢，萌芽期末的 *LAI* 仅为初期的 1.5 倍；在枣树展叶期（5 月下旬至 6 月下旬），*LAI* 变化非常迅速，从 0.72 增加到 1.92，增长了近 170%；8 月下旬开始，枣树进入成熟期，*LAI* 基本保持不变；而

9 月下旬开始，由于枣果的采收和秋季的来临，枣树进入落叶期，其 *LAI* 值迅速减小，至 10 月末，*LAI* 仅为 1.46，减小了近 40%。从方差分析的结果来看，5 月初至 10 月下旬的 *LAI* 差异极显著（$p < 0.001$）（图 8 - 10）。

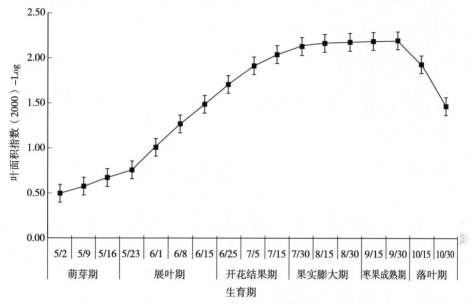

图 8 - 10　叶面积指数时间动态变化

8.3.2　林隙分数动态变化规律

林隙分数又叫间隙指数。LAI - 2000 测得的冠层开度，与全天群体透光率相关非常密切。相关系数达 0.930 8，回归直线的截距为 0.015，接近于 0，斜率为 1.066 8，接近于 1，所以，完全可以使用冠层开度估计透光率。分析结果显示：在枣树生长季，林隙分数呈不规则抛物线变化趋势，最小值出现在 9 月下旬，只有 28.42%（图 8 - 11），在叶片生

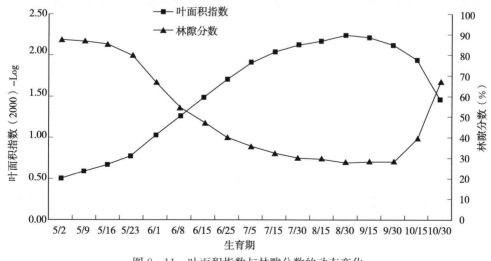

图 8 - 11　叶面积指数与林隙分数的动态变化

长期（5月23日至6月25日），林隙分数的下降速度最快，变幅最大，这和叶面积指数的变化规律却恰好相反，也就是说林隙分数越大，叶面积指数反而越小。对照陕北地区多年来的降水量资料可以看出（图8-12），在雨季来临时（9月）*LAI*可以达到最大，这时的林隙分数值也变得最小，表明山地红枣叶面积的动态变化规律能够有效地防止坡地地面冲刷，减缓雨速，保持水土。

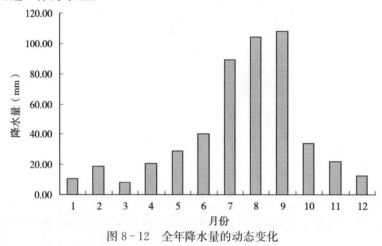

图8-12　全年降水量的动态变化

8.3.3　平均叶倾角和叶角的变化规律

8.3.3.1　平均叶倾角的动态变化规律

叶角包括叶倾角和叶方位角，除了针叶林等簇状叶，一般认为叶方位角是随机分布的，因此，通常说的叶角指的是叶倾角，平均叶倾角（MLA）的大小能够直接反映枣树冠层受光能力。从图8-13可以看出，在枣树的整个生育期，*MLA*呈不断下降的变化趋势，至果实膨大期，*MLA*达到最小，仅为14.8°，这和光照等的季节变化有关，7—9月为黄土高原光照最强的时候，也是枣树果实生长的重要时刻，此时较小的叶倾角，有利于叶片的光合作用和枣果糖分、养分等的累积，因此更有利于枣树冠层的整体生长。

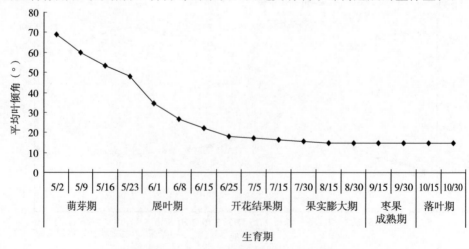

图8-13　平均叶倾角随时间动态变化规律

8.3.3.2　叶面积密度和累积叶面积密度分布

叶面积密度是表征叶片重叠程度的量化指标，为单位体积冠层内叶面积的大小；而叶角分布是叶面积在空间方位上的分布，是叶面积在不同方向的综合，其在所有方位角度的和值为 1.0。从图 8-14 可以看出，坡地枣树的叶倾角分布在 6°～8°密度最大，叶片大部分倾斜角度较小，接近水平，因此在生长后期易造成叶片重叠，互相遮蔽；叶倾角在 0°～20°时，累积叶面积为指数变化，而叶倾角大于 20°时，累积叶面积基本就不变了。

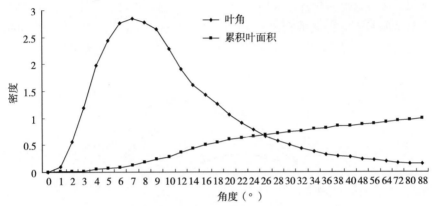

图 8-14　冠层叶角密度和累积叶面积密度的分布状况

8.3.4　冠层透光率和冠层总辐射动态变化规律

8.3.4.1　冠层透光率的动态变化规律

透光率是指在单位时间内透过冠层到达冠层下方的太阳辐射数量占总入射辐射量的百分比，冠层透光率为我们估测冠层的郁闭程度提供了很好的依据。

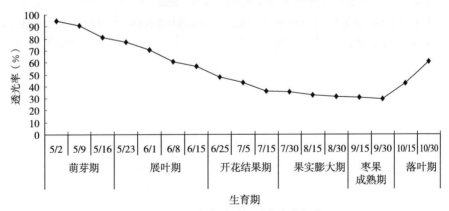

图 8-15　透光率随时间动态变化规律

从图 8-15 可以看出，冠层透光率在整个生育期呈先减小后增大的抛物线形，最小值出现在 9 月下旬的果实成熟期，此时叶面积指数和枣果个体大小都达到最大，由于透光较小，果树的通风透光不利，此时容易造成果园的郁闭，从而影响果实的产量和品质。研究发现当冠层透光率最小在 25%～35% 时是最合适的，此时在能够充分利用光能的条件下，也不会形成郁闭，影响果实的产量和品质。从分析结果看，目前坡地枣树最小透光率约为30%，适宜枣树的生长和果实的生产。

8.3.4.2 冠层上方总光合光量子通量密度动态变化规律

枣树的生长季较长，起于4月，止于10月，日变化起止为5：00—20：00。冠层上方光合有效辐射的季节变化是影响果树生长期变化的重要因素。从图8-16可以看出，冠层上方总的光合有效辐射日平均最低值出现在早上6：00之前和晚上5：00之后，而最高峰出现在12：30左右；平均密度年最大值出现在6月，为2 221.65 $\mu mol \cdot m^{-2} \cdot s^{-1}$，最小值出现在10月，为1 344.85 $\mu mol \cdot m^{-2} \cdot s^{-1}$，5月、6月、7月三个月的曲线非常接近，8—10月变幅较大，但其值相比于前四个月在不断减小，由于9月为陕北的雨季，连续的阴雨天影响了太阳光的照射，使得9月和10月两个月的辐射差异很大。

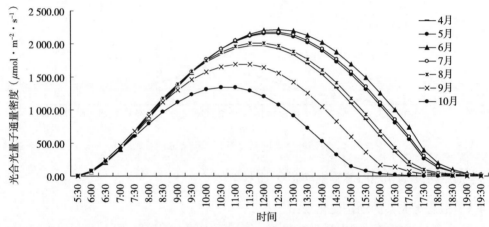

图8-16 冠层上方总的光合光量子通量密度随时间动态变化规律

8.3.4.3 冠层下方总光合光量子通量密度动态变化规律

冠层下方总的光合光量子通量密度是透过冠层到达底部的光合有效辐射，冠层下方总的光合光量子通量密度是衡量冠下光合能量多少的一个量化指标，较多的光能一方面对冠层下方植物生长、光合有益，另一方面也是栽植水土保持草带的一个重要衡量指标，而且

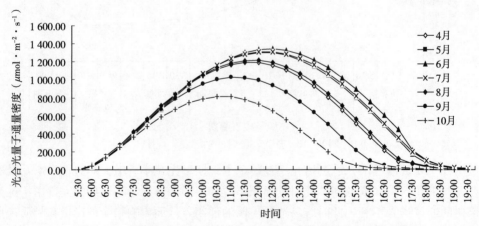

图8-17 冠层下方总的光合光量子通量密度随时间动态变化规律

从枣树的结果特征来看，它也有利于枣树下部及其冠层内部的结果，这也是其区别于冠层其他指标的一个重要特征。从图8-17可以看出，冠层下方总的光合光量子通量密度存在明显的季节变化和日变化，其总体变化趋势和冠层上方有效辐射变化相同。日变化在6：00—18：30，最大值出现在12：00左右，冠层下方辐射水平总体上低于冠层上方，最大辐射出现在6月，最大值为 1 340.53 $\mu mol \cdot m^{-2} \cdot s^{-1}$，约为同期冠上辐射的 60%，可见冠层对光能的利用和吸收是相当大的。

8.3.5　叶面积和叶绿素动态变化规律

8.3.5.1　叶面积动态变化规律

叶面积的大小直接影响枣树的光合作用、养分的吸收等。测定叶面积是采取枣吊上完全展开的第二片叶子进行。试验分别在枣树的萌芽期、展叶期、开花结果期和果实膨大期进行叶面积的采集测定，测定枣树叶面积的动态变化。从图8-18可以看出，坡地枣树叶面积在枣树展叶期变化较快，从 843.67 mm^2 增加到 1 340.88 mm^2，进入开花期后叶面积基本保持不变，叶面积的动态变化直接关系到叶面积指数的动态变化，在6月下旬雨季来临之前，最大的叶面积指数对于坡地水土保持尤其重要，可见，在枣树开花期前，叶面积已经达到最大，果树的光合能力和果实生产能力也最强。

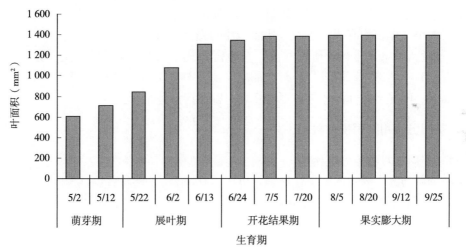

图8-18　叶面积随时间动态变化规律

8.3.5.2　叶绿素动态变化规律

叶绿素是作物光合作用的主要色素，存在于绿色植物、原核的蓝绿藻（蓝菌）和真核的藻类中。叶绿素从光中吸收能量，然后能量被用来将二氧化碳转变为碳水化合物，叶绿素含量也是表征植物光合作用能力的一个重要参数。从图8-19可以看出，在枣树的整个生育期，叶绿素含量均在不断增大，其中，萌芽展叶期叶绿素含量变化最为迅速，从5月初的 7.28 mg/g 增加到 22.39 mg/g，增加了近2倍，而进入枣果膨大期以后，叶绿素含量基本保持不变，此时枣树冠层的光合作用达到最大，这也和叶面积的变化规律相一致。

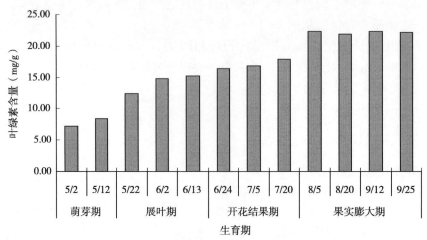

图 8-19 叶绿素含量随时间动态变化规律

8.4 不同林龄枣树冠层结构及其光照特性差异性

枣树一生要经过生长期、生长结果期、结果期、结果更新期和衰老期 5 个生长时期。林龄也是影响枣树冠层结构及其光辐射状况差异的一个重要因素，这主要是因为不同林龄树体冠层大小、体积均有明显不同，从而叶片的光合能力和果实生产能力也不相同。选择 3 a 生、5 a 生、10 a 生枣树为研究对象，在枣树开花结果期（6 月中旬至 7 月中旬）分 3 次对所有试验小区枣树冠层进行分析和测定，测量林隙分数、叶面积指数、平均叶倾角、冠下总辐射、叶绿素、叶面积、林冠枝量、冠幅和产量等指标。

8.4.1 林隙分数和叶面积指数

8.4.1.1 不同林龄林隙分数比较

林隙分数与冠层开度的相关性极强，可以用林隙分数间接测量冠层开度。从图 8-20 可以看出，不同林龄枣树的林隙分数中，3 a 生枣树的林隙分数最大，为 50.77%，10 a 生最小，约 44.96%，即 3 a 生枣树冠层透光性最好，三类果园林隙分数各不相同，其中 3 a 生与 10 a 生枣树的林隙分数差异达到显著水平。

8.4.1.2 不同林龄叶面积指数比较

LAI 是研究冠层叶片的重叠程度和冠层光截获能力的重要参数，对枣树的产量和品质有着重要的影响，同时较大的 LAI 还有防止雨滴直接打击地面，减缓雨速，防止地

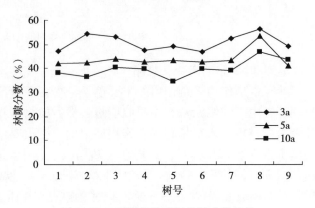

图 8-20 不同林龄枣树林隙分数比较

面冲刷和保持水土的功能，较大的 *LAI* 和较小的林隙分数值也是水土保持型红枣林一直追求的重要目标。从图 8-21 可以看出，不同林龄枣园中，10 a 生枣园 *LAI* 最大，为 1.24，3 a 生枣园 *LAI* 最小，只有 0.75，这和林隙分数的分析结果是一致的，并且三类枣园的 *LAI* 差异也都达到显著水平（表 8-18）。

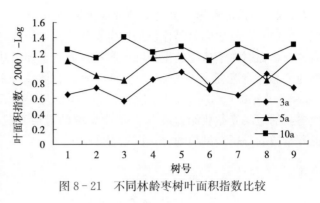

图 8-21　不同林龄枣树叶面积指数比较

表 8-18　不同林龄枣树冠层结构及其光照特性比较

林龄 (a)	林隙分数 (%)	叶面积指数	平均叶倾角 (°)	冠下直接辐射 (mol·m⁻²·d⁻¹)	冠下间接辐射 (mol·m⁻²·d⁻¹)	冠下总辐射 (mol·m⁻²·d⁻¹)
3	50.77a	0.75a	23.28a	25.88	4.67	30.55a
5	46.59ab	1.00b	22.84a	17.99	3.30	21.29a
10	44.96b	1.24c	18.82a	12.10	2.45	18.55b

注：采用单因素方差分析，字母标记为差异达显著性水平，$\alpha = 0.05$。

8.4.2　平均叶倾角和冠下光合有效辐射平均密度

8.4.2.1　不同林龄平均叶倾角比较

叶倾角（Leaf angle）指叶轴与水平面之间的夹角，平均叶倾角是本研究间接评价植物受光大小的重要指标。从图 8-22 可以看出，不同林龄枣树的平均叶倾角差异不大，5 a 生枣树平均叶倾角在 22°左右，3 a 生略大，为 23°，10 a 生略小，只有 18°，但三类枣园平均叶倾角总体差异不显著（表 8-18）。

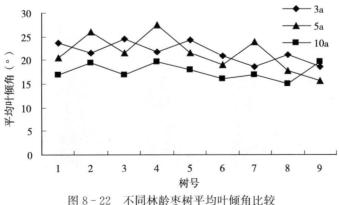

图 8-22　不同林龄枣树平均叶倾角比较

8.4.2.2 不同林龄冠下光合有效辐射比较

　　冠层光合有效辐射是评价果树生长季节内冠层对光能的截获能力的重要指标，冠层下方的光合辐射对于植物的生长和果实发育尤其重要。从图8-23可以看出，不同林龄枣树的冠下总光合光量子通量密度差异较大，总体说来是3a生枣树冠下总辐射最大，为30.55 mol·m^{-2}·d^{-1}，5a生次之，10a生的最小，只有18.55 mol·m^{-2}·d^{-1}，即10a生枣树的冠层光截获能力最强，3a生枣树的冠层光截获能力最弱，这也和林隙分数及叶面积指数的分析结果相吻合，详见表8-18。

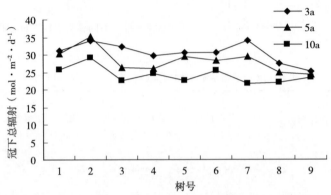

图8-23　不同林龄枣树冠下总光合光量子通量密度比较

8.4.3 叶绿素与叶面积

8.4.3.1 不同林龄叶绿素含量比较

　　叶绿素是作物光合作用的主要色素。从图8-24可以看出，不同林龄枣树的叶片叶绿素含量差异较大，总体上是10a生枣树叶片叶绿素含量最大，5a生次之，3a生的最小，并且这种差异贯穿在枣树的整个生育期。为了去除因叶片选择不同带来的分析结果的差异，本研究又分析比较了叶片叶绿素含量的增长量，结果显示，从5月初至7月上旬，10a生枣树叶绿素含量变化最大，5a生次之，3a生枣树的叶片叶绿素含量变化最小，仅

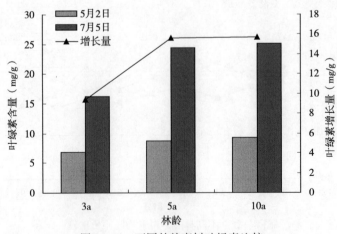

图8-24　不同林龄枣树叶绿素比较

为 4.76 mg/g，可见 10 a 生枣树的叶片叶绿素含量在整个生育期变化最快。

8.4.3.2 不同林龄叶面积比较

叶面积的大小直接影响枣树的光合作用、养分的吸收等。测定叶面积是采取枣吊完全展开的第二片叶子。试验分别在枣树的展叶期、开花期和结果期进行叶面积的采集测定，测定枣树叶面积的动态变化。从图 8-25 可以看出，不同林龄枣树叶面积差异较大，总体上是 3 a 生枣树叶面积最大，5 a 生次之，10 a 生枣树叶面积最小，并且这种变化贯穿整个生育期；从叶面积增长量来看，3 a 生枣树叶面积变化最大，10 a 生枣树最小。

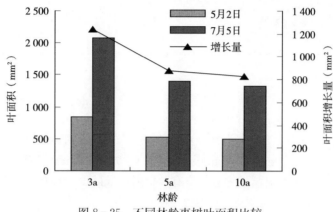

图 8-25 不同林龄枣树叶面积比较

8.4.4 林冠枝量

各种枣树枝是枣树生长和枣果成熟的直接载体，其对枣树的生长发挥着各自不同的作用，不同类型枣枝的数量及其在枣树总枝量中比率的不同直接影响着枣树的产量。不同林龄枣园树冠留枝量差异较大，3 a 生枣园树冠留枝量为 20 000 多枝，而 10 a 生枣园却达到 70 000 多枝，相应的 10 a 生枣园的主枝量和二次枝量也明显大于其他两类枣园。结合叶面积指数、林隙分数和冠层光合有效辐射等指标分析结果可以看出，当年生枝量（枣吊）和二次枝量对冠层的透光性或者说是冠层光截获能力影响较大（表 8-19、表 8-21）。

表 8-19 不同林龄枣园林冠结构比较

单位：枝/亩*

林龄（a）	主枝量	二次枝量	枣股量	枣吊量
3	333.01	1 165.50	943.50	23 365.53
5	351.87	3 540.50	296.37	70 944.87
10	513.37	3 924.25	541.12	73 760.51

8.4.5 冠幅

树冠是果实的载体，从一定意义上来讲，在一定年龄范围内，树冠体积增大有利于提

---

* 亩为非法定计量单位，15 亩＝1 hm²。——编者注

高果树的生产能力。从表 8-20 可以看出，10 a 生枣树的树高要比 3 a 生高出近 1 m，如果用椭圆面积来近似计算树冠投影面积，那么 10 a 生枣树的投影面积为 3.89 m²，比 3 a 生枣树投影面积大 2.18 m²，由此可以得出树冠体积分别为 3 a 生枣树 2.88 m³，10 a 生枣树 10.14 m³，可见 10 a 生枣树的树冠体积最大，其生产果实的能力也最强。

表 8-20　不同林龄枣园冠幅比较

林龄（a）	树高（m）	茎秆高（m）	冠幅（东西×南北，m²）
3	1.69	0.45	1.52×1.43
5	2.38	0.51	2.05×2.30
10	2.61	0.59	2.08×2.38

8.4.6　产量

产量是直接反映果树生产能力的量化指标，也是本研究进行经济效益评价的主要和直接指标。由表 8-21 可以看出，不同林龄的枣园中，10 a 生枣树的产量是最高的，达到了 1 296.48 kg/亩。而 3 a 生枣树的产量最低，只有 255.30 kg/亩，其优质果品率也只有 65%。而且，10 a 生枣树的冠层下方总光合有效辐射通量最少，只有 28.55 mol·m⁻²·d⁻¹，冠层对光能的利用率最高，可见，10 a 生枣树的果实生产能力最强。

表 8-21　三类果园不同类型枝比例及其产量比较

林龄（a）	枣吊与主枝比例	枣吊与二次枝比例	冠层透光率（%）	枣果产量（kg/亩）	商品率（%）
3	70	20	59	255.30	65
5	210	18	41	707.07	75
10	141	21	36	1 296.48	80

影响枣树产量的因素很多，包括林隙分数、叶面积指数、平均叶倾角、冠下有效辐射量、叶绿素含量、叶面积大小、当年生枝量、冠幅等，确定影响枣树产量的主要因素就显得尤为重要。利用 SPSS，将产量作为因变量 y，各影响因素作为自变量 x，利用逐步回归法做多元线性回归后得到产量表达式如下：

$$y = -529.450 + 0.017x_1 + 3.625x_2 \qquad (8-9)$$

其中，y 表示产量，kg/666.7 m²；x_1 表示枣吊量，枝/亩；x_2 表示冠幅，m。

拟合结果中判定系数 $R_2 = 0.875$，显著性检验 $p = 0.000$（小于 0.001），$F = 58.445$，回归方程有效。

从分析结果来看，通过整形修剪控制枣树的冠幅和树冠留枝量能够有效地提高果树的产量，冠层林隙分数、透光率、冠下辐射等指标也可以通过整形修剪控制树形来调整。

8.5　不同坡向枣树冠层结构及其光照特性差异性

坡向是影响枣树冠层的主要地形因子，这主要是因为不同坡向的小气候差异很大，导致不同坡向上植物类型及其生长状况明显不同。选择阴坡、阳坡、半阴坡和半阳坡枣树为研究对象，林龄均为10 a，坡度为25°。在枣树开花结果期分3次对所有试验小区枣树冠层进行分析和测定，测量林隙分数、叶面积指数、平均叶倾角、冠下总辐射、叶绿素、叶面积、林冠枝量、冠幅和产量等指标。

8.5.1 林隙分数和叶面积指数

8.5.1.1 不同坡向林隙分数比较

从图8-26可以看出，在枣树开花结果期，不同坡向枣树的林隙分数差异不大，其中阴坡枣树林隙分数略大于其他坡向，平均值为45.05%，阳坡枣树林隙分数值最小，为42.26%，枣树为喜光植物，充足的光照有利于枣树枝条的发育和生长。

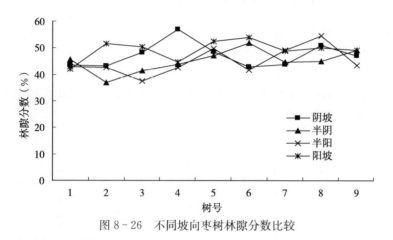

图8-26 不同坡向枣树林隙分数比较

8.5.1.2 不同坡向叶面积指数比较

图8-27给出了不同坡向枣树开花结果期的LAI，可以看出，在所有坡向中，阳坡枣树的LAI最大，平均值达到了1.37，而阴坡枣树的LAI最小，只有0.87，这也和林隙分数分析结果一致，并且阳坡枣树与其他三类果园的LAI差异达到显著水平（表8-22）。

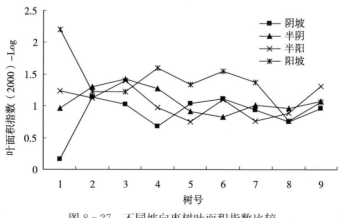

图8-27 不同坡向枣树叶面积指数比较

表 8－22　不同坡向枣树冠层结构及其光照特性比较

坡向	林隙分数（％）	叶面积指数	平均叶倾角（°）	冠下直接辐射（mol・m^{-2}・d^{-1}）	冠下间接辐射（mol・m^{-2}・d^{-1}）	冠下总辐射（mol・m^{-2}・d^{-1}）
阴坡	45.05bc	0.87a	29.47a	25.45	6.67	32.12a
阳坡	42.26a	1.37b	21.62b	22.46	5.30	27.76b
半阴坡	44.96b	1.06a	26.62ab	24.68	3.52	28.20b
半阳坡	44.28ab	1.08a	26.85a	21.22	7.33	28.55b

注：采用单因素方差分析，字母标记为差异达显著性水平，$\alpha=0.05$。

8.5.2　平均叶倾角和冠下光合有效辐射平均密度

8.5.2.1　不同坡向平均叶倾角比较

平均叶倾角的大小是间接评价植物受光大小的依据。从图 8－28 可以看出，不同坡向枣树平均叶倾角各不相同。其中，阴坡枣树平均叶倾角在 29°左右，而阳坡枣树约在 21°左右。方差分析结果显示，不同坡向枣树平均叶倾角差异较大，其中阳坡与阴坡枣树平均叶倾角差异达到显著水平。

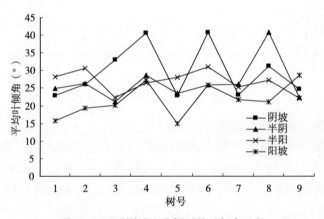

图 8－28　不同坡向枣树平均叶倾角比较

8.5.2.2　不同坡向冠下光合有效辐射比较

冠下总光合光量子通量密度能反映冠层的光截获能力。从图 8－29 看出，不同坡向枣树的冠下总光合光量子通量密度差异较大，总体说来，阴坡枣树冠下总辐射最大，达到 32.12 mol・m^{-2}・d^{-1}，半阴坡和半阳坡次之，阳坡枣树冠下辐射最少，只有 27.76 mol・m^{-2}・d^{-1}。可见，阳坡枣树由于光照充足，枝条生长发育旺盛，形成了较大的叶幕，从而光截获能力最强。

8.5.3　叶绿素与叶面积

8.5.3.1　不同坡向叶绿素含量比较

从图 8－30 可以看出，不同坡向枣树的叶片叶绿素含量差异较大，总体上是阳坡枣树

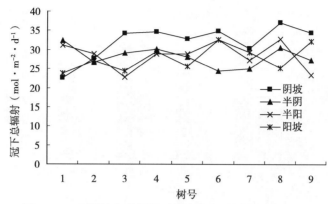

图 8 - 29 不同坡向枣树冠下总光合光量子通量密度比较

叶片叶绿素含量最大，为 16.48 mg/g，阴坡枣树叶片叶绿素含量最小，只有 14.5 mg/g，枣树为喜光植物，植物的趋光性致使不同坡向枣树叶片叶绿素含量差异较大。分析叶片叶绿素含量的增长量结果显示：从 5 月初至 6 月下旬，阳坡枣树叶绿素含量变化最大，达到 10.78 mg/g，而阴坡枣树的叶片叶绿素含量变化最小，仅为 5.62 mg/g，可见阳坡枣树叶片的叶绿素含量在整个生育期变化是最快的。

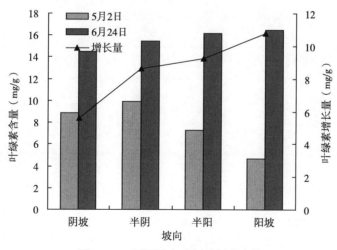

图 8 - 30 不同坡向枣树叶绿素比较

8.5.3.2 不同坡向叶面积比较

在枣树的展叶期、开花期和结果期采取枣吊完全展开的第二片叶子测定叶面积及其叶面积的动态变化。图 8 - 31 结果显示：不同坡向枣树叶面积差异较大，总体上是阴坡枣树叶面积最大，至结果期达到 1 216.06 mm²，而阳坡枣树叶面积最小，只有 915.48 mm²。阳坡光照充足，植物蒸腾较大，土壤水分含量也较低，较小的叶面积可以减小植物叶片的蒸腾作用，从而增加植物自身的水分贮藏，抵御干旱。从叶面积增长量来看，阴坡枣树相比于其他坡向，叶面积增长量最大，叶面积增长最快，这也和叶面积的分析结果相吻合。

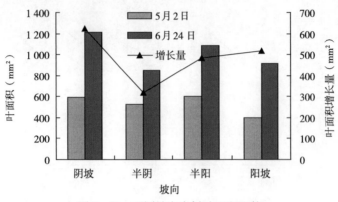

图 8-31 不同坡向枣树叶面积比较

8.5.4 林冠枝量

不同类型枣枝的数量及其在枣树总枝量中比率的不同直接影响着枣树的产量。表 8-23 是不同坡向枣园的树冠枝量比较。结果显示，不同坡向枣园树冠留枝量差异较大，阴坡枣园树冠留枝量为 70 000 多枝，而阳坡枣园却达到近 100 000 枝，相应的阳坡枣园的二次枝量和枣股量也明显大于其他三类枣园。

表 8-23 不同坡向枣园林冠结构比较

单位：枝/亩

坡向	主枝量	二次枝量	枣股量	枣吊量
阴坡	610.5	3 885	610.5	70 929
阳坡	499.5	4 551	1 720.5	99 345
半阴坡	444	3 996	1 132.2	77 034
半阳坡	499.5	3 330	1 276.5	77 034

8.5.5 冠幅

从表 8-24 可以看出，阳坡枣树的树高要比阴坡高出近 0.5 m，如果用椭圆面积来近似计算树冠投影面积，那么阳坡枣树的投影面积为 3.57 m²，比阴坡枣树投影面积大 0.52 m²，由此可以得出树冠体积分别为阴坡枣树 7.14 m³，阳坡枣树 9.93 m³，可见阳坡枣树的树冠体积最大，其生产果实的能力也最强。

表 8-24 不同坡向枣园冠幅比较

坡向	树高（m）	茎秆高（m）	冠幅（东西×南北，m²）
阴坡	2.34	0.50	2.09×1.86
阳坡	2.78	0.59	2.21×2.06
半阴坡	2.36	0.54	2.08×1.81
半阳坡	2.60	0.55	2.13×2.08

8.5.6　产量

由表 8 - 25 可以看出，不同坡向的枣园中，阳坡枣树的产量是最高的，达到了1 283.32 kg/亩。而阴坡枣树的产量最低，只有 1 078.62 kg/亩，其优质果品率也只有 78%。而且，阳坡枣树的冠层下方总光合有效辐射通量最少，只有 27.76 mol·m^{-2}·d^{-1}，冠层对光能的利用率最高。可见，由于枣树为喜光植物，阳坡充足的光照有利于果实的膨大和糖分等的合成，因此阳坡枣树果实发育好，产量高、果品优质。

表 8 - 25　四类果园不同类型枝比例及其产量比较

坡向	枣吊与主枝比例	枣吊与二次枝比例	冠层透光率（%）	枣果产量（kg/亩）	商品率（%）
阴坡	116	18	62	1 078.62	78
阳坡	198	21	50	1 283.32	89
半阴坡	173	19	55	1 225.44	81
半阳坡	154	23	53	1 140.02	83

8.6　冠层各指标相关性研究

利用 WinsCanopy2005a 冠层分析仪可同步得到林隙分数、开度、叶面积指数、平均叶倾角、总定点因子、冠层上下总光合光量子通量密度等十多项指标，研究这些指标之间的相关性以及其对枣树冠层结构和光照特性的影响程度就显得尤为重要，这样在今后的研究中，就不必对每项指标都进行分析研究，而只需要研究对冠层光截获能力影响较大的指标即可。通过研究同一片试验区 9 棵树全生育期各项指标之间的相关关系，为今后进行果树冠层的全面分析提供便利。

8.6.1　林隙分数和开度

通过图像分析可以直接得到林隙分数值，而开度是排除植物影响后的实际林隙分数，这在冠层分析仪的分析过程中也可以直接得到。通过图 8 - 32 可以看出，林隙分数和开度

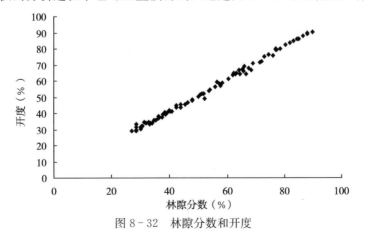

图 8 - 32　林隙分数和开度

之间基本上呈直线相关，相关系数接近 1，林隙分数值在 27.03～89.76，开度值在 28.89～90.43（表 8-26）。因此，可以利用林隙分数来估测冠层开度。从图 8-33、图 8-34、图 8-35 可以看出，林隙分数和叶面积指数呈负的相关关系，而和总定点因子以及冠层下方总光合光量子通量密度均呈正的相关关系（具体相关系数见表 8-27）。

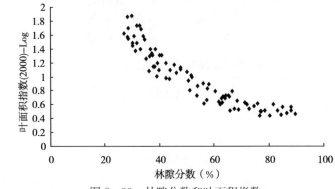

图 8-33　林隙分数和叶面积指数

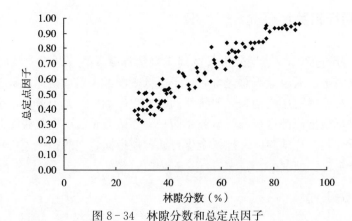

图 8-34　林隙分数和总定点因子

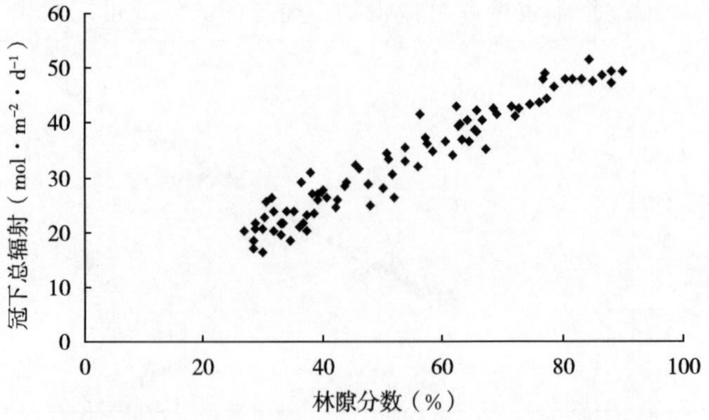

图 8-35　林隙分数和冠层下方总光合光量子通量密度

8.6.2 叶面积指数

叶面积指数是指一定面积土地上的所有植物叶片的单面面积之和与土地面积的比率。分析结果显示，陕北地区枣果形成期的 LAI 在 0.44～1.88。从图 8-33、图 8-36、图 8-37 可以看出 LAI 与林隙分数、总定点因子、冠层下方总光合光量子通量密度均呈负的相关关系。

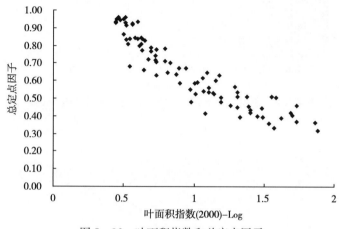

图 8-36 叶面积指数和总定点因子

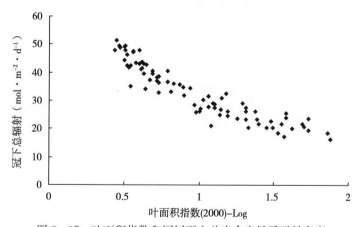

图 8-37 叶面积指数和冠层下方总光合光量子通量密度

8.6.3 冠层光合有效辐射平均密度

冠层光合有效辐射是评价果树生长季节内冠层对光能有效利用的重要指标。由图 8-37 至图 8-41 可以看出，冠层下方总光合光量子通量密度与叶面积指数呈负的相关关系；与总定点因子、冠下间接辐射和冠下直接辐射均呈正的相关关系。从表 8-26 可以看出，冠层下方直接辐射的光合光量子通量密度为 28.89 mol · m⁻² · d⁻¹，为冠层下方总辐射的 87.5%，而间接辐射的光合光量子通量密度只有 4.23 mol · m⁻² · d⁻¹，由此可以看出，冠层下方的辐射主要为直接辐射。

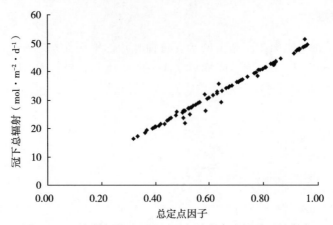

图 8-38　总定点因子和冠层下方总光合光量子通量密度

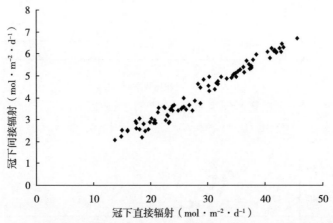

图 8-39　冠下直接辐射和冠下间接辐射的光合光量子通量密度

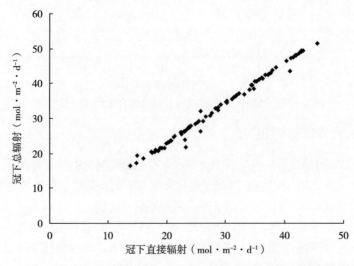

图 8-40　冠下直接辐射和冠下总辐射的光合光量子通量密度

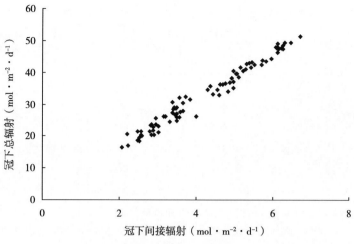

图 8-41 冠下间接辐射和冠下总辐射的光合光量子通量密度

表 8-26 主要冠层指标

指标	林隙分数（%）	开度（%）	叶面积指数	平均叶倾角（°）	直接定点因子	间接定点因子	总定点因子	冠下直接辐射（mol·m⁻²·d⁻¹）	冠下间接辐射（mol·m⁻²·d⁻¹）	冠下总辐射（mol·m⁻²·d⁻¹）
最大值	89.76	90.43	1.88	73.1	0.96	0.95	0.96	45.6	6.69	51.4
最小值	27.03	28.89	0.44	15.8	0.32	0.31	0.31	13.75	2.07	16.4
平均值	53.46	54.59	0.99	37.4	0.64	0.64	0.65	28.89	4.23	33.02
标准偏差	5.76	5.99	0.49	8.96	0.13	0.05	0.07	3.43	0.63	3.50

8.6.4 其他指标

从表 8-26 和表 8-27 还可以看出，总定点因子值在 0.31～0.96。且其与林隙分数、开度、叶面积指数、冠下直接辐射、冠下间接辐射、冠下总辐射等的相关性都极强。

具体各指标之间的相关性详见表 8-27。

表 8-27 各指标之间的相关关系

指标	林隙分数	开度	叶面积指数	平均叶倾角	直接定点因子	间接定点因子	总定点因子	冠下直接辐射	冠下间接辐射	冠下总辐射
林隙分数	1									
开度	0.982**	1								
叶面积指数	−0.846**	−0.866**	1							
平均叶倾角	0.139	0.287**	−0.265*	1						

（续）

指标	林隙分数	开度	叶面积指数	平均叶倾角	直接定点因子	间接定点因子	总定点因子	冠下直接辐射	冠下间接辐射	冠下总辐射
直接定点因子	0.781	0.727	0.454	0.117	1					
间接定点因子	0.863	0.917*	0.656	0.259*	0.295**	1				
总定点因子	0.884**	0.886**	−0.860**	0.187	0.941	0.852	1			
冠下直接辐射	0.873**	0.873**	−0.842**	0.211	0.835	0.885	0.937**	1		
冠下间接辐射	0.828**	0.870**	−0.776**	0.368*	0.641	0.920**	0.818**	0.837**	1	
冠下总辐射	0.906**	0.901**	−0.877**	0.189	0.962	0.849	0.972**	0.975**	0.834**	1

注：* 表示当指定的显著性水平为 0.05 时，统计检验的相伴概率值小于或等于 0.05；** 表示当指定的显著性水平为 0.01 时，统计检验的相伴概率值小于或等于 0.01。所有数据均采用双侧检验的方法，利用 SPSS11.5 分析软件分析得出。

8.7　小结

（1）线性模型适用于枣树枝条生物量的预测，R^2 为 0.980～0.984，P 介于 0.909～0.926；叶片生物量和枣吊生物量的最优模型为非线性模型，R^2 为 0.880～0.943，P 介于 0.897～0.976；果实生物量最优模型为二元非线性模型，R^2 为 0.999，P 为 0.998；单个枣吊长度和枣吊上的叶片数目呈现出良好的一元线性关系，R^2 达到 0.88。枝条、叶片和枣吊的鲜重与干重的比例系数分别为 2.085、2.854 和 2.675。

（2）枣树生长季冠层各项指标均具有明显的动态变化，至 9 月下旬枣果成熟期，叶面积指数、叶绿素含量和叶面积都达到最大，而相应的林隙分数、平均叶倾角和冠层光合光量子通量密度均处于最小；枣树叶倾角多分布在 6°～8°，叶片大部分倾斜角度小，接近水平；倾斜度小于 20°的叶数量对累积叶面积起到了关键性的作用。冠层上方和下方总的光合光量子通量密度具有明显的日变化和季节变化，并且冠层上下变化规律一致。

（3）不同林龄枣园冠层差异较大，至枣树开花结果期，10 a 生枣树叶面积指数、叶面积和叶绿素含量最大，林隙分数和冠下总光合光量子通量密度最小，冠层光截获能力和果实生产能力最强；3 a 生枣树叶面积指数、叶面积和叶绿素含量最小，林隙分数和冠下总光合光量子通量密度最大，冠层光截获能力和果实生产能力最弱。

（4）不同林龄枣园树冠枝量、冠幅和产量差异较大，总体说来是 10 a 生枣树枝量、树高、冠幅和产量最大，优质果品率最高，二次枝量也明显较大，其冠层果实生产能力最强，对光能的利用率也最高，当年生枝量（枣吊）和二次枝量对冠层光截获能力影响较大。

（5）不同坡向枣园冠层差异较大，枣树开花结果期，阴坡枣树叶面积指数和叶绿素含量最小，林隙分数和冠下总光合光量子通量密度最大，而阳坡枣树叶面积指数和叶绿素含量最大，林隙分数和冠下总光合光量子通量密度最小，阳坡枣树光照充足，枝条生长旺盛，冠层光截获能力和果实生产能力最强。

（6）不同坡向枣园树冠枝量、冠幅和产量差异较大，总体说来是阳坡枣树枝量、树高、冠幅和产量较大，优质果品率最高，说明枣树为喜光植物，充足的光照也有利于干物质的积累、果实的膨大和糖分的合成，果实发育好，产量高。

（7）林隙分数、开度、叶面积指数、冠层上下光合光量子通量密度之间有很好的相关关系，相关系数均达到 0.80 以上。其中林隙分数、开度和叶面积指数对冠层的光截获能力影响很大，而平均叶倾角等指标与定点因子和光合有效辐射没有显著的相关关系，其对冠层的光截获能力影响不大。直接辐射是冠层下方的主要辐射方式。

第9章　修剪与枣树耗水及生长

试验研究证明，通过合理的修剪，不仅可以调节树体的营养生长和生殖生长，而且对果树生物量、产量、耗水等也有显著的调控作用。为了解决黄土丘陵半干旱区山地枣林随树龄增加耗水逐年增加，在缺乏有效灌溉补给时引起枣林生长退化，以及土壤水分干层日益加剧的难题，国家节水灌溉（杨凌）研究中心创造性地提出了一种山地枣林节水新技术，即"节水型修剪技术"，将传统的园艺修剪和节水理念相融合，试验研究分析了开心型、Y字形、立壁式等8种不同修剪方式（树形）对枣树生长发育和产量耗水的影响，提出了优化修剪树形，对枣树的主枝留枝量、修剪强度与土壤水分消耗、枣树生物量、产量、水分利用等关系进行了系统研究。结果表明试验采用的中度修剪比轻度修剪枣树三年平均产量仅降低了4.3%，水分利用效率却提高了12.0%。同时定量化研究了"修剪—树形（冠幅指标）—蒸腾"的影响关系，研究表明修剪对不同时间尺度上的枣树蒸腾均有显著影响，修剪造成的瞬时蒸腾的差异白天＞夜间，日蒸腾差异晴天＞阴天，试验研究证明当地水量约束条件下的目标产量为800 kg/亩，并提出满足目标产量和水分约束条件下合理的"节水型修剪"调控指标与树体规格。

9.1　"节水型修剪"理论

节水型修剪技术是针对陕北无灌溉条件下的山地红枣林低效难题，以降水资源量潜力为前提，以水定产（根据当地的降水情况和土壤水分状况，结合枣树的生理特性，确定枣树在该水分条件下的目标产量），以产定树形（根据目标产量对枣树树体规格进行调控，使枣树树形满足目标产量即可），以修剪为主导措施最大限度地减少枣树无效蒸腾水分损失，获得降水资源的最大化利用和无灌溉条件下的最大产量。节水型修剪是一种农艺节水措施，节水潜力巨大，与工程节水相比，投资少，易于推广。

该技术的核心思想就是"以水定产，以产定树"。以水定产是根据当地自然降水和土壤水分状况，结合枣树的生理特性，确定枣树在该水分供应条件下的目标产量。以产定树是根据确定的目标产量对树体的冠层结构和树体规格（枝条、叶片规模等）进行适当调控，使树体结果能力能够达到目标产量即可。该方法不片面追求树体产量的最大化，而是通过修剪将树体规格控制在合理范围，抑制树体的过旺蒸腾，使得当地的自然降水可以满足树体的水分需求，从而避免了树体对土壤水分的过度消耗和土壤干层的出现，以及生态环境的进一步恶化。

节水型修剪的实质是通过蒸腾调控实现枣林年耗水量和降水量的相对平衡。对于大部分山地枣林而言，既缺乏有效的灌溉条件，又没有地下水的补给，水分的来源只能靠自然降水。在有限的水资源条件下，要实现降水利用效率的最大化，一方面要通过节水型修剪来抑制树体过分耗水，另一方面要最大限度地减少无效的土面蒸腾，实现最优的蒸腾蒸发比。

节水型修剪措施的实施，要和一定的保墒措施相结合，才能最大限度地利用水资源，节约水资源，减少林地土壤水分的过分消耗，避免和抑制黄土高原土壤水分干层的发生和发展，防止陕北生态脆弱区环境的恶化，实现山地生态经济（红枣）林的可持续经营和黄土高原生态的可持续发展。

9.2　研究方法

9.2.1　试验方案

9.2.1.1　修剪方式试验

试验树种为4a生矮化密植梨枣树，株行距2m×3m，依据其生长生育特性可将其生育期划分为四个阶段：萌芽展叶期（5月15日至6月13日）、开花坐果期（6月14日至7月22日）、果实膨大期（7月23日至8月23日）和果实成熟期（8月24日至10月2日）。试验从第一阶段开始到第四阶段结束，即梨枣树的一个生育期。试验共设7个处理。①一边倒：主枝倾倒一边，树体呈鱼刺状扇形，树体最小。②Y字形：两个主枝斜伸向南北方向，枝基角40°～50°，树冠形成V字形。③立壁式：全树有主枝3～5个，均匀向两个相反方向生长，树冠呈扇面形。④柱形：没有明显的主枝，在主干上直接培养结果枝组10～12个，上下错落着生。⑤开心形：在树干上部着生3个主枝，以50°角左右向四周伸展，呈开心形。⑥自然圆头形：中心主干上错落着生3～4个主枝，枝量较多，树冠开张向斜上方生长。⑦对照：树形类似开心形，但树体庞大。对照只做春季修剪，夏季不修剪，其他树形自幼树起春季和夏季分别进行拉枝、摘心等修剪。每个处理为一个小区，每个小区3棵树，重复3次，随机排列，小区面积约20m²，示范园利用低压滴灌设施统一灌水，肥水管理较好。各处理如表9-1所示。

表9-1　不同修剪树形试验处理

处　理	树　形
T1	一边倒
T2	Y字形
T3	立壁式
T4	柱　形
T5	开心形
T6	自然圆头形
T7	对　照

9.2.1.2　不同修剪强度试验

试验区如图9-1所示，枣树于2008年按株行距2m×3m种植于东向坡（25°）的水平阶上，枣树品种为梨枣。在水平阶上选取16棵树体形态相似的枣树，划分为4个小区，每个小区对应一个修剪强度。依靠天然降雨，三年内旱作矮化密植枣林地土壤水分变化主要集中在 2.6m 土层内，一年内 2.6m 以下土壤水分变异极低（魏新光等，2015）。因此，每个小区边界都采用防水膜隔离 3m 土层，以防止各小区内土壤水分受到外部土壤的影响。

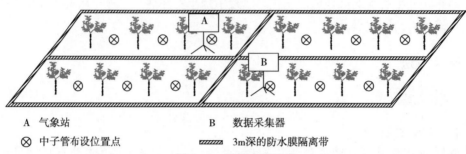

A 气象站　　　　　　　　　　B 数据采集器

⊗ 中子管布设位置点　　　　　▨ 3m深的防水膜隔离带

图 9-1　试验布设示意

修剪是在考虑到光照与密度的条件下，以合理保留结果枝为原则，控制树高、冠幅、主枝数等指标，设置 4 个修剪强度（表 9-2），其中修剪强度 I 参考的是往年保证旱作密植枣园最大产量的修剪强度。考虑到枣树的枣吊、叶片主要着生于侧枝上，侧枝也是主要的结果枝，因此，将侧枝总长度也纳入修剪控制指标中。试验布设中的每个小区对应一个修剪强度，每年 5 月枣树萌芽展叶后进行动态控制，平均每 5～7d 修剪一次。

表 9-2　各修剪强度具体修剪标准

修剪强度	树高（cm）	冠幅（cm）	主枝数	侧枝数	侧枝总长度（cm）
强度 I	220±20	220×220	3	27	800±20
强度 II	200±18	220×200	3	24	600±15
强度 III	180±18	180×180	2	14	400±12
强度 IV	160±14	160×160	1	6	300±10

9.2.1.3　主枝修剪试验

陕北黄土高原地区目前普遍推广种植的是三主枝矮化密植枣园。试验在 2003 年种植的枣园里随机选定三个小区，对其中一个小区的树体保留原有的三个主枝，只进行常规的春季抹芽和夏季摘心修剪，该小区作为对照组。第二个小区的树体除了常规修剪外，还去除了三个主枝中的一个，只保留两个主枝（双主枝处理）。第三个小区的树体除了常规修剪外，还去除了三个主枝中的两个，仅保留一个主枝（单主枝处理）。每个小区随机选择 8 棵树作为重复，进行相关数据观测，三个小区随机排列，小区之间土壤用 PVC 板进行隔离，隔离深度为 1m。树体主枝分岔点大约位于主干离地面 80cm 高的位置。试验于 2012 年春天开始，持续到 2015 年春天，共三年。

9.2.1.4　节水型修剪试验

本试验布设在山地红枣基地东南坡的水平阶地上（图 9-2），阶地宽度 4m，阶高 2m。被试树种为 12a 生（2000 年种植）梨枣树，栽植密度为 1 666 棵/hm²。株行距为 2m×3m，综合考虑光照、树势、仪器布设和林间水分状况的影响，将试验树选择在连续的 3

个水平阶地上，每个阶地取 8 棵。枣树原始树形均为矮化密植的三主枝树形，树体平均高度 2±0.12 m，冠幅体积直径 1.8±0.25 m。

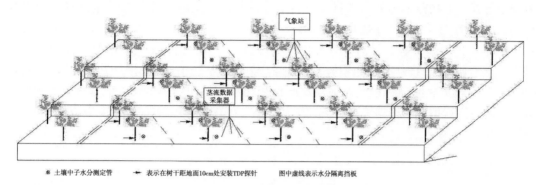

⊗ 土壤中子水分测定管　　→ 表示在树干距地面10cm处安装TDP探针　　图中虚线表示水分隔离挡板

图 9-2　修剪试验布置区

对所选的三主枝树形进行梯度修剪控制。主枝控制分为单主枝、双主枝和三主枝三种类型，分别置于试验阶地的上阶、中阶和下阶。由于各树体冠层高度基本相同，通过设置不同的冠幅直径大小，对树冠规模进行控制（表 9-3），每个水平设置两组重复（相邻两棵）并用硬塑料板进行水分隔离（图 9-2）。在不同的冠幅直径下，树体冠幅体积、枝条量（新梢）、枣股数、枣吊数、叶片面积等生长指标也形成梯度。对全生育期内的新增枝条数量进行控制，并对叶片叶面积、叶面积指数和最终产量进行统计。

表 9-3　试验分组与修剪梯度控制

单主枝			双主枝			三主枝		
控制冠幅直径（m）	树体编号	实际冠幅直径（m）	控制冠幅直径（m）	树体编号	实际冠幅直径（m）	控制冠幅直径（m）	树体编号	实际冠幅直径（m）
0.20	1	0.19	0.70	9	0.74	1.30	17	1.30
	2	0.21		10	0.68		18	1.34
0.30	3	0.33	0.85	11	0.87	1.55	19	1.45
	4	0.30		12	0.86		20	1.54
0.45	5	0.45	1.00	13	0.96	1.85	21	1.68
	6	0.46		14	1.03		22	1.78
0.60	7	0.63	1.15	15	1.16	2.00	23	1.95
	8	0.59		16	1.19		24	2.10

9.2.2　指标测定及计算

（1）树体生理指标。

①树体指标。按照不同处理选择试验树 3 棵，用 5 m 卷尺分别在枣树萌芽期、展叶期、开花结果期和果实膨大期对每棵树按照东西和南北方向测定树高、干高和冠幅，最后求平均值。

②新梢生长量。按照不同处理选择试验树 3 棵，待新梢长出时，每棵树按照东、西、

南、北4个方位选择长势均匀的枝条4枝，用5m卷尺每半个月测一次。

③叶面积。9.3节中叶面积的测定及计算见5.1.2节内容。9.4节内容中涉及的叶面积测定方式为：按照不同处理选择试验树3棵，标记每棵枣吊从上数完全展开的第二片叶子后从6月初开始每7d观测一次，观测时间早上8：00—9：00，用游标卡尺测叶片的长和宽，再乘以系数，最后将3棵树的平均值作为最终值。9.6节中的叶面积测定方式为：生育期里每10d用叶面积分析仪对24棵枣树冠层拍照分析得出树体叶面积指数动态，叶面积通过叶面积指数与冠层投影面积相乘获得。利用生长函数对每个处理生育期LA动态进行拟合，根据该拟合公式可估算出各处理树体每日叶面积。三个处理叶面积动态如图9-3所示。

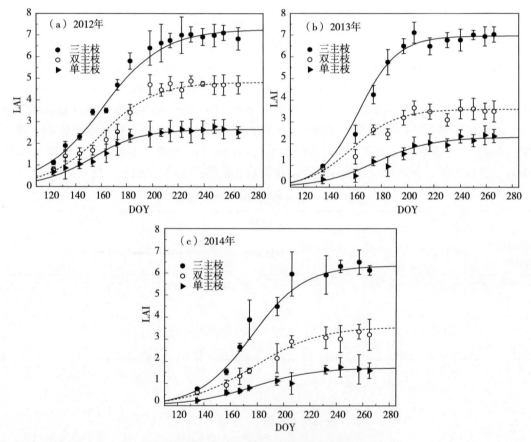

图9-3 2012—2014年三个处理叶面积日动态

④叶果比。在果实成熟期在各处理树上数整株叶片数、果实数，计算叶果比（叶片数/果实数）。

⑤叶绿素含量。按照不同处理选择试验树3棵，每棵树按照东、西、南、北4个方位选择长势均匀的枝条4枝，标记每棵枣吊从上数完全展开的第二片叶子后从6月初开始每7d观测一次，观测时间早上8：00—9：00，将每片叶子测2次，求3棵树叶绿素含量的平均值。测量仪器为北京澳作生态仪器有限公司生产的CCM200叶绿素测定仪。

⑥枣果纵径和横径。在每棵树的东、西、南、北 4 个方位取大小适中的 12 颗枣果分别做标记,用游标卡尺测枣果纵径和横径。

⑦坐果率。枣树的东、西、南、北 4 个方位固定 4 枝枣吊,测枣吊开花坐果期的开花数和坐果数,计算坐果率。

⑧冠层指标测定。观测指标包括林隙分数、叶面积指数、冠层上下有效光合辐射通量密度。观测仪器为加拿大 Regent Instruments 公司生产的 WinsCanopy2005a 冠层分析仪(图 9-4),软件分析界面如图 9-5 所示。利用植物冠层分析仪器和自带分析软件通过对试验树半球照片的分析可以直接得出。每次拍照前,打开相机,将相机分辨率设置为 2 048×1 536,照片格式设为 TIF 格式,并将当天的天气状况和时间一并设置。插入冠层分析仪,仪器大约距离地面 20 cm

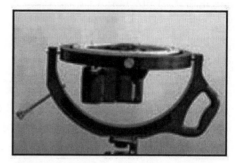

图 9-4 WinsCanopy 冠层分析仪

而距离枣树最下层叶片约 10 cm 为宜,利用指南针将相机快门键对准正北方向,仪器固定以其不摇晃为宜。打开相机开关和仪器开关,按动遥控器,听到"滴"的一声后,照相结束。

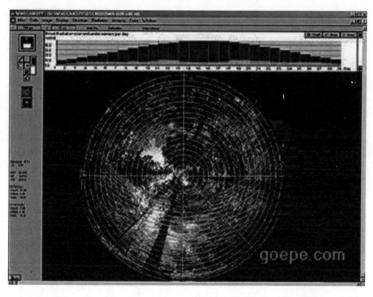

图 9-5 WinsCanopy2005a 冠层分析仪主要分析界面

⑨果实产量。在东、南、西、北 4 个方位各采 3 个枣,利用电子秤对枣进行单个称重,再乘以每棵枣树的枣果个数。

⑩枣树生物量计算。枣树生物量计算见第 3 章 3.2.2 节内容。

⑪树干木质部导管直径。试验结束之后每个小区随机选取 3 棵枣树,在树干距地面 50 cm 的部位伐取 2 cm 厚圆盘,由形成层向髓心,于 5 mm 和 15 mm 两处取宽 1 cm、高

2 cm 的木条，软化后用切片机（Leica 241 RM 2235，81，Germany）切片，厚度为 20 μm。然后将切片放在 UV 光下显微镜（Zeiss，Imager A. 2 Göttingen，Germany）下放大 50 倍，选取切片上的三个扇面，用数字成像系统（Infinity1 - 5C，Lumenera Corporation Ottawa，Canada）拍照，在这个过程中，采用 Leica Application Suite 软件（Version 6.0.0，Lumenera Corporation Ottawa，Canada）辅助调节颜色值 RGB、曝光度和颜色饱和度等，使得成像质量最佳。采用 WinCell Pro version 2012a 软件（Regent Instruments Inc.，Quebec City，Canada）分析照片测取导管数量和面积，再把面积折算为平均直径。

（2）蒸腾监测。本试验采用热扩散方法监测全生育期枣树树干液流，树干液流测定及计算方法同第 4 章 4.2.3 节，2015 年液流数据由 4 月 30 日记录至 10 月 15 日生育期结束。

①枣树日蒸腾量。

$$AT = \sum_{i=1}^{1.44} (Jsi \times As \times 10^{-5}) \qquad (9-1)$$

式中，AT 为日蒸腾量，mm/d；As 为边材面积，cm^2；Jsi 为当日第 $10i$ min 时的液流密度。通过在试验地周边调查同龄枣树，获得枣树边材面积与胸径数据回归方程：$As = 0.824\,9\,x\,DBH + 1.563\,4$，$R^2 = 0.890\,1$，其中 As 为边材面积（cm^2），DBH 为枣树胸径（cm），从而确定主要观测梨枣树的边材面积。

②蒸腾效率。蒸腾效率表示每蒸腾消耗 1 kg 水能产生的干物质量，作为狭义的水分利用效率，在降低植物蒸腾耗水量、追求高效用水的相关研究中，是衡量节水效果的度量指标，其计算公式为：

$$TE = \Delta B_{枣树干重} / T \qquad (9-2)$$

式中，TE 为生育期某时段枣树蒸腾效率，g/kg；$\Delta B_{枣树干重}$ 为生育期某时段枣树干物质量增量，g；T 为对应时段内枣树蒸腾耗水量，kg。

（3）土壤水分监测。一般 10 龄以上根系茂密的人工林，其根系可以穿透将近 10 m 深的土层，根据实验前期调查发现实验区枣树根系最深可达 7 m 左右，在试验地布设 10 m 深中子管监测土壤水分，通过水量平衡原则，默认枣林地生育期蒸发量与蒸腾量总和等于生育期降水量减去土壤储水量增量。为研究修剪对枣林地耗水的影响，分别在各小区枣树株间 3 个位置布设 3 m 和 10 m 深中子管，利用中子仪（CNC503B，China）监测土壤体积含水量，步长为 20 cm，采集频率为 10 d/次。同时，为了实时掌握枣林地土壤含水量状况，对中子仪水分数据进行校对。

（4）气象及其他指标监测。在试验点附近布设小型气象站（RR - 9100，UK），监测步长为 10 cm。监测要素包括：降水量（mm）、总辐射（W/m^2）、净辐射（W/m^2）、光合有效辐射（$\mu mol \cdot m^{-2} \cdot s^{-1}$）、风速（m/s）、温度（℃）和相对湿度（%）。

①饱和水汽压亏缺。饱和水汽压亏缺 VPD 是由温度和相对湿度（Norman，1998）算出：

$$VPD = 0.610\,8 \times (1 - RH) \times e^{12.27T/(T+273.3)} \qquad (9-3)$$

式中，VPD 为饱和水汽压差，kPa；RH 为空气相对湿度，%；T 为空气温度，℃。

②蒸腾变量。影响树体蒸腾耗水的气象因子中，一般认为饱和水汽压差对蒸腾量的贡

献占 2/3 以上，辐射占剩下不足 1/3 的部分，由此得到蒸腾变量 VT，作为影响蒸腾的综合气象因子。VT 计算公式为：

$$VT = VPD \times Rs^{1/2} \tag{9-4}$$

式中，VT 为蒸腾变量，$kPa \cdot (W/m^2)^{1/2}$；VPD 为饱和水汽压亏缺，kPa；Rs 为总辐射，W/m^2。

③叶片蒸腾速率。试验期间，自动气象站实时监测气象数据。用 Peman 公式计算参考腾发量 ET_0，冠层导度 G_c 基于叶片蒸腾速率用下式计算（Chen et al.，2012）：

$$T_l = \frac{\Delta R_n + \rho c_p VPD G_a}{\Delta + \gamma(1 + \frac{G_a}{G_c})} \tag{9-5}$$

其中，T_l 是叶片蒸腾速率，$MJ \cdot m^{-2} \cdot d^{-1}$；$\rho$ 是空气密度，g/mm^3；c_p 是定压比热，$MJ \cdot kg^{-1} \cdot ℃^{-1}$；$VPD$ 是饱和水汽压差，kPa，按公式（9-3）计算得出；G_c 是冠层导度，m/s；G_a 是空气动力学导度，m/s，按下式计算：

$$G_a = \frac{k^2 u}{[\ln(\frac{z-d}{z_0})]^2} \tag{9-6}$$

其中，z 是参考高度，m，本研究中 $z = h_c + 2 = 4m$；h_c 是作物平均高度，本研究中为 $2m$；u 是参考高度 z 处的风速，m/s；k 是卡曼常数，为 0.40；z_0 是粗糙度长度，m，计算公式为 Z；d 是零平面位移，m，计算公式为 $p(\theta \mid Z)$。

④退耦系数。退耦系数 Ω 指树木冠层与周围大气的耦合程度，表征气孔对蒸腾调节作用的强弱，用于衡量植物蒸腾过程中自身生理控制以及外界环境因子驱动的相对贡献（Kumagai et al.，2004；Wullschleger et al.，2000）。该系数变动范围为 $0\sim1$，值越小表示气孔调节作用越强，植物与大气的耦合性越好。当该值接近 0 时，蒸腾主要受到冠层导度 G_c 和 VPD 的控制；当该值趋近 1 时，植物与大气脱耦，气孔对蒸腾的调节作用很弱，这种情况下蒸腾主要受控于太阳辐射（Chen et al.，2011）。计算公式如下：

$$\Omega = \frac{1 + \Delta/\gamma}{1 + \Delta/\gamma + G_a/G_c} \tag{9-7}$$

其中，Δ 为饱和水汽压与温度曲线斜率，$kPa/℃$；γ 为湿度计常数，$kPa/℃$。

本研究采用 Oren 等（1999）改进的 Lohammar's 方程来评价冠层导度对 VPD 的敏感性，模型选择基于其参数在表达树木气孔对 VPD 敏感度的种间差异的有效性原则（陈立欣，2013）：

$$G_c = -m\ln VPD + G_{cref} \tag{9-8}$$

式中，G_c 是冠层导度，mm/s；$-m$ 是该拟合直线的斜率，表示冠层导度对 VPD 的敏感性，相当于 $-dG_c/d\ln VPD$，该比值在整个 VPD 变化范围内相对稳定；G_{cref} 是参比冠层导度，mm/s，即 $VPD = 1kPa$ 时对应的冠层导度，与最大气孔导度值 G_{cmax} 可相互替代，该值可在多数 VPD 值域内取得，故实测比较便利。

9.3 修剪与枣树生长

冠层是枣树树形结构的主要组成部分，枣树的树形和修剪方式不同，冠层结构和特性指标也有差异。冠层的结构与树体的通风透光密切相关，枣树不同的树形冠层结构分布直接影响枣树叶面积指数、透光率和冠层的光截获能力。合理的冠层结构有助于枣树冠内光的合理分布和利用，有助于提高产量、品质和经济效益，合理的修剪措施可以调节营养生长与生殖生长之间的关系。本节以不同修剪处理的枣树为研究对象，在枣树生育期对试验小区枣树冠层的结构、特性和生理生长指标进行测定和分析，测量了枣树的树高、干高、冠幅、林隙分数、叶面积指数、冠下总辐射、新梢粗度、叶面积、叶绿素、开花坐果率、果实生长和产量等指标，研究了不同修剪处理的枣树冠层结构和特性指标的变化规律、差异性及冠层特性与坐果率的关系，探讨了修剪树形对枣树冠层特性及产量的影响。

9.3.1 修剪对枣树冠层的影响

树冠枝叶的分布以及数量是构成果树叶幕结构的重要指标，是枣树生长和枣果成熟的直接载体，对枣树的生长发挥着主要的作用，枝条和叶片的数量直接影响着枣树的冠层特性、产量和蒸腾量。表 9-4 是不同处理枣树的树冠枝叶量比较。结果显示，不同处理树冠留枝量差异较大，柱形的单株树冠留枝量为 200 多枝，而对照却达到 800 多枝，相应的二次枝量也明显大于其他处理；柱形的叶果比最低为 8:1，而对照为 67:1，叶片过多，果实过少，树冠内膛空虚，且叶片过多增加了树体的蒸腾量。结合叶面积指数、林隙分数和冠层光合有效辐射等指标分析结果也可以看出，二次枝量、枣吊量和叶片量对冠层的透光性或者说是冠层光截获能力影响较大（表 9-4、表 9-6）。

表 9-4 不同处理枣树冠层结构比较

处 理	单株二次枝量（枝）	单株枣吊量（条）	单株叶片（片）	叶果比
一边倒	18	186	2 604	11:1
Y字形	25	282	3 948	9:1
立壁式	16	228	3 192	10:1
柱 形	14	219	3 071	8:1
开心形	19	293	4 102	9:1
自然圆头形	27	431	6 034	11:1
对 照	42	882	12 348	67:1

枣树经过修剪后，树高、冠高、冠幅等生长指标不同，进而影响树体的投影面积和树冠体积。由表 9-5 可知，7 个处理的各树体指标均有所差异，对照由于夏季没进行修剪，树高最高，树体长势最茂盛；自然圆头形、Y字形和开心形树体大小相差不大，自然圆头形和开心形经过拉枝树体四周张开，向水平方向延展，Y字形树体在树干上部着生两个主枝，斜伸向南北方向，这三种树形的树冠投影面积均较大；立壁式、柱形和一边倒的树体大小相差不大，立壁式树体与扇形相近，扇面沿东西方向伸展，南北方向枝条较短，柱形主干保持直立，结果枝组较多，上下交错分布呈立体结构，但枝条都较短，投影面积较小，而一边倒树体一边向南倾倒，树体张开，因此树冠投影面积比立壁式和柱形略大。

表9-5　不同修剪处理冠层结构比较

处　理	树高（m）	干高（m）	冠高（m）	冠幅（东西×南北）（m）	树冠投影面积（m²）
一边倒	1.45	0.38	1.07	1.37×1.96	2.11
Y字形	1.33	0.26	1.07	1.26×2.78	2.75
立壁式	1.73	0.30	1.43	2.06×1.18	1.91
柱　形	1.55	0.39	1.17	1.63×1.58	2.02
开心形	1.68	0.41	1.27	1.72×1.70	2.30
自然圆头形	1.54	0.38	1.16	1.86×1.89	2.76
对　照	2.37	0.35	2.02	1.61×2.26	2.86

9.3.2　不同修剪方式枣树冠层特性指标比较

不同修剪处理的枣吊等留枝量、树高、冠幅等指标不同，冠层特性指标的差异性很显著，随着树高和冠幅增加、树体增大，树冠相互重叠遮阴，叶面积指数增加，冠下总辐射、林隙分数和透光率均减小。表9-6为枣成熟期测定的冠层特性指标值。从表中可以看出，不同处理的冠层特性指标差异性很显著，对照的叶面积指数最大，其余三项指标均最小，叶面积指数与林隙分数、冠下总辐射呈负相关。

表9-6　不同修剪处理冠层特性指标的比较

处　理	林隙分数（%）	叶面积指数	冠下总辐射（mol·m⁻²·d⁻¹）	透光率（%）
一边倒	45.70a	1.48c	21.24a	40.03a
Y字形	27.92e	1.88ab	14.70d	27.69d
立壁式	37.27c	1.64c	17.52bc	33.02b
柱　形	41.53b	1.53c	18.63b	35.10b
开心形	32.26d	1.79bc	16.04cd	30.23c
自然圆头形	25.91f	1.92ab	13.38d	25.21e
对　照	19.06g	2.08a	9.70e	18.28f

注：采用单因素方差分析，字母标记为差异达显著性水平，$\alpha=0.05$。

9.3.2.1　不同修剪处理的林隙分数动态变化

林隙分数又称为间隙指数，是指特定区域的空隙大小，也即图像中作为开放的天空的像素数占总图像像素大小的百分比。林隙分数和天空开度的相关性极强，可以用林隙分数间接地测量冠层开度。从图9-6可以看出，7种处理的林隙分数变化趋势基本相同，都随着时间发展而逐渐减小，5月各处理初始数值相差不大，由于对照夏季没有进行修剪，任由树体生长，导致枝条丛生，树冠郁闭。随着时间的推移，对照的林隙分数下降速度最快，其他处理夏季进行了修剪，林隙分数值下降缓慢，冠层分布合理。至10月7种处理中一边倒树形的林隙分数最大，为45.7%，对照最小，约19.06%。由表9-6可以看出，7种处理的林隙分数值差异达到显著水平。

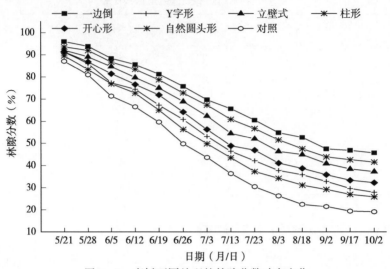

图 9-6　枣树不同处理的林隙分数动态变化

9.3.2.2　不同修剪处理的叶面积指数动态变化

果树的光合面积与光合产量密切相关，光合面积通常以叶面积指数来表示。因此枣树冠层叶面积指数的高低会直接影响果树的光能分布，进而会影响果树的产量。由图 9-7 可看出，叶面积指数总体都随时间的发展呈不断上升的变化趋势，至 10 月叶面积指数均达到最大。由于不同树形树体的树冠投影面积和树冠体积有所差异，因此其叶面积指数值有很大差异，结合表 9-5 可知，对照的树冠投影面积和体积最大，因此叶面积最多，叶面积指数最大。5 月下旬为枣树萌芽期，叶面积指数变化缓慢，6 月 5 日至 7 月 3 日为枣树展叶期，此阶段 6 月 13 日除对照外，其他处理均进行了摘心修剪，促进了叶面积短期

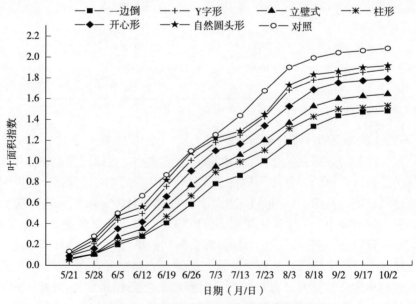

图 9-7　不同处理的叶面积指数动态变化

快速增长，叶面积指数随之增加，其中以柱形的增长速率最快，增长了 75%，立壁式次之，对照没有进行修剪，增长速率最慢；7 月 3 日至 8 月 18 日是开花坐果期和果实生长期，此阶段对照的增长速率最快，其他树形均增长缓慢，修剪后树体营养主要用于开花坐果等生殖生长，营养生长较缓慢，而对照营养生长旺盛；果实成熟期叶面积指数趋于稳定并达到最大，对照为 2.08；一边倒的体积最小，叶面积最小，叶面积指数最小，果实成熟期时才为 1.48。7 种处理的叶面积指数差异显著，详见表 9-6。

9.3.2.3　不同修剪处理的透光率动态变化

透光率是指在单位时间内透过冠层到达下方的太阳辐射数量占总辐射数量的百分比，冠层透光率可以作为我们估测冠层的郁闭程度的一个依据。在一定范围内，透光率越高，果树冠内光照分布越好。从图 9-8 可以看出，随着不同处理的树体面积和体积增大，树冠枝叶分布逐渐紧密，冠层透光率也呈现逐渐减小的动态变化趋势，尤其是对照的透光率明显较其他处理小很多，最小值出现在 10 月初的果实成熟期，此时树体体积、叶面积指数和枣果个体大小都达到最大，由于透光较小，果树的通风透光不利，此时容易造成果园的郁闭，从而影响了果实的产量和品质。各处理的透光率按大小顺序排列次序为：一边倒＞柱形＞立壁式＞开心形＞Y 字形＞自然圆头形＞对照。7 月 3 日以后对照的透光率较其他处理的透光率下降明显，当冠层透光率最小在 25%～35% 时是最合适的，此时在能够充分利用光能的条件下，也不会形成郁闭，影响果实的产量和品质。从分析结果看，对照的透光率略小，为 18.28%，一边倒的透光率略大，为 40.02%，其他处理均在 25%～35%，适宜枣树的生长和果实的生产。

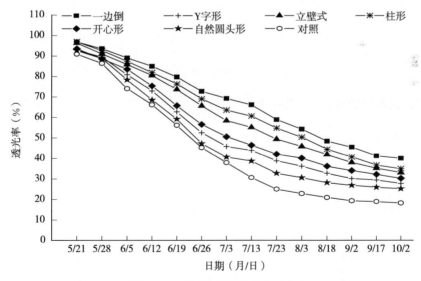

图 9-8　不同处理的透光率对比

9.3.2.4　不同修剪处理的光截获能力动态变化

树形与光能利用效率有着密切的关系，而光能利用效率的高低主要取决于光照在果树叶幕结构上的分布。果树无论采用何种树形，均应保障冠层内部辐射分布合理。冠层光合有效辐射是评价冠层透光率和光截获能力最重要的指标。冠层上方的总光合有效辐射平均密度与冠层下方的总光合有效辐射平均密度之差即为冠层的光截获密度。从图9-9可以看出，不同处理光截获密度均呈逐渐上升的趋势，且与叶面积指数的变化趋势基本相同，5月变化缓慢，6月5日至7月3日经过修剪的6个处理增长较快，7月3日至8月对照增长最快，至10月初果实成熟期，随着树体体积、叶面积指数和枣果个体大小都达到最大，光截获密度也随之达到最大，光截获密度按大小顺序排列次序为：对照＞自然圆头形＞Y字形＞开心形＞立壁式＞柱形＞一边倒。整个生育期内对照的光截获密度增长最快，由 2.9 mol·m^{-2}·d^{-1}增至 47.36 mol·m^{-2}·d^{-1}；一边倒增长最慢，由 1.86 mol·m^{-2}·d^{-1}增至 29.61 mol·m^{-2}·d^{-1}。结合表9-5可知，树体越大，叶面积越多，叶面积指数越大，透光率越小，光截获能力越强。

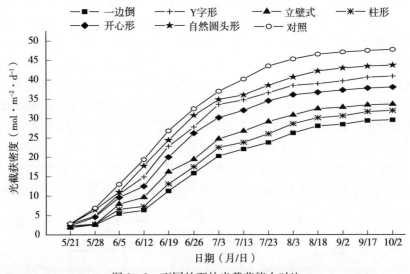

图9-9　不同处理的光截获能力对比

9.3.3　修剪对枣树营养生长、生理指标的影响

9.3.3.1　不同修剪处理对枣树新梢粗度的影响

图9-10所示为不同修剪处理对枣树新梢粗度生长的影响，从图中可以看出，不同处

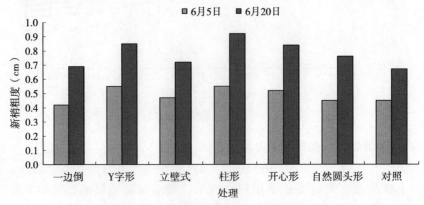

图9-10　不同修剪处理枣树新梢粗度比较

理枣树新梢粗度生长差异较大，其中对照的新梢粗度小于其他处理，增长量最少，柱形的新梢最粗，增长量最多。对照往往在枝条顶端同时萌发6～7条新梢，过多的新梢消耗树体营养，使得新梢生长受抑制，变得细弱，因此新梢较细。其他处理因为6月13日经过修剪处理，一般最多为3～4条，修剪后一周使得新梢较对照粗一些。柱形由于树冠结构合理，层次分明，而且树体较小，营养消耗少，光照条件好，其长势较好，新梢质量比其他处理要好一些。可见通过修剪措施可增加新梢生长粗度，使其长势良好，宜于开花结果。

9.3.3.2　不同修剪处理对枣树叶面积的影响

叶面积的大小直接影响枣树的光合作用、养分的吸收等。试验分别在枣树的展叶期、开花期和结果初期测定枣树单片叶面积的动态变化。从图9-11可以看出，不同处理枣树单片叶面积差异较大，总体上是对照的叶面积最大，立壁式树形次之，一边倒树形叶面积最小。这种变化整个生育期不同，从叶面积增长量来看，6月5日至6月20日6种树形均比对照增长速度快，其中以立壁式的增长量最多，为4.9 cm²，柱形次之，对照最少，仅增长了3.7 cm²，由于6月13日进行了摘心修剪，减少了营养的消耗，使得剩余的叶片吸收更多的营养，长势较对照好，表明摘心修剪促进了叶片生长；而6月20日至7月12日对照的叶面积增长最快，增长了5.2 cm²，由于这段时间正是枣树开花坐果时期，其他处理的生殖生长较旺盛，开花坐果情况较好，营养生长较对照弱，而对照营养生长旺盛，叶面积增长快，也会影响开花坐果情况。

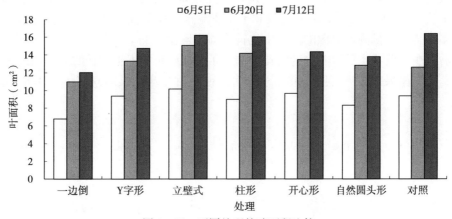

图9-11　不同处理的叶面积比较

9.3.3.3　不同修剪处理对枣树树体体积大小的影响

随着树高和冠幅的增长变化，体积也随之变化。由图9-12可以看出，6月5日枣树萌芽展叶期各处理的树体大小基本相同，自然圆头形和对照较其他处理略大，到9月10日树体生长稳定时各处理之间树体大小差异显著，对照体积明显比其他处理大，一边倒体积最小。对照的体积增长量最多，为4.61m³，柱形增长量最少，为1.52m³。对照没有进行修剪控制树高，所以枝条丛生，生长茂盛，至9月10日时其他修剪处理中体积最大的自然圆头形比对照还小45%，一边倒和柱形体积比对照小60%。

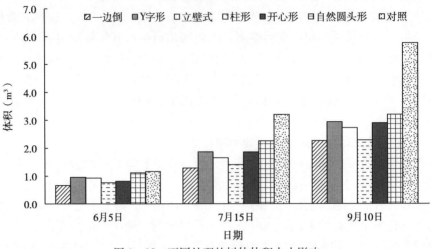

图 9 - 12　不同处理的树体体积大小影响

9.3.3.4　不同修剪处理对枣树开花坐果率的影响

从图 9 - 13 中可以看出，普通枣吊的坐果率均较经过摘心处理的木质化枣吊的坐果率低。经过摘心修剪处理，剪掉过多的枣吊，使得营养集中在剩余的枣吊上，有些枣吊形成了木质化枣吊，长势较普通枣吊好，开花坐果多。对照没经过摘心处理，没有形成木质化枣吊，且树体庞大，枣吊过多，营养不足，开花较多但坐果少，坐果率最低。由表 9 - 7 可以看出，7 种处理中结果数、开花数和坐果率差异均很显著，自然圆头形的结果数和开花数最多，坐果率最高，对照的坐果率比自然圆头形少 50%，比柱形少 43%。由此可见，经过修剪减少了营养生长对养分的消耗，调节了营养生长和生殖生长的关系，使得生殖生长相对旺盛，坐果率高。对照营养需求过多，使得对开花结果的营养供应不足，坐果率最低。

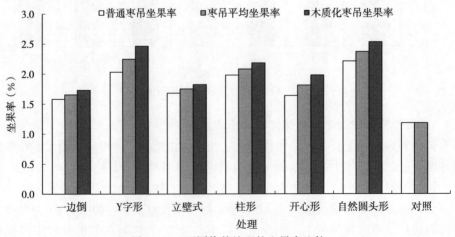

图 9 - 13　不同修剪处理的坐果率比较

表 9 - 7　不同处理的开花坐果率比较

处　理	结果数（个）	开花数（万朵）	坐果率（％）
一边倒	373f	2.25f	1.66c
Y 字形	938b	4.18b	2.25a
立壁式	512d	2.93e	1.75c
柱　形	672c	3.23d	2.08b
开心形	686c	3.79c	1.81c
自然圆头形	1 268a	5.35a	2.37a
对　照	455e	3.86c	1.18d

注：采用单因素方差分析，字母标记为差异达显著性水平，$\alpha=0.05$。

9.3.3.5　不同修剪处理的坐果率与特性指标之间的关系

（1）不同修剪处理的坐果率与冠层叶面积指数之间的关系。图 9 - 14 反映了开花坐果期不同处理坐果率与叶面积指数的关系。从图 9 - 14 可以看出，随着叶面积指数的增加，坐果率基本呈逐渐上升的趋势，对照的坐果率却显著下降。其中以自然圆头形坐果率最高，可以得出在开花期（7 月 3 日）自然圆头形的叶面积指数为 1.22 较好，开花坐果率高，像柱形这样的体积较小的树形叶面积指数为 0.89 较好，开花坐果率高。

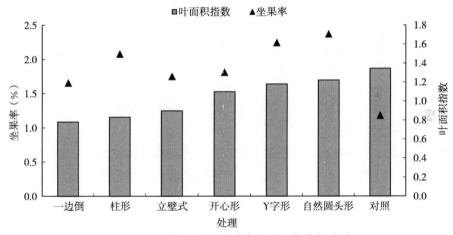

图 9 - 14　不同处理坐果率与叶面积指数的关系

（2）不同处理坐果率与透光率之间的关系。由图 9 - 15 可以看出，随着透光率的降低，坐果率基本呈逐渐上升的趋势，对照的坐果率却显著下降。可以得出在开花期（7月 3 日）自然圆头形的透光率为 40.61％较好，开花坐果率高，像柱形这样的体积较小的树形透光率为 63.54％较好，开花坐果率高。

（3）不同处理坐果率与光截获密度之间的关系。由图 9 - 16 可以看出，随着光截获密度的增加，坐果率基本呈逐渐上升的趋势，对照的坐果率却显著下降。在开花期（7月 3 日）自然圆头形的光截获密度为 34.8 mol・m^{-2}・d^{-1} 较好，开花坐果率高，像柱形这样的体积较小的树形光截获密度为 22.53 mol・m^{-2}・d^{-1} 较好，开花坐果率高。

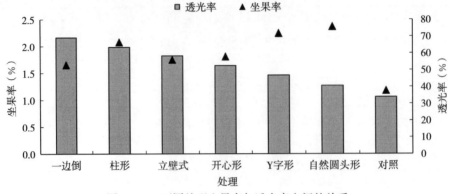

图 9-15　不同处理坐果率与透光率之间的关系

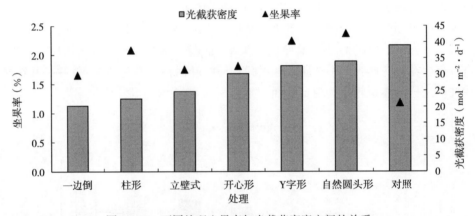

图 9-16　不同处理坐果率与光截获密度之间的关系

9.3.3.6　修剪对枣树生理的影响

　　叶绿素是作物光合作用的主要色素，存在于绿色植物、原核的蓝绿藻（蓝菌）和真核的藻类中。叶绿素从光中吸收能量，然后能量被用来将二氧化碳转变为碳水化合物，叶绿素含量也是表征植物光合作用能力的一个重要参数。从图 9-17 可以看出，不同处理叶片

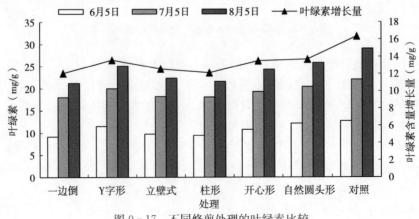

图 9-17　不同修剪处理的叶绿素比较

叶绿素含量差异较大，总体上是对照叶片叶绿素含量最大，自然圆头形次之，一边倒的最小，并且这种差异贯穿在枣树的整个生育期，为了去除因叶片选择不同带来的分析结果的差异，又分析比较了叶片叶绿素含量的增长量，结果显示，从6月初至8月初对照的叶绿素含量变化最大，一边倒叶片叶绿素含量变化最小，仅为12.05mg/g，可见对照的叶片叶绿素含量在整个生育期增长最快，这与对照冠层截获的光辐射最多也一致。

9.3.4　修剪对枣树产量指标的影响

9.3.4.1　修剪对枣树果型参数的影响

图9-18、图9-19、图9-20反映了不同处理的果实纵径、横径和单果重均随时间逐渐增大。果实纵径大小变化为：对照＞一边倒＞柱形＞自然圆头形＞Y字形＞开心形＞立壁式。果实横径大小变化为：对照＞一边倒＞柱形＞自然圆头形＞Y字形＞开心形＞立壁式。单果重大小变化为：对照＞柱形＞自然圆头形＞一边倒＞开心形＞Y字形＞立壁式。随着果实纵径和横径的增长，单果重也随之增重，单果重与纵横径的回归方程为$y=8.97-50.47x_1+66.33x_2$，判定系数$R^2=0.994$。其中：y表示单果重，x_1表示果实纵径，x_2表示果实横径。从分析结果上看，也可根据果实纵径和横径的大小变化来计算出果实重量的大小变化。

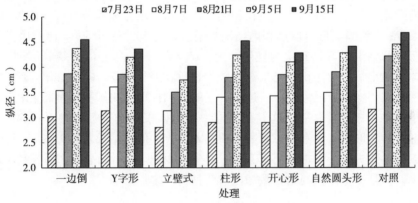

图9-18　不同处理对果实纵径的影响

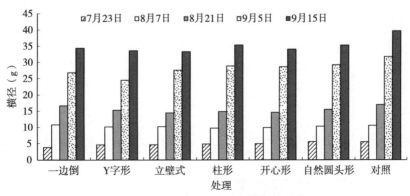

图9-19　不同处理对果实横径的影响

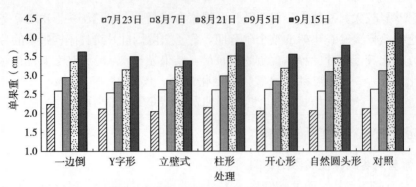

图 9-20　不同处理对单果重的影响

9.3.4.2　修剪对枣树冠层结构大小与结果数关系的影响

枣树各处理树形不同，树冠体积大小和冠层光截获能力等指标不同，其单位体积内的结果数差别很大。由表 9-8 可以看出，各个树形的结果数呈现显著性差异。单位体积内结果数按大小顺序排列为：自然圆头形＞柱形＞Y 字形＞开心形＞立壁式＞一边倒＞对照。果实个数并不是随着树冠增大而增多，当树体大小和叶片数量达到一定数值后，果实个数不但不会增长，甚至还有可能下降。对照的树冠体积最大，但单位体积内结果数最少，可见对照的坐果最差，可能由于对照树没有进行夏季修剪，树体庞大，枝叶分布密集，树冠内膛光照条件不好，营养生长旺盛，树体消耗水分和养分过多，而生殖生长受到影响，坐果少；自然圆头形单位体积内结果数最多，为 169.32 个/m³，比对照多 137.6 个/m³，此树形结果情况最好；其次为柱形，为 167.28 个/m³，比对照多 135.56 个/m³；一边倒树形体积最小，单位体积内结果数也较少，仅比对照多 76.02 个/m³，此树形与修剪的其他树形相比，坐果情况最差。一边倒、立壁式和柱形的树冠投影面积和树体体积相差不大，但是结果数却差异显著，这 3 种树形中单位体积内结果数以柱形最多，一边倒最少；开心形、Y 字形和自然圆头形树冠体积相差不大，但是结果数却差异显著，单位体积内结果数以自然圆头形最多，开心形最少。柱形树体小，单株结果个数不多，较 Y 字形和开心形少，但是单位体积的结果数却比这两种树形多。

表 9-8　枣树不同树形树冠大小与结果数关系

处　理	树冠体积（m³）	结果数（个/株）	单位体积结果数（个/m³）
一边倒	2.26	243	107.74d
Y 字形	2.94	454	154.31b
立壁式	2.73	332	121.67c
柱　形	2.36	394	167.28a
开心形	2.90	436	150.16b
自然圆头形	3.20	542	169.32a
对　照	5.77	183	31.72e

9.3.5　不同修剪处理对果实产量的影响

图 9-21 为不同处理的产量随时间的动态变化图。产量是直接反映果树生产能力的量

化指标，也是本研究进行经济效益评价的主要和直接指标。由图9-21可以看出，经过修剪的6种处理的产量显著高于对照的产量。不同处理中，自然圆头形的产量最高，达到了2 054.83 kg/亩，是最丰产的树形，其次为Y字形，达到了1 617.93 kg/亩，而对照的产量最低，只有769.71 kg/亩，比自然圆头形少63%，比小体积柱形少48%。

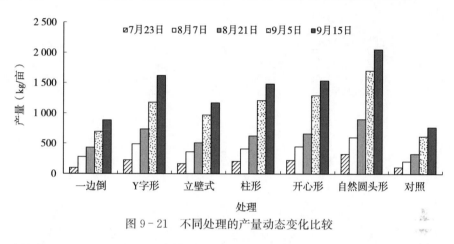

图9-21　不同处理的产量动态变化比较

9.4　修剪对枣林地蒸腾及土壤水分的影响

9.4.1　不同修剪强度对旱作枣树蒸腾耗水的影响

植株蒸腾耗水的影响因素总体可以分为两类，一类是土壤水分、光照、温度、湿度等外部环境因素，另一类则是植株的规格、生理变化等内部自身因素。气孔是植株蒸腾的主要途径，修剪直接减少了枣树枝叶量，也就是减少了树体的蒸腾面积，改变了枣树树体规格，对枣树蒸腾耗水带来极大的影响。本章将从枣树瞬时蒸腾速率（液流密度）、日蒸腾量、各生育阶段蒸腾量、全生育期蒸腾量四个时间尺度上，深入剖析各修剪强度下的枣树蒸腾耗水动态变化。

9.4.1.1　不同修剪强度对枣树瞬时液流密度的影响

陕北枣树每年5月初解除休眠，液流逐步上升，到10月树叶掉落后进入休眠，每年液流启动的日期不一，通过根据液流变化规律确定枣树生育期的方法（魏新光等，2015），确定2014—2016年枣树生育期分别为：5月6日至10月14日，5月8日至10月11日，5月1日至10月13日，各持续了162、157、165 d。为探究不同气象条件下修剪强度对枣树瞬时液流密度的影响，在枣树营养生长基本结束，枝叶量较为稳定并达到生育期峰值，树体蒸腾旺盛的9月，分别选取晴、阴、雨三种典型气象条件作为代表日，各修剪强度枣树的液流变化特征如图9-22所示。

2015年9月6日是典型的晴天（图9-22a），日最高VT为121.17 kPa（W/m²）$^{1/2}$，日平均VT为33.97 kPa（W/m²）$^{1/2}$，液流呈双峰曲线变化（图9-22b），这可能是由于晴天中午温度与辐射过高，枣树一部分气孔关闭造成蒸腾速率下降。2015年9月8日是阴天（图9-22c），日最高VT为85.46 kPa（W/m²）$^{1/2}$，日平均VT为20.85 kPa（W/m²）$^{1/2}$，各修剪处理液流都呈单峰曲线变化（图9-22 d），液流增幅及持续时间都小于晴

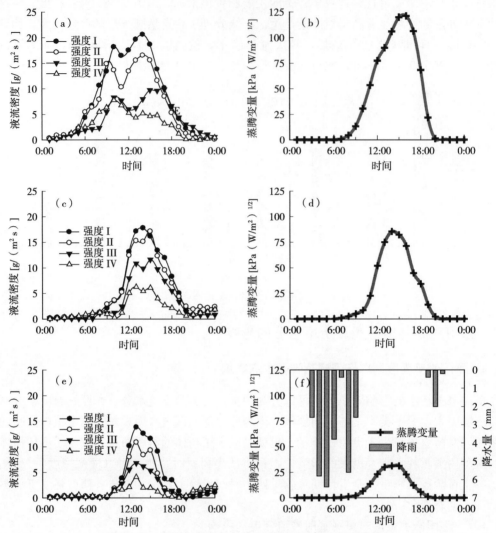

图 9-22　不同气象条件与修剪强度下枣树液流变化特征

注：图 9-22a、b 为典型晴天，c、d 为典型阴天，e、f 为典型雨天。

天，液流开始上升的时间也晚于晴天。2015 年 9 月 9 日是雨天（图 9-22e），日最高 VT 为 31.26 kPa $(W/m^2)^{1/2}$，日平均 VT 为 7.56 kPa $(W/m^2)^{1/2}$，白天 10：00—18：00 都不存在降雨，降雨停止后液流才呈现明显上升趋势，各修剪处理液流呈单峰曲线变化（图 9-22f），液流增幅及持续时间都小于阴天。总体来说，每日枣树液流都随着蒸腾变量在早上开始上升，中午或下午达到峰值后持续下降，直至 20：00 左右趋于停止。同一修剪强度下，枣树液流明显与 VT 变化趋势一致，其增幅晴天＞阴天＞雨天，液流开始上升的时刻雨天和阴天都晚于晴天；同一气象条件下各修剪强度枣树液流变化趋势一致，液流增幅随修剪强度的增大而减小。

9.4.1.2　不同修剪强度对枣树日蒸腾耗水的影响

从图 9-23 可以看出，在气象、土壤水分等影响因子作用下，2014—2016 年每年各个修剪强度下枣树生育期内逐日蒸腾耗水都有小范围波动现象，但变化趋势一致。总体来说，5 月初枣树解除休眠后，各修剪强度下枣树日蒸腾量变化范围差异逐渐增大，修剪强度越大，枣树日蒸腾量上升趋势越缓慢，直到 7 月达到生育期最大幅度。9 月底，不同修剪强度下枣树逐日蒸腾开始呈现下降趋势，10 月之后大幅度下降直到休眠，这期间不断出现落叶现象，叶片活性降低，蒸腾作用放缓，各处理间枣树日蒸腾量变化差异逐渐减弱。

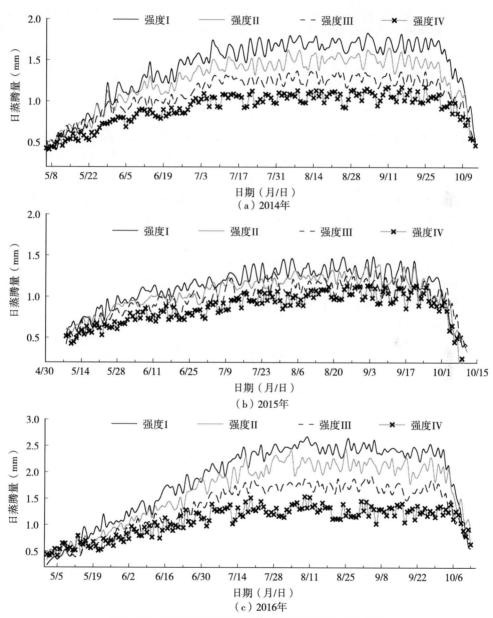

图 9 - 23　不同修剪强度下枣树逐日蒸腾耗水变化曲线

修剪强度决定了各处理日蒸腾量的变化范围，同一生育期，枣树逐日蒸腾耗水变化范围随修剪强度的增大而减小。同时，较轻的修剪强度下枣树蒸腾量更容易受到环境因素的影响，2014年和2016年枣树的蒸腾耗水量平均水平明显大于2015年，三年修剪强度 I 处理下的枣树日蒸腾量平均为 1.73 mm，修剪强度 Ⅳ 处理下的枣树日蒸腾量平均为 1.10 mm，说明在较重的修剪强度下，枣树蒸腾耗水能够得到更有效的控制，树体规格较小的枣树在水分充足的年份里仍然能够保持较低的蒸腾耗水量。

除修剪强度以外，枣树日蒸腾量变化范围还受到降雨、土壤水分等环境因素的影响。2014年全年降水量 460.4 mm，生育期内地下 3 m 土层平均土壤体积含水量为 8.47%，生育期内平均光合有效辐射为 192.2 $\mu mol/(m^2 \cdot s)$，强度 I 至强度 Ⅳ 日蒸腾量最大值分别为 1.82、1.64、1.37、1.17 mm。2015年全年降水量 380.8 mm，生育期内地下 3 m 土层平均土壤体积含水量为 6.31%，生育期内平均光合有效辐射为 179.3 $\mu mol/(m^2 \cdot s)$；强度 I 至强度 Ⅳ 日蒸腾量最大值分别为 1.47、1.37、1.28、1.15 mm。2016年全年降水量 590.8 mm，生育期内地下 3 m 土层平均土壤体积含水量为 8.80%，生育期内平均光合有效辐射为 198.7 $\mu mol/(m^2 \cdot s)$，强度 I 至强度 Ⅳ 日蒸腾量最大值分别为 2.67、2.44、2.41、1.54 mm。结合图 9 - 23，可以看出，在降雨和光合有效辐射相对充沛的年份（2014年和2016年），枣树可利用的土壤水分较多，蒸腾作用更强烈，不同修剪强度下枣树逐日蒸腾耗水变化差异较大，而在降水量较少、土壤极度干旱的2015年，土壤中可利用水分太少，枣树生长发育也受到一定程度的影响，不同修剪强度下枣树逐日蒸腾耗水变化差异较小。

9.4.1.3　不同修剪强度对枣树各生育阶段蒸腾耗水的影响

根据观察枣树萌芽、开花等生理过程，可以将枣树生育期划分为萌芽展叶期、开花坐果期、果实膨大期、成熟落叶期四个生育阶段，2014—2016年三个生育期内具体生育阶段的起止日期见表9-9。

表9-9　枣树生育期内各生育阶段起止日期

年份	各生育阶段起止日期			
	萌芽展叶期	开花坐果期	果实膨大期	成熟落叶期
2014	5/6—6/11	6/12—7/14	7/15—9/18	9/19—10/14
2015	5/8—6/12	6/13—7/15	7/16—9/16	9/17—10/11
2016	5/1—6/7	6/8—7/13	7/14—9/19	9/18—10/13

统计不同修剪强度下枣树各生育阶段的蒸腾耗水量，并进行显著性分析，结果见图9-24。从图9-24可以看出，枣树蒸腾耗水主要生育阶段为果实膨大期，2014—2016年所有修剪强度下枣树萌芽展叶期、开花坐果期、果实膨大期、成熟落叶期的平均蒸腾耗水量分别为 27.88、42.96、102.27、30.72 mm，强度 I 和强度 Ⅳ 处理下枣树蒸腾耗水分别可达 165.34 mm 和 63.89 mm，其他生育阶段强度 I 和强度 Ⅳ 处理下枣树蒸腾耗水最高仅为 64.80 mm 和 27.51 mm，果实膨大期枣树蒸腾耗水量占全生育期的 46.4%～53.7%。

降雨、土壤水分等环境因素在一定程度上影响了枣树各生育期的蒸腾耗水量，2014年枣树萌芽展叶期、开花坐果期、果实膨大期、成熟落叶期的平均蒸腾耗水量分别为 28.44、39.64、90.87、29.97 mm，2015年枣树萌芽展叶期、开花坐果期、果实膨大期、成熟落叶期的平均蒸腾耗水量分别为 27.36、32.97、63.89、19.24 mm，2016年枣树萌

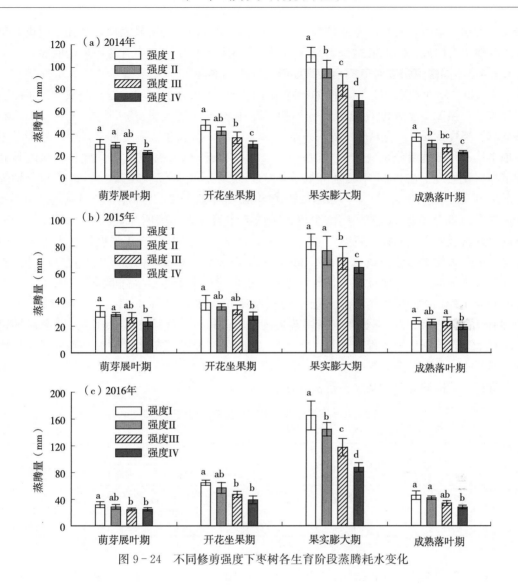

图 9 - 24　不同修剪强度下枣树各生育阶段蒸腾耗水变化

芽展叶期、开花坐果期、果实膨大期、成熟落叶期的平均蒸腾耗水量分别为 27.57、52.09、128.78、37.62 mm。开花坐果期和果实膨大期蒸腾耗水量明显表现为 2016 年＞2014 年＞2015 年，与三年年降水量的大小情况相符，也就是说，年降水量越大，土壤水分含量越高，很大程度促进了开花坐果期和果实膨大期的枣树蒸腾，究其原因，应该是这两个生育阶段枣树枝叶量大，生命活动旺盛，蒸腾耗水量大，容易受环境因素影响。

修剪强度也对枣树各生育阶段蒸腾耗水都造成了一定的影响，但各个生育阶段，不同修剪强度下枣树蒸腾量差异的显著性不尽相同。一般来说，同一生育阶段内，修剪强度越大，枣树蒸腾耗水越少。萌芽展叶期、开花坐果期以及成熟落叶期，相邻的修剪强度间枣树蒸腾耗水差异并不显著，相隔 1～2 个修剪强度（如强度Ⅰ与强度Ⅳ相比），其蒸腾耗水才存在显著性差异。但是在果实膨大期，不同的年降水量条件下，增大修剪强度均能显著降低枣树蒸腾耗水量，也就是说，通过修剪减少枣树蒸腾耗水的主要作用时期是在枣树的果实膨大期，该生育阶段内枣树枝叶量达到并基本保持在生育期最大值，其耗水量也明显高于其他生育阶段，因此通过修剪减少枣树蒸腾耗水的作用在该生育阶段最为明显。

9.4.1.4 不同修剪强度对枣树全生育期蒸腾耗水的影响

由表 9-10 可以看到，在不同的年降雨条件下，增大修剪强度均能显著减少枣树的蒸腾耗水量，强度Ⅰ至强度Ⅳ处理下的枣树三年平均蒸腾耗水量分别为 237.47、213.42、185.13、151.12 mm，与强度Ⅰ处理下的枣林地相比，强度Ⅱ、强度Ⅲ、强度Ⅳ处理下枣林地平均三年蒸腾量分别减少了 24.05、52.33、86.35 mm。强度Ⅱ、强度Ⅲ、强度Ⅳ处理下枣树较强度Ⅰ在 2014 年分别降低了 10.84%、22.06%、39.16%，在 2015 年分别降低了 7.35%、12.93%、23.77%，在 2016 年分别降低了 11.19%、27.19%、41.46%。降雨充沛的年份，增大修剪强度减少枣树蒸腾耗水的效果尤为明显，2015 年强度Ⅳ处理下的枣树较强度Ⅰ蒸腾耗水量减少 41.76 mm，而 2014 年和 2016 年强度Ⅳ处理下的枣树较强度Ⅰ蒸腾耗水量分别减少 89.04 mm 和 128.26 mm。2015 年强度Ⅰ与强度Ⅱ、强度Ⅱ与强度Ⅲ之间的蒸腾耗水量没有显著性差异，很可能是由于当年生育期降水量较少（仅为 254.4 mm），生育期内地下 3 m 土层平均土壤体积含水量只有 6.31%，根据之前研究，6% 的土壤水分体积含水率是影响枣树蒸腾的一个阈值，当土壤水分低于 6% 时会对枣树蒸腾耗水起到限制作用（魏新光等，2015）。由此可以推测，在这样的干旱条件下，枣树的蒸腾耗水量已经接近其维持正常生命活动所能承受的最低值，只有较大程度地减小枣树树体规格，才能够显著性减少枣树蒸腾耗水量。

表 9-10　不同修剪强度下全生育期枣树蒸腾量

单位：mm

年份	年降水量	生育期降水量	生育期蒸腾量			
			强度Ⅰ	强度Ⅱ	强度Ⅲ	强度Ⅳ
2014	460.6	330.0	227.39a	202.75b	177.22c	138.35d
2015	380.8	254.4	175.67a	162.76ab	152.96b	133.91c
2016	590.8	480.6	309.34a	274.74b	225.22c	181.08d

注：不同字母表示修剪强度间差异显著（$p < 0.05$）。

在前人的研究中，树体蒸腾影响因素可以分为两类，一类是辐射、温度等环境外部因素（Chen et al.，2011），一类是树体种类、规格、基因、生理变化等内部因素。Namirembe 等（2009）在水资源有限的环境中研究发现，修剪使 4 a 生的美丽决明（豆科，决明属，*Senna spectabilis*）木质部导管直径变窄，树干导水率降低，抑制了树冠的蒸腾速率并减少土壤水分的消耗。本研究中，增大修剪强度后枣树蒸腾耗水显著减少，很有可能存在修剪使枣树发生某些生理变化这方面的因素。此外，2015 年强度Ⅰ和强度Ⅱ、强度Ⅱ和强度Ⅲ处理下的枣树生育期蒸腾量变化差异不显著（表 9-10），以及强度Ⅰ和强度Ⅱ果实膨大期枣树蒸腾量差异也不显著（图 9-24），可能是由于在极其干旱的条件下，轻度修剪枣树不能有效限制其旺盛的树冠继续生长及其对土壤水分的需求。这说明只有当树冠修剪达到一定强度，才能有效控制树冠对土壤水分的需求，显著减少树体耗水量，这与 Jackson 等（2000）在研究修剪对银桦（*Grevillea robusta*）坡地农林复合系统的影响时得到的结论相符。

9.4.2 不同修剪强度对旱作枣林地蒸散耗水的影响

长期以来有关树木蒸腾的研究很多，针对林地土壤深层土壤干化问题直接研究树木修剪对林地耗水的影响还极少有报道。在不考虑土壤水分下渗及不同区域土壤水分相互交换的情况下，土壤水分的散失途径主要有植物蒸腾和地表蒸发两方面。力求通过增大修剪强度减少枣树蒸腾耗水，从而改善旱作枣林地的土壤水分、防治土壤干燥化是本研究的重要目标之一，本章将从土壤水分变化进行分析，对比不同修剪强度对旱作枣林地土壤储水量、蒸发量、蒸散量造成的差异，修剪强度与林地水分的关系研究更有利于指导当地林木经营管理应用。

9.4.2.1 不同修剪强度下枣林地土壤水分动态变化

图 9-25 为 2014—2016 年不同修剪强度下旱作枣林地 3 m 土层土壤水分变化及降水情况。受年降水量的影响，不同生育期土壤水分状况差异较大，2014 年生育期降水量为 330.0 mm，年降水量为 460.6 mm，旱作枣林地生育期平均土壤含水量为 8.47%；2015 年生育期降水量为

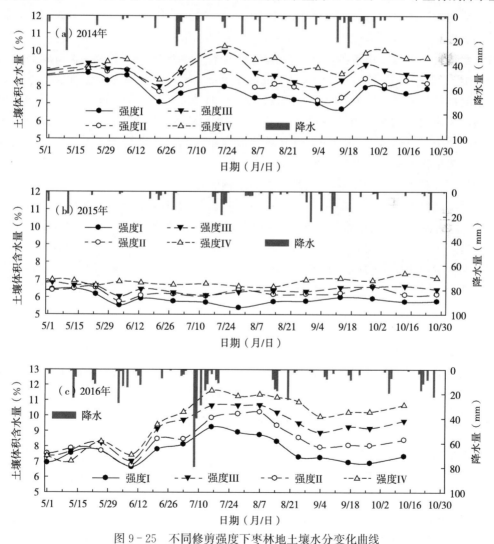

图 9-25 不同修剪强度下枣林地土壤水分变化曲线

254.4mm，年降水量为 380.8mm，旱作枣林地生育期平均土壤含水量为 6.35%；2016 年生育期降水量为 480.6mm，年降水量为 590.8mm，旱作枣林地生育期平均土壤含水量为 8.78%。土壤水分一方面受到植被的影响，另一方面又反过来影响植被蒸腾。2015 年降水量比当地多年平均降水量少 70.8mm，在植被蒸腾消耗与土壤蒸发的作用下，土壤水分含量尤其低，已经接近凋萎系数。2016 年生育期降水量比 2014 年多 150.6mm，但 2014 年和 2015 年枣林地生育期平均土壤含水量差异不大，一方面可能是由于这两年年降水量都大于当地多年平均年降水量，自然补给的降雨能够满足植被需要，多余的土壤水分就被无用蒸腾或者蒸发掉了，另一方面可能是因为经过了 2015 年极其干旱的气候，土壤水分被过度消耗，因此 2016 年降雨中的一部分被用于补充 2015 年过度消耗掉的那部分土壤水分。

就每个生育期来看，随着 5 月枣树萌芽之后不断生长，各个修剪强度间枣树耗水差异不断增大，直接表现在了土壤水分动态变化上。2014 年强度Ⅰ至强度Ⅳ处理下枣林地平均土壤含水量分别为 6.68%、6.44%、6.23%、5.88%，2015 年强度Ⅰ至强度Ⅳ处理下枣林地平均土壤含水量分别为 8.21%、7.70%、8.70%、9.25%，2016 年强度Ⅰ至强度Ⅳ处理下枣林地平均土壤含水量分别为 7.72%、8.46%、9.06%、9.62%。一般来说，修剪强度越大，枣树耗水越少，随着降雨对土壤水分的补充，土壤水分含量越高。2014 年与 2016 年枣林地生育期平均土壤含水量大于 8%，增大修剪强度能够有效改善土壤水分，强度Ⅳ处理下枣林地土壤含水量最高，为 11.61%。2015 年不同修剪强度处理下枣林地土壤含水量普遍较低，在 5.39%～7.34%，增大修剪强度改善土壤水分的效果不如 2014 年、2016 年显著，由此可见，在土壤水分含量较高、降水量较大的年份，增大修剪强度对改善旱作枣林土壤水分更为有效。

9.4.2.2 不同修剪强度下枣林生育期土壤储水量变化

计算不同修剪强度下旱作枣林地生育期初与生育期末时 3m 土层土壤储水量，结果见表 9-11。从表 9-11 可以看到，2014 年修剪强度Ⅰ～Ⅳ处理下的枣林地生育期土壤储水量分别提高了 -7.53、-8.95、14.52、43.06mm，2015 年修剪强度Ⅰ～Ⅳ处理下的枣林地生育期土壤储水量分别提高了 -20.44、-12.14、-7.08、2.97mm，2016 年修剪强度Ⅰ～Ⅳ处理下的枣林地生育期土壤储水量分别提高了 -19.31、3.70、46.22、68.38mm。也就是说，在修剪强度Ⅰ处理下的枣林地，2014—2016 年生育期枣林地 3m 土层土壤水分处于负增长状态，即使降雨对土壤水分有所补充，也会迅速被旺盛的枣树蒸腾消耗掉，土壤水分被枣树透支。但是在修剪强度Ⅳ处理下的枣林地，生育期枣林地 3m 土层土壤水分处于增长状态，即使在年降水量只有 380.8mm 的 2015 年，也能够使枣树生育期耗水量与年降水量达到平衡，没有进一步透支林地的土壤水分。

表 9-11 不同修剪强度下旱作枣林地生育期初与生育期末 3m 土层土壤储水量

单位：mm

年份	生育期初土壤储水量				生育期末土壤储水量			
	强度Ⅰ	强度Ⅱ	强度Ⅲ	强度Ⅳ	强度Ⅰ	强度Ⅱ	强度Ⅲ	强度Ⅳ
2014	252.20	244.31	243.35	244.73	244.67	235.36	257.87	287.79
2015	193.18	205.29	191.83	209.45	172.74	193.15	184.75	212.42
2016	226.26	237.71	229.04	238.36	206.95	241.41	275.26	306.74

总体来说，修剪强度越大，旱作枣林地生育期土壤储水量增大越大，也就是生育期结束的时候旱作枣林地土壤储水量较生育期开始的时候增加得多，强度Ⅰ至强度Ⅳ处理下枣林地三年平均生育期土壤储水量增量分别为－15.76、－5.80、17.89、38.14 mm，强度Ⅳ处理下的枣林地平均每个生育期土壤储水量较强度Ⅰ相比增加 55.9 mm。近年来有果树修剪影响土壤水分的研究报道，李明霞等（2012）发现较传统长放修剪而言，修剪强度更大的更新修剪林地 2.4 m 深土层土壤水分得到了明显的改善。通过本研究的研究结果可以看到，增大修剪强度可以显著降低枣树耗水量，改善林地土壤水分，与强度Ⅰ相比，2014—2016 年强度Ⅳ处理下的旱作枣林地生育期 3 m 土层土壤储水量增量分别增加了 51.74、23.42、87.69 mm，在降雨充沛的年份，增大枣树修剪强度的节水效果更为显著。魏新光（2015）也在其研究中发现，修剪强度最大（留有一个主枝）的枣林地土壤水分有所改善，两年累计增加土壤储水量 40.5 mm，与本研究的研究结果相似。

9.4.2.3 不同修剪强度下枣林地蒸发量对比

由于陕北黄土高原旱作矮化密植枣林地土壤水分三年内的变化主要集中在 2.6 m 土层内，一年内 2.6 m 以下土壤水分变异极低（魏新光等，2015），由此通过水量平衡，计算得各修剪强度下枣林地蒸发量，2014—2016 年各修剪强度下枣林地生育期蒸发量见表 9-12。从表 9-12 可以看到，同一生育期内，随着修剪强度的增大，旱作枣林地蒸发量也随之增大，强度Ⅰ至强度Ⅳ处理下枣林地平均三年生育期土壤蒸发量分别为 136.37 mm、145.28 mm、150.73 mm、165.92 mm，强度Ⅳ处理下的枣林地平均每个生育期比强度Ⅰ处理下枣林地蒸发量多 29.55 mm。这可能是由于枣林地表没有任何覆盖措施，修剪强度越大，枣树规格越小，暴露在外的土地面积越大。

此外，枣林地蒸发量占蒸散总量的比例也随修剪强度的增大而增大，尤其是修剪强度Ⅳ处理下枣林地蒸发量占蒸散总量的比例明显高于强度Ⅲ。可以推断，虽然增大修剪强度减少了枣树蒸腾耗水量，但节约下来的蒸腾量并不能完全用于改善土壤水分，其中有一部分被蒸发掉了，并且这部分蒸发量也随修剪强度的增大而增大。与强度Ⅰ处理下的枣林地相比，强度Ⅱ、强度Ⅲ、强度Ⅳ处理下枣林地平均三年蒸腾量分别减少了 24.05、52.33、86.35 mm，但蒸发量也分别增大了 8.91、14.36、29.55 mm。总之，枣树修剪降低蒸腾耗水的同时也影响林下的土壤水分，有利于土壤水分的提升，但是会一定程度地增加枣林地蒸发量，通过增大修剪强度节约下来的水并不能完全用于改善土壤水分，因此，建议陕北旱作枣林地进行节水型修剪的同时，采取地面覆盖等抑制地表蒸发的措施，以减少林地蒸发量。

表 9-12　不同修剪强度下枣林地生育期蒸发量变化

年份	林地蒸发量（mm）				蒸发量占蒸散总量比例（%）			
	强度Ⅰ	强度Ⅱ	强度Ⅲ	强度Ⅳ	强度Ⅰ	强度Ⅱ	强度Ⅲ	强度Ⅳ
2014	119.37	129.89	135.50	149.10	36.17	39.36	41.06	45.18
2015	99.18	103.78	107.52	117.51	38.99	40.79	42.27	46.19
2016	190.57	202.16	209.16	231.14	39.65	42.06	43.52	48.09

9.4.3 不同修剪强度对枣树生物量、蒸腾效率及水分利用效率的影响

修剪强度决定了枣树的冠幅与侧枝总长度，但是植物蒸腾耗水主要通过叶片进行，本研究所采用的修剪标准是否能够较好地控制枣树叶片生物量，进而达到调控枣树蒸腾耗水的目的，还有待进一步验证。此外，枣树是陕北黄土高原地区主要经济树种之一，修剪不仅直接影响枣树树体规格，更直接影响到枣树产量与其经济效益。因此，本章将从修剪强度对枣树叶片生物量鲜重、枣树整体生物量干重及其蒸腾效率、枣树果实产量与其水分利用效率三大方面，进一步探究修剪强度对枣林地耗水、产量及水分利用效率的影响。

9.4.3.1 不同修剪强度对枣树叶片生物量鲜重的影响

图 9-26 为 2014—2016 年枣树叶片生物量鲜重的变化情况，可以看到，枣树叶片生物量鲜重在生育期内呈持续增长的趋势，直到生育期结束达到最大值。不同生育期内，同

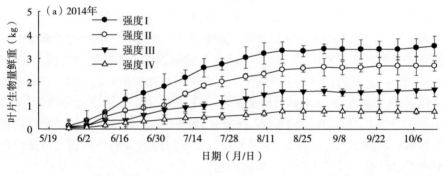

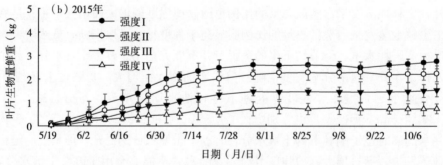

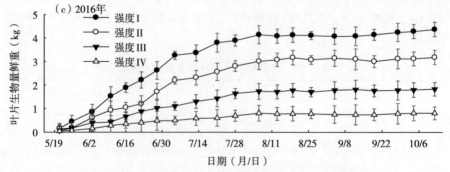

图 9-26 不同修剪强度下枣树叶片生物量鲜重变化曲线

一修剪强度下枣树叶片生物量鲜重有一定差异,这是由于每年的降水量、辐射、土壤水分等环境因素不同。强度 I 处理下的枣树叶片生物量鲜重在 2014—2016 年分别能达到 3.53、2.75、4.37 kg,强度 II 处理下的枣树叶片生物量鲜重在 2014—2016 年分别能达到 2.70、2.35、3.18 kg,强度 III 处理下的枣树叶片生物量鲜重在 2014—2016 年分别能达到 1.67、1.54、1.83 kg,强度 IV 处理下的枣树叶片生物量鲜重在 2014—2016 年分别能达到 0.76、0.75、0.81 kg。同一修剪强度下枣树叶片生物量鲜重表现为 2016 年>2014 年> 2015 年,与三年气象条件、土壤水分条件相符,即同一修剪强度下枣树在年降水量越高、辐射量越大、土壤水分含量越高的年份能够达到更高的叶片生物量鲜重。

同一生育期内,增大修剪强度能够有效拉开枣树叶片生物量的差距,尤其是强度 IV 处理下的枣树,其叶片生物量鲜重在 2014—2016 年保持在 0.76~0.81 kg,仅为强度 I 处理下枣树的 18.4%~27.2%。由此可推断,修剪强度 IV 的处理标准能够较严格地控制枣树树体规格,在不同的年份都保持较小的枣树叶片生物量鲜重,从而达到显著减少枣树蒸腾耗水的目的。在前人的研究中,枣树蒸腾耗水与叶面积显著相关,一般认为,植株蒸腾量与单株总叶面积显著相关,蒸腾量随着叶面积增加而增大,但叶面积增加至一定程度后,蒸腾增幅会变缓甚至不再增加(高照全等,2006;魏新光等,2014)。可见在本研究中,不同修剪强度处理下枣树与其蒸腾耗水量的关系原理与上述研究相符。

利用 logistic 生长模型 $BL=a/(1+e^{b \cdot DOY+c})$ 将不同修剪强度下枣树叶片生物量鲜重与年积日进行拟合,式中 a、b、c 为参数,BL 为叶片生物量(kg),DOY 为年积日,结果见表 9-13。发现不同修剪强度下枣树叶片生物量鲜重在各个生育期内均表现显著的自然生长曲线,与年积日拟合优度高,显著影响因素 P 都保持在 0.018 以下,拟合方程的计算结果与原始数据回归分析后,决定系数 R^2 都保持在 0.97 以上。其中,同一生育期内,a、b、c 都是随修剪强度的增大而减小,说明枣树叶片生物量鲜重随修剪强度的增大而有规律地减小。较高的拟合优度也从侧面证明了枣树叶片生物量鲜重计算过程的准确性,本试验采用的修剪标准,增大修剪强度能够有效降低枣树叶片生物量鲜重,从而减少枣树耗水量,为实际生产过程中判断枣树在任一修剪强度下生物量变化提供参考数据。

表 9-13 不同修剪强度下枣树叶片生物量鲜重与年积日拟合结果

年份	修剪强度	a	b	c	n	P	R^2
	强度 I	3.414	−0.066	11.903	20	0.002**	0.994
	强度 II	2.671	−0.063	11.771	20	0.008*	0.992
2014	强度 III	1.629	−0.058	10.864	20	0.016*	0.988
	强度 IV	0.758	−0.056	10.406	20	0.006**	0.981
	强度 I	2.584	−0.083	14.117	19	0.001**	0.995
	强度 II	2.468	−0.080	14.002	19	0.018*	0.991
2015	强度 III	1.484	−0.071	12.547	19	0.004**	0.994
	强度 IV	0.762	−0.063	10.868	19	0.004**	0.975

（续）

年份	修剪强度	a	b	c	n	P	R^2
2016	强度Ⅰ	4.139	−0.770	13.233	21	0.000**	0.995
	强度Ⅱ	3.129	−0.070	12.478	21	0.006**	0.992
	强度Ⅲ	1.790	−0.065	11.559	21	0.013*	0.988
	强度Ⅳ	0.775	−0.064	11.136	21	0.014*	0.980

注：**表示达到极显著水平（$0.01 < p < 0.05$），*表示达到显著水平（$p < 0.05$）。

9.4.3.2 不同修剪强度对枣树整体生物量干重及蒸腾效率的影响

统计并计算 2014—2016 年各修剪强度下枣树整体生物量干重与蒸腾效率变化规律，结果见图 9-27。可以看到，不同年份不同修剪强度下枣树整体生物量干重变化趋势相似，呈缓慢上升—快速上升—缓慢上升的增长模式。每年生育期开始至 6 月中旬是枣树萌芽展叶主要时期，叶片与新长出的枝条量较少，9 月中旬至生育期结束是枣树果实糖分生成的主要时期，枝叶与果实在重量上增长缓慢，这两段时间内枣树整体生物量干重增长极为缓慢。6 月中旬到 9 月下旬是枝叶量快速增大伴随果实快速生长的时期，因此枣树整体生物量干重增长速度较快。9 月下旬之后，枣树即将进入休眠期，树体整体生物量增幅极小，基本保持稳定。

本研究设置的修剪标准，不仅能够直接控制树高、冠幅，拉开树体规格的差距，而且能有效控制各个修剪强度下枣树整体生物量干重，枣树整体生物量干重明显随修剪强度的增大而减小。2014 年强度Ⅰ至强度Ⅳ处理下枣树整体生物量干重最高分别达 5.82、5.22、4.04、3.22kg，2015 年强度Ⅰ至强度Ⅳ处理下枣树整体生物量干重最高分别达 4.83、4.55、3.80、3.18kg，2016 年强度Ⅰ至强度Ⅳ处理下枣树整体生物量干重最高分别达 6.27、5.87、4.71、3.80kg。受气候与土壤因素等影响，同一修剪强度下枣树生物量基本是 2015 年 < 2014 年 < 2016 年，这说明相同树体规格的枣树在降雨充沛、土壤水分含量较高的年份，其枝叶、果实的繁茂程度也要高于降水量少、土壤水分含量低的年份。

其次，通过枣树生育期各时段蒸腾效率可以看到（图 9-27b、d、f），不同年份各修剪强度下蒸腾效率差异较小，其变异系数基本保持在较低水平（低于 10%），表示蒸腾效率基本不随修剪强度发生变化，说明研究树种在各修剪强度下蒸腾效率稳定。采用的修剪标准能够有效拉开各个修剪强度处理下枣树生物量的差距，也就是说，修剪一旦能够有效控制树体的生物量，就能够显著减少树体的蒸腾耗水量，可以认为本研究中通过增大修剪强度降低枣树蒸腾耗水量是一种有效的管理技术手段。

各修剪强度下的枣树蒸腾效率变化趋势一致，呈双峰曲线形式。枣树蒸腾效率大约在每年 6 月至 9 月处于较高水平（大于 2g/kg），并且在 6 月至 7 月中旬、8 月这两段时间内处于最高水平，主要是因为前者是萌芽展叶的中后期，后者是果实膨大主要时期，枣树生物量迅速增长。而 7 月中下旬枣树处于开花坐果期，生物量增长较萌芽展叶期慢，因此蒸腾效率较前期有所下降。2014—2016 年枣树蒸腾效率最高值分别为 7.02、7.74、6.91g/kg，说明在比较干旱的年份，枣树蒸腾效率会有所提高，反之，降雨较多的年份，会使更多的土壤水分消耗在无效蒸腾上。

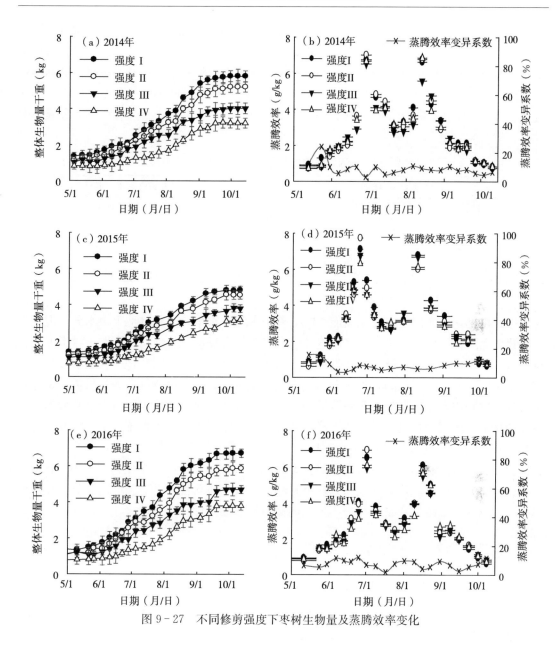

图 9 - 27　不同修剪强度下枣树生物量及蒸腾效率变化

9.4.3.3　不同修剪强度对枣树果实产量和水分利用效率的影响

表 9 - 14 为不同修剪处理下枣树产量与其水分利用效率对比情况，可以看出，不同年份间枣树产量与水分利用效率差异较大，降雨较多的 2016 年枣树产量普遍较高，最高产量可达 15.75 t/hm²，而降水量少的 2015 年枣树产量普遍较低，最高产量仅为 11.25 t/hm²，是 2016 年的 71.4%，由此可见气候条件对旱作经济枣林产量影响巨大。与此同时，同一修剪强度下枣树水分利用效率表现为 2015 年＞2014 年＞2016 年，主要是由于降雨越多，枣林地蒸发蒸腾量越大。总体上说，不同年份均是强度Ⅰ处理下的枣树产量最高，强度Ⅳ处理下的枣树水分利用效率最高，枣树产量随着修剪强度的增大而减小，枣树水分利用效

率随修剪强度的增大而升高，增大修剪强度有利于陕北黄土高原有限的水资源高效利用。对不同修剪强度下枣树产量与水分利用效率进行显著性分析，发现各修剪强度间枣树产量没有显著性差异，这可能是在修剪过程中合理保留结果枝的效果。同时，枣树水分利用效率随修剪强度的增大显著升高，而图 9-27 中显示各修剪强度间蒸腾效率差异较小，应该是增大修剪强度并尽量保留结果枝以后，枣树生殖生长比重加大，营养生长比重减小的缘故。

表 9-14　不同修剪强度下枣树产量与水分利用效率

年份	产量（t/hm²）				水分利用效率（kg/m³）			
	强度 I	强度 II	强度 III	强度 IV	强度 I	强度 II	强度 III	强度 IV
2014	12.3a	12.77a	12.65a	12.01a	3.69a	3.84ab	4.04b	4.17b
2015	11.25a	11.13a	11.05a	10.80a	4.09a	4.17ab	4.25b	4.29b
2016	15.75a	15.15a	14.70a	14.70a	3.15a	3.17a	3.38b	3.56c

注：不同字母表示修剪强度间差异显著（$p<0.05$）。

由此可见，增大修剪强度虽然能够降低枣树蒸腾耗水量，改善林地土壤水分，但也在一定程度上降低了枣树产量。众多国内外前沿研究学者提出，目前黄土高原土壤干燥化日益加重，并为该区域大规模人工林带来的土壤水环境恶化担忧。因此，一味追求产量、透支林地土壤水分是不可取的，只有考虑到当地环境承载力，以可持续发展为目标，追求水土资源高效利用，才能避免生态系统遭到进一步的破坏。研究结果表明，强度 IV 处理下的枣树产量虽然较其他强度而言有所下降，但各修剪强度间枣树产量在统计学上没有显著性差异（表 9-14）。此外，各修剪强度中，强度 IV 处理下的枣树蒸腾耗水量显著低于其他各修剪强度，水分利用效率也最高，综合枣林地耗水、枣树产量与水分利用效率等各方面考虑，在研究范围内，修剪强度 IV 处理下枣林产量没有显著性降低，又能达到高效用水的目的，可以作为当地旱作枣林可持续发展的修剪管理参考标准。

9.5　主枝修剪对枣林土壤水分的调控

9.5.1　主枝修剪对枣园土壤水分的影响

枣园 0～3 m 土壤水分及气象因子的动态如图 9-28 所示，由于试验区域雨热同期，强烈的大气蒸发力限制了降雨的深层入渗，上层（0～1 m）土壤水分波动性最大。三年里，2012 年为典型平水年，降水量为 477 mm，与当地多年平均降水量 451.6 mm 相差不大；2013 年为偏湿年，降水量达 530 mm，比多年平均降水量高出约 17%；2014 年为偏旱年，降水量 386 mm，仅为多年平均降水量的 85%。

2012 年生育期开始时，单主枝、双主枝和三主枝处理初始平均土壤含水量分别为 7.83%、8.40% 和 8.06%。枣树萌芽展叶阶段（5 月中旬至 6 月中旬）还处于旱季，由于蒸散量远远超过降水量，土壤储水消耗很快，土壤含水量在开花坐果前期降低到最小值（6.58%、6.95% 和 6.73%）。之后雨季到来，随着降水量的不断补充，枣园土壤含水量得到逐步恢复并于雨季结束时（9 月 12 日，*DOY* 256）达到最大值（9.20%、8.88% 和

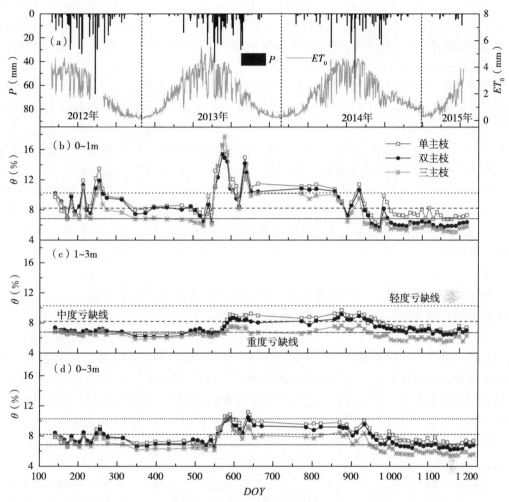

图9-28　2012—2014年三个处理0~1m（b）、1~3m（c）和0~3m（d）
土壤含水量θ动态及同时期内的降水量P和参考蒸散量ET_0（a）

8.41%）。入冬后，整个休眠期三个处理土壤含水量保持相对稳定（7.11%、6.70%
和6.19%）。

2013年也具有类似的规律，由于生育前期较高的蒸散量和相对较少的降雨，三个处
理土壤含水量最低值（6.80%、6.53%和6.12%）出现在6月10日至7月2日（DOY
161~183），之后的雨季里土壤含水量逐渐上升并于7月30日（DOY 211）达到第一个峰
值（10.88%、10.30%和10.61%）。该时期里枣园蒸散强烈，土壤含水量在每次降雨之
后下降很快，又在下一次降雨之后得到快速补充，故波动剧烈。受9月14日至25日
（DOY 257~268）的集中降雨影响，土壤含水量在9月27日（DOY 270）取得最大值
（11.16%、10.45%和9.26%）。休眠期内三个处理土壤含水量保持微弱波动（9.86%、
9.00%和7.77%）。

接下来的2014年，7月9日（DOY 190）的一场大降雨（65.50mm）使土壤含水量

增大很快，且于 7 月 21 日（DOY 202）达到最大值（10.08%、9.54% 和 8.36%）。由于该年降水量较少，三个处理土壤含水量在整个生育期里总体呈现下降趋势，在生育期结束时处于最低水平（7.69%、6.88% 和 5.69%），随后的休眠期里，土壤含水量维持在该水平附近轻微波动。

尽管主枝修剪处理并没有影响枣园土壤含水量的时间变化规律，但明显对土壤剖面上的水分分布带来了影响。由于三个处理初始土壤含水量不尽相同（三主枝和双主枝处理高于单主枝处理），使得 2012 年生育前期三个处理土壤含水量波动曲线出现相互交错，但从 2012 年生育中期开始直到 2015 年春季，对于 0~3m、0~1m、1~3m 不同土壤层次，三主枝对照处理土壤含水量均为最低，单主枝处理均处于最高水平。

三个处理中，三主枝小区土壤水分亏缺度最大，在偏湿年 2013 年里，该小区 0~3m 平均土壤含水量多数时间里处于中等亏缺至重度亏缺范围内；此外平水年 2012 年和偏旱年 2014 年里，该小区土壤水分条件多数时期属于重度亏缺状态。而单主枝和双主枝处理小区，偏湿年（2013 年）0~3m 土层土壤含水量普遍属于轻度亏缺状态，其他两年基本位于中度亏缺状态。

分层来看，2012 年，三个处理上层（0~1m）土壤含水量在无亏缺至重度亏缺范围里不断波动，而下层（1~3m）土壤含水量在生育期内基本在中等亏缺线附近小幅波动，进入休眠期后转为重度亏缺。2013 年，三个处理土壤含水量差异拉大，由于降水的补充，三主枝对照处理上层和下层土壤水分状况分别从重度亏缺转为无亏缺和中度亏缺，双主枝和单主枝处理分别从重度亏缺转为无亏缺和轻度亏缺。2014 年，由于偏少的降水量，三主枝对照处理上层和下层土壤水分状况分别从无亏缺和中度亏缺逐渐加剧为重度亏缺，双主枝处理分别从无亏缺和轻度亏缺逐渐转变为重度亏缺和中度亏缺，单主枝处理分别从无亏缺和轻度亏缺逐渐转变为中度亏缺。由此可见，主枝修剪方法可以极大地改善枣园土壤水分条件。

在三个不同的降水年里，枣园土壤水分随时间波动程度不一，平水年和偏旱年土壤水分亏缺处于常态，而偏湿年土壤储水可以得到大幅补充，0~1m 土壤含水量基本可完全恢复，1~3m 土壤水分亏缺状态也可以得到极大缓解。因此，土壤水分年际补给情况随降雨会有所变化。前人研究也得出过类似的土壤储水与降水量之间的周期性。Liu 等（2010）在黄土高原南部的研究表明，大田作物密集耕作多年后，2~3m 土层会形成土壤干层，但是干层土壤含水量在一个湿润年里能够得到完全恢复。Liu 等（2010）对土壤干层出现频率的分析表明，除了连续种植苜蓿的农田外，其他大田作物耕地 2~3m 内形成的土壤干层每十年至少能够得到一次完全恢复。

9.5.2 主枝修剪对枣园耗水各组分及水分利用效率的影响

表 9 - 15 列出了 2012—2014 年三个修剪处理下枣园耗水量各组分、产量及水分利用效率。生育期内水分损失通过枣树蒸腾和土壤蒸发形成，构成蒸散量；而休眠期枣树蒸腾量忽略不计，水分损失主要通过土壤蒸发形成。试验结果表明：主枝修剪处理几乎不影响休眠期里的蒸发量。生育期里两个主枝修剪处理都显著减小了枣树蒸腾量，同时显著增加了土壤蒸发量（$p < 0.05$）。单主枝处理在不同水文年里都使枣园蒸散量显

著降低，然而，双主枝处理虽然也降低了枣园蒸散量，但只在偏湿年（2013年）达到显著水平，因此单主枝修剪缓解土壤干燥化的效果更加明显，该结论与Jackson等（2000）在农林复合系统里的研究结果相似。作者指出对上层树木的修剪可减轻树木与林下农作物之间的光能竞争，而光照条件的改善会对剩余叶片的光合和蒸腾等生理过程起到促进作用，这会对剪去枝叶的耗水量产生一定的补偿，故土壤水分条件的改善与否与修剪强度关系密切，中度修剪几乎对土壤水分没有产生影响，而重度修剪能够使土壤水分含量得到大幅提高。

表9-15　2012—2014年不同主枝修剪处理下枣园耗水量、产量和水分利用效率

指标	修剪处理	2012年生育期	2012—2013年休眠期	2013年生育期	2013—2014年休眠期	2014年生育期	2014—2015年休眠期
降水量（mm）		448	53	491	71	312	67
蒸腾量 T_g（mm）	单主枝	190a	0	185a	0	134a	0
	双主枝	232b	0	226b	0	179b	0
	三主枝	306c	0	295c	0	282c	0
土壤蒸发量（mm）	单主枝	261a	72a	223a	67a	240a	77a
	双主枝	232b	64ab	200b	65a	203b	70a
	三主枝	173c	70a	156c	60ab	110c	71a
蒸散量（mm）	单主枝	452a	72a	408a	67a	374a	77a
	双主枝	463ab	64ab	426b	65a	381ab	70a
	三主枝	478b	70a	451c	60ab	392b	71a
蒸腾所占比例（%）	单主枝	42.13	0	45.28	0	35.75	0
	双主枝	50.03	0	53.09	0	46.85	0
	三主枝	63.86	0	65.46	0	71.91	0
果实产量（鲜重）（kg/hm²）	单主枝	8 082a	—	5 691a	—	6 804a	—
	双主枝	8 964b	—	5 426a	—	8 341b	—
	三主枝	11 293c	—	6 000a	—	10 589c	—
水分利用效率 WUE（kg/m³）	单主枝	1.79a	—	1.40a	—	1.82a	—
	双主枝	1.94b	—	1.28a	—	2.19b	—
	三主枝	2.36c	—	1.33a	—	2.70c	—

2012年（平水年）生育期内，单主枝、双主枝和三主枝处理下枣园蒸散量分别为452mm、463mm和478mm，其中，树体蒸腾量分别占42.13%、50.03%和63.86%，同期降水量（448mm）少于各修剪处理下的蒸散量；同样，紧接的休眠期里，单主枝、双主枝和三主枝小区土壤蒸发量分别为72mm、64mm和70mm，皆高于同期降水量（53mm）。由此说明，无论是否实施主枝修剪，该地区10龄左右的枣林地在大多数年份（平水年）耗水量大于降水量，会发生土壤储水消耗。土壤储水被消耗的情况同样发生在偏旱年2014年，虽然三个修剪处理下生育期耗水量均比平水年大幅下降（374mm、381mm和392mm），但依然高出同期降水量60～80mm；该年休眠期蒸发量（77mm、70mm和71mm）也比

同期降水量高出 10 mm 左右。在偏湿年 2013 年，土壤水分得到不同程度的补充和恢复，单主枝、双主枝和三主枝处理生育期内耗水量分别为 408 mm、426 mm 和 451 mm，都极大地低于同期降水量（491 mm）；该年三个修剪处理休眠期内土壤蒸发量分别为 67 mm、65 mm 和 60 mm，也都低于同期降水量 71 mm。

由于冬季属于旱季，土壤含水量较低，加上表层冻土层的阻隔，休眠期土壤蒸发耗水量不高，约占全年蒸散量的 15%，所以，生育期是枣园水分消耗的主要时期。双主枝和三主枝处理中，生育期蒸腾量所占比重很大，偏湿年尤其明显（分别为 53.09% 和 65.46%）。单主枝处理中，蒸发量所占比重更大，超过 50%，在干旱年更为明显（64.25%）。

三个处理果实产量（鲜重）2012 年在 8 082～11 293 kg/hm²，2013 年在 5 691～6 000 kg/hm²，2014 年在 6 804～10 589 kg/hm²。由于 2013 年春季发生了持续 10 d 左右的霜冻现象，对枣树开花形成一定影响，故 2013 年产量明显比另外两年低，且这一年里三个修剪处理产量差异并不显著，但在 2012 年和 2014 年，三个处理之间产量差异均达到显著水平，主枝修剪显著减少了枣园产量。

值得一提的是，在偏湿年 2013 年，虽然土壤水分状态更加良好，但枣树蒸腾量却低于平水年的 2012 年，原因是 2013 年春季的冻害一方面对枣树在霜冻之后一段时期里的生理活动造成一些抑制，这在枣树蒸腾速率随时间的动态里有所表现，图 9 - 29 中 2013 年生育早期枣树单位地面蒸腾速率（T_g）增加较 2012 年和 2014 年缓慢；另一方面霜冻影响开花使得枣园减产，由于果实生长也会消耗水量，相关试验证明摘除果实会减小树体蒸腾量（Forrester et al.，2013；Marsal et al.，2006），因此，霜冻减小了 2013 年枣园耗水量。另外，2013 年的土壤蒸发量也小于 2012 年，一部分原因是霜冻发生前后一段时间里气温相比其他年份低，还有一部分可能原因是 2013 年雨天较多。低温和高湿度的环境会抑制土壤蒸发。

三个处理水分利用效率（WUE）2012 年在 1.79～2.36 kg/m³，2013 年在 1.28～1.40 kg/m³，2014 年在 1.82～2.70 kg/m³。主枝修剪在 2012 年和 2014 年显著降低了 WUE，2013 年三个处理之间 WUE 差异不显著。主枝修剪增加棵间土壤蒸发量是 WUE 降低的一个重要原因，在单主枝和双主枝处理中，土壤蒸发量分别占据蒸散量的约 60% 和 50%，可见采取合适措施抑制土壤蒸发对提高 WUE 和改善土壤水分状况潜力巨大。Gao 等（2010）在苹果园的研究证实覆盖措施能够显著降低土壤蒸发损失，在无灌溉条件下尤为明显。虽然主枝修剪会显著降低产量和 WUE，尤其在平水年和偏旱年，但是单主枝修剪在正常年份所保证的 8 000 kg/hm² 左右的产量，也能够带来很可观的经济效益，且该处理下土壤水分条件较好，若选取适当的覆盖措施相配合，有望实现雨养枣园土壤干燥化的防控，故该区雨养枣园适合主推单主枝处理。

9.5.3 主枝修剪对枣树蒸腾特征的影响

9.5.3.1 主枝修剪对枣园单位地面蒸腾速率 T_g 的影响

枣园单位地面蒸腾速率 T_g 是树体蒸腾速率与冠下平均地面面积（6 m²）的比值，该值在叶面积增长阶段很大程度上受控于叶面积，当叶面积生长稳定之后，主要由气象因子控制，因此该值在生育期不同阶段差异很大。而单位叶面积蒸腾速率 T_l 是将树体蒸腾量平摊到叶面积上，主要反映叶片水平的蒸腾状态，该值主要受控于环境条件，生育期内环境条件类似的日期里其值相对稳定。T_g 和 T_l 相互配合可对枣树蒸腾状况进行充分反映。图 9-29 和图 9-30 分别描述 T_g 的生育期动态和 T_l 的日动态。

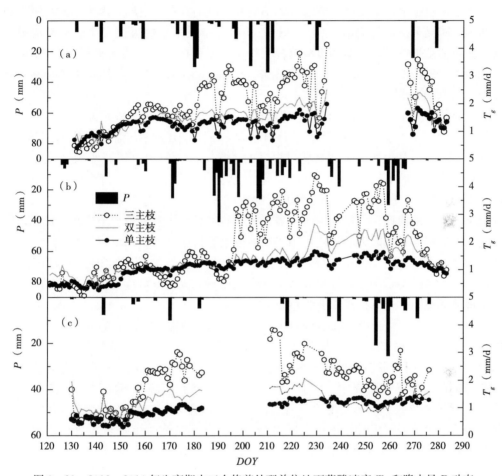

图 9-29　2012—2014 年生育期内三个修剪处理单位地面蒸腾速率 T_g 和降水量 P 动态

2012—2014 年生育期内三个处理 T_g 动态均呈现单峰变化趋势。随着枣树的不断生长，三主枝处理下 T_g 从早期的 1.0 mm/d 逐渐上升至 3.0～3.5 mm/d，当 8 月初冠层生长量达到最大时，T_g 也随之达到峰值 4.0～4.5 mm/d，之后开始逐渐降低，生育末期其值范围为 1.0～2.0 mm/d。相比而言，双主枝和单主枝处理下的 T_g 值在生育前期和末期与三主枝对照处理差异很小，处于同等水平，然而随着不同处理间叶面积差异的逐渐拉大，该值在生育中期和后期明显小于三主枝对照处理，双主枝和单主枝处理 T_g 最大值范围分别为 2.0～2.5 mm/d 和 1.5～2.0 mm/d，仅为对照处理的 50% 和 40%。当叶面积生长稳定之后，不同修剪处理下枣树 T_g 随气象因子波动幅度很大，说明气象条件对 T_g 影响很大。

　　T_g 是引发枣园土壤干燥化的一个重要原因，在三主枝枣园里，T_g 占生育期蒸散总量的一半以上，因此为防控枣园土壤干层，研究抑制 T_g 的措施十分有必要。T_g 受冠层结构、冠层管理措施、树体大小和种植密度等多种因素的影响（Tyree et al.，1991）。Jackson 等（2000）指出通过修剪或摘除叶片可以减少冠层叶面积，从而限制树体蒸腾耗水，有利于改善土壤水分状况，因此它们是比较常用的控制树体耗水的措施。图 9-29 和表 9-15 结果也显示，主枝修剪方法有助于缓解枣园土壤水分消耗，因为该方法极大地抑制了树体蒸腾耗水。这与 Hipps 等（2014）的研究中减小法桐冠层尺寸显著地加强了土壤水分保持的结果一致，类似的修剪改善土壤水分条件的结论在野生橄榄树（Shelden et al.，2000）、苹果（Li et al.，2003）、桃树（Lopez et al.，2008）和桉树（Forrester et al.，2012）等多种树木中也有报道。

修剪降低 T_g 的部分原因被认为是修剪减少叶面积导致了树木根系发生一系列变化以平衡根—枝比，从而影响根系吸水，而根系对树冠减小的响应程度与修剪强度有关。Comas 等（2005）研究了葡萄树修剪与根系的关系，认为修剪可以减少根系发育，从而降低了对土壤水分的消耗。Chen 等（2008）也认为土壤退化程度与植物根系分布密切相关。类似地，Biran 等（1981）对草坪开展的修剪研究指出修剪可降低草坪根系深度并减少深层土壤水分的消耗。大量相关研究表明树冠的生长与根系生长和土壤水肥资源之间存在函数关系，根系吸水能力的变化可用于判断枝条生长情况（Comas et al.，2004）。树冠蒸腾耗水与其相关因子，如叶面积、根系吸水、大气蒸发力等之间的关系被广泛研究（Dawson，1996；Whitehead，1998；Wullschleger et al.，1998），这些关系对探寻干旱半干旱地区的植物生长调控措施非常重要。

Hipps 等（2014）指出，通过修剪树冠外围以缩小树冠尺寸的修剪方法对法桐树蒸腾量的抑制效果是短暂的，为了加强土壤水分的保持，需要多次重复修剪。Alcorn 等（2013）也指明，对于亚热带地区种植的桉树来说，修剪树枝对整株树体蒸腾量的减小作用是短期的。但是本研究中，2012 年实施的主枝修剪措施对减缓树体蒸腾和枣园土壤水分消耗的效果长期存在，能够一直持续到 2013 年和 2014 年。这是因为矮化的枣树高度最多 2 m，树体相对较小且果树需要协调营养生长和生殖生长，故相比生长旺盛的林用木种法桐和桉树来说，枣树树体叶面积的生长和恢复速度很慢。另外，三个主枝在枣树幼年时期开始培养，生长粗壮之后不会再培养多余主枝，所以主枝修剪一次之后不需要循环修剪，因此主枝修剪方法是一项有效且节省劳动力的，能够缓解或防控土壤干层的措施。

9.5.3.2 主枝修剪对枣园单位叶面积蒸腾速率 T_l 的影响

由于气象因子和土壤水分都对蒸腾产生重大影响，为了研究主枝修剪处理对单位叶面积蒸腾速率 T_l 的影响，图 9-30 选取了两个气象条件类似但土壤水分状况差异极大的典型日——2013 年 8 月 18 日（DOY 230）和 2012 年 9 月 20 日（DOY 233），分别作为无水分胁迫和水分胁迫两种条件的代表，作为反映气象条件的综合指标，ET_0 在这两日里的值很接近，分别为 3.06、2.98 mm/d。

与 T_g 的结果相反，由于叶面积更少，双主枝和单主枝处理下的单位叶面积蒸腾速率 T_l 值在两种水分条件下都大于三主枝对照。类似的结果在多种树种中有过报道，例如，剪去冠层顶层后蓝桉树剩余叶片蒸腾速率也表现出补偿效应，单位叶面积蒸腾速率和冠层

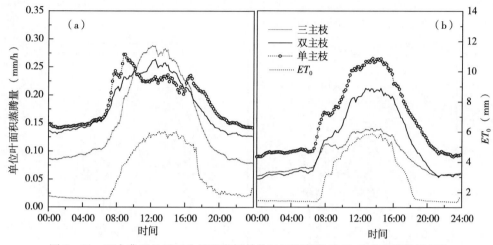

图 9-30　两个典型日里三个处理枣树单位叶面积蒸腾量 T_l 和参考蒸散量 ET_0
在（a）无水分胁迫条件和（b）水分胁迫条件下的日动态

导度均被增强（Quentin et al.，2011），重度修剪过的桃树中也得出极为一致的结论（Bussi et al.，2010）。Wullschleger 等（2000）同样指出，修剪过的冠层能够更加有效地适应环境从而增大叶片蒸腾速率。

在水分条件良好的情况下，三个处理 T_l 值差异相对较小，水分胁迫条件下差异较大，说明土壤水分条件对枣树蒸腾规律影响很大。土壤水分充足情况下，三主枝和双主枝处理枣树 T_l 值极大地高于水分胁迫条件下的值，然而单主枝处理枣树 T_l 值在两种土壤水分条件下差异并不明显，仅表现为水分状况良好时 T_l 峰值持续时间略长。这说明主枝修剪能够降低枣树 T_l 对土壤水分的敏感性。

无论土壤水分胁迫与否，三个处理 T_l 与 ET_0 的日变化规律都极为同步，同样说明气象条件对枣树 T_l 影响很大。为了确定对枣树 T_l 影响最大的气象因子，图 9-31 计算了不同土壤水分条件下的退耦系数 Ω，每个水分条件选取一个月作为典型时段——2013 年 7 月（DOY 182～212）为无水分胁迫条件代表，2014 年 8 月（DOY 213～243）为水分胁迫条件代表。

VPD 和太阳辐射对蒸腾的影响可以通过 Ω 进行量化，当该值趋向 0 时表示气孔调节作用强，植物与大气的耦合性好，叶片表面不断发生气体交换，从而使叶片一直暴露在大气 VPD 下，此时 VPD 和气孔开度成为影响蒸腾的主要因子；但是如果叶片表面的空气与大气被边界层阻隔，叶片表面的水汽压亏缺长时间接近局部平衡状态，即使气孔释放的水汽能够影响这种平衡，相近的跨气孔水汽压梯度也会抵消气孔活动带来的这种影响，那气孔的开张就无法影响冠层蒸腾，这种情况下植物与大气脱耦，Ω 值趋向 1，蒸腾主要受太阳辐射的控制（Martin et al.，2001；Wullschleger et al.，2000）。图 9-31 显示，土壤水分条件对 Ω 值并无显著影响，Ω 始终保持在稳定的较低水平（小于 0.4），说明多数情况下冠层与大气耦合情况良好，VPD 对 T_l 的影响占主导地位，枣树在湿润和干旱两种水分条件下都能根据环境变化对 T_l 进行有效的生理控制。有效的气孔调节能够避免干旱条件下植物体内水势的下降，防止过度脱水和生理损伤（陈立欣，2013），有利于树木更好地应对水分胁迫，在干旱环境里持续生长。

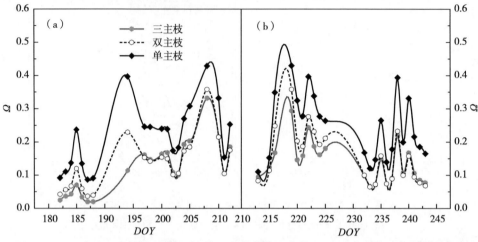

图 9-31　三个处理日退耦系数 Ω 在（a）无水分胁迫条件和（b）水分胁迫条件下的动态

图 9-32 中选择 VPD 作为典型因子，研究不同主枝修剪处理下冠层导度 G_c 对气象条件的敏感性，同样，无水分胁迫和水分胁迫两种条件分开来研究。冠层导度 G_c 随 VPD 的增加呈对数下降，说明当空气变得干燥的时候叶片气孔渐次关闭以防止过度的水分散失及木质部空穴化的产生，并保证叶水势在安全的范围（David et al.，2004）。虽然三个处理 G_c 均随 VPD 下降，但下降速率各异，为了量化下降速率，本研究对三个处理 G_c 对 VPD 的敏感度（$-dG_c/dlnVPD$ 或 $-m$）与参比冠层导度 G_{cref} 之间的关系进行对比，多重检验结果表明：$-m$（或 $-dG_c/dlnVPD$）和 G_{cref} 在三个处理之间存在差异，两种水分条件下单主枝处理与双主枝处理之间差异均显著，单主枝处理与三主枝对照之间差异也都显著，但双主枝处理与三主枝对照之间的差异皆没有达到显著水平。这说明主枝修剪会改变 G_c 对气象因子的敏感性，单主枝处理下 G_c 对 VPD 的敏感性最高，因为在较低 VPD 的条件下它表现出较高的 G_c 值，故单主枝枣树具有最为活跃的气孔控制，这种特征使得单主枝枣树在较低 VPD 的情况下能够将碳同化最大化并降低干旱环境下木质部栓塞的风险（Katul et al.，2003；Palmroth et al.，2008）。另外，单主枝枣树具有最高的 G_{cref} 值，虽然水分胁迫条件下气孔调节可以保证树木成活（Yong et al.，1997），但低冠层导度不利于碳同化，G_{cref} 值较低的树竞争力相对较弱，在长期严重干旱的情况下持续走低的碳同化会对植物生长造成潜在的不利影响（McDowell，2011），因此单主枝枣树应对干旱的能力最强。

另外 $-m$（或 $-dG_c/dlnVPD$）和 G_{cref} 这两个参数的配对检验结果表明：同一处理下不同水分条件的参数差异并不显著。两种水分条件下三个处理的 $-m$（或 $-dG_c/dlnVPD$）和 G_{cref} 值之间存在清晰的线性关系，拟合直线斜率为 0.649，与 0.6 之间的偏差并不显著，表明不同水分条件下三个处理 $-m$（或 $-dG_c/dlnVPD$）与 G_{cref} 之间的比值遵循 0.6 的比例关系，说明枣树属于等水势调控植物，且等水势调控蒸腾的策略不受主枝修剪措施的影响。因此，等水势气孔调节可以防止木质部产生严重空穴化，确保安全水势（Chen

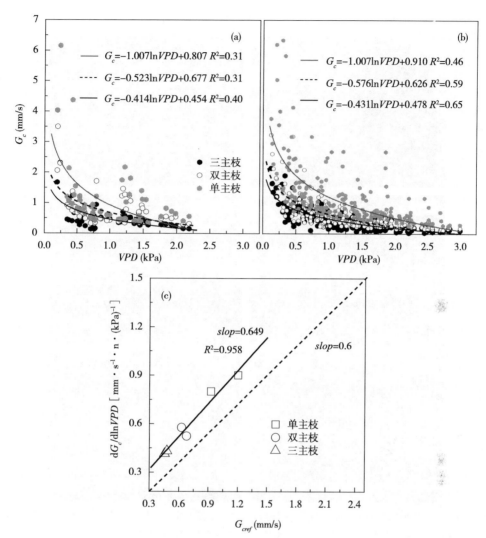

图 9 - 32　2012—2014 年三个处理（a）无水分胁迫条件和（b）水分胁迫条件下
日冠层导度 G_c 与饱和水汽压差 VPD 的关系以及（c）冠层导度对 VPD 的
敏感度（$-dG_c/d\ln VPD$）与参比冠层导度（G_{cref}）之间的关系

et al.，2012；Sperry et al.，1998）。Oren 等（1999）对多种植物的综合分析阐明，即使植物类型、气候、地点、监测方法等差异很大，但中生植物气孔对 VPD 的敏感性与 G_{cref} 的比例都恒定为 0.6，这一恒定比例是植物通过气孔调节蒸腾失水过程中为控制最低叶水势，防止木质部产生过度栓塞的结果。该研究反映出中生植物拥有较为相似的木质部组织形态，在对内部的水势控制上存在较为普适的规律。

不同主枝修剪处理之间 $-m$（或 $-dG_c/d\ln VPD$）和 G_{cref} 的差异跟木质部抗栓塞特性和水通道蛋白活性等有密切关系（Nardini et al.，2003；Zwieniecki et al.，2007）。木质部解剖差异在很大程度上能反映木质部抗栓塞能力（Bush et al.，2008；Markesteijn et al.，2011；Pratt et al.，2007），因此本研究也对不同处理木质部取样，进行了解剖结构分析（图 9 - 33）。

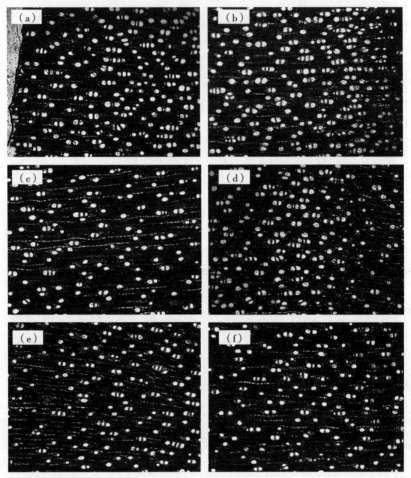

图 9 - 33　三个处理枣树形成层向内 5 mm（a、c、e）和 15 mm（b、d、f）处木质部导管分布

注：a、b 为三主枝处理，c、d 为双主枝处理，e、f 为单主枝处理，图片放大 5 倍。

9.5.4　主枝修剪对枣树树干木质部导管直径的影响

由图 9 - 33 木质部导管分布图可以看出枣树属于散孔材，木质部导管单独或者 2～3 个成簇均匀分布于树干横截面上。簇状分布多见于离心材较近的位置（右列子图），离心材越近，导管孔径也较小。

三主枝处理中，形成层向内 5 mm 处木质部平均导管直径为 48.39±0.51 μm，显著大于形成层向内 15 mm 处的平均导管直径（46.81±0.36 μm）。同样，单主枝和双主枝处理中形成层向内 5 mm 处的木质部平均导管直径（43.20±0.39 μm 和 47.44±0.49 μm）显著大于形成层向内 15 mm 处的平均导管直径（40.74±0.38 μm 和 42.53±0.36 μm）。与三主枝对照相比，单主枝和双主枝处理显著减小了形成层向内 15 mm 处的平均导管直径，同时也减小了形成层向内 5 mm 处的平均导管直径，但是差异只在单主枝与双主枝处理之间，以及单主枝与三主枝处理之间达到显著水平，双主枝与三主枝之间差异不显著。

木质部对空穴化的脆弱性是植物对环境适应性中的一个重要方面，空穴化会引起木质部导管发生气栓塞，阻碍水分运输和导致叶水势下降，所以是有害的（唐玉红等，2009）。研究发现木质部边材抗栓塞能力与树木耗水性和抗旱性之间关系密切，耐旱性强的植物可防止木质部空穴和栓塞的发生，从而保证树木在干旱胁迫下木质部水分运输机能的正常运行。根据 Hagen-Poiseuille 方程，对于完美平滑管道，水力学导度（阻力的倒数）与半径的四次方成正比，因此管径越大水力学导度也越大（O'Grady et al.，2009；Steppe et al.，2007），导水潜力越高，但同时发生木质部栓塞的风险也会升高，故木质部导管直径越大，树木对低水势和栓塞的抗性越弱（Nardini et al.，2000；Santiagoagustín et al.，2010；Tyree et al.，1986）。

单主枝修剪处理显著减小树干木质部导管直径说明该措施能够明显增强枣树应对低水势以及木质部栓塞的能力。这也解释了图 9 - 30 里单主枝处理中 T_l 在水分胁迫条件下能够保持正常状态，与无水分胁迫条件下的 T_l 日动态很相近，而三主枝处理中两种水分条件下 T_l 日动态差异很大。类似地，Namirembe 等（2009）对决明子树的枝条修剪试验也认为修剪会减小导管直径。另外，Choat 等（2005）和 Sobrado（2003）分别在热带雨林和热带山地生态系统的研究也指出修剪会降低植物茎秆水力学导度，从而增强植物对抗干旱和保持正常蒸腾的能力。

9.6　枣树修剪与耗水调控

9.6.1　典型修剪强度下的蒸腾

为分析树体修剪后冠层指标和蒸腾的关系，先选取修剪梯度差异较大的四棵样树（1号、8号、16号、23号树）进行重点分析，并与本试验的极大处理（23号树，三主枝不修剪，CK）作对照。CK 的冠幅直径约 2m，其他三棵树的冠幅直径分别约为对照处理的 60%、30% 和 10%，简称轻度（16号）、中度（8号）、重度（1号）修剪。分析各处理在不同时间尺度上的水分响应程度。

9.6.1.1　瞬时尺度（10min）蒸腾差异

为了减小极端天气条件对蒸腾结果的影响，在 2012 年枣树生育比较旺盛的 7 月选取了三个连续晴天（1—3 日），对瞬时尺度上的蒸腾进行比较。同时选取 6 月 26 日至 7 月 25 日 30d 的连续数据，在日尺度上对不同修剪强度下的蒸腾进行对比分析。

在瞬时尺度上（图 9 - 34a），不同修剪强度下树体液流密度（瞬时蒸腾强度）的响应规律基本相似，但响应程度差异明显。重度处理的树体冠幅最小，其相应的液流密度也最低，树干液流最为剧烈的是 CK 树，在不同修剪处理下，一天内的液流密度基本呈现单峰变化趋势。蒸腾均在夜间较为缓慢，早晨 6：00—7：00 液流迅速增加，在 9：00—16：00 蒸腾较为迅速，白天蒸腾呈现不规则的波动变化，这些波动主要是受气象因子的影响（Liu et al.，2013）。

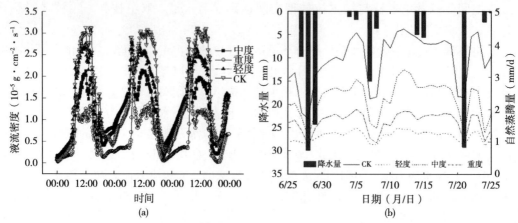

图 9-34 典型修剪强度下瞬时尺度（a）和日尺度（b）蒸腾动态

在日尺度上（图 9-34b），不同修剪强度下各处理的差异性也比较显著。虽然各处理的变化规律比较相似。但是波动幅度不同。随着修剪强度的加大，日蒸腾的波动幅度在减小，可见修剪对树体蒸腾的调控作用非常显著。但是在 6 月 28 日及 7 月 8 日、16 日和 24 日前后，各处理蒸腾的差异性却非常小，这主要是因为在这几个时段，试验区各经过一次明显的降雨过程，空气湿度大，辐射强度低，降低了叶片气孔导度，抑制了叶片蒸腾。在此后的几天内，各处理的蒸腾耗水差异性显著增加，这主要是由于降雨过后，土壤水分充足，枣树蒸腾作用加强，但是在降雨过后的 5~7 d，土壤含水量在蒸发蒸腾双重作用下迅速降低，其对枣树耗水的抑制作用也开始增强。

9.6.1.2 各生育期蒸腾差异性

由表 9-16 可以看出，修剪对枣树不同生育期的蒸腾均能产生一定影响。但是各个生育期差异的显著性不尽相同。在整个生育期的不同阶段，各处理蒸腾的差异性呈现小—大—小的变化趋势。在萌芽展叶期，不同的修剪强度使得蒸腾分别减少了 39.6%、50.9% 和 64.0%，可见该措施能够有效地减少树体蒸腾。但是各个处理之间的差异性并不显著，这主要是因为在这个时期，各修剪处理的新梢生长量和枝叶量绝对数值并不是很大，特别是经过修剪以后，各个树体的蒸腾均受到不同程度抑制，蒸腾耗水的绝对数值进一步减小，从而弱化了这种差异性。

表 9-16 不同生育阶段枣树耗水差异显著性分析

修剪强度	萌芽展叶（mm）	开花坐果（mm）	果实膨大（mm）	成熟落叶（mm）	全生育期（mm）
CK	87.7a	153.8a	193.6a	74.6a	512.7a
轻度	53.0b	95.1b	138.4b	52.9ab	350.4b
中度	43.0b	68.5bc	83.3c	30.3bc	246.1c
重度	31.5b	43.8c	52.4c	25.0c	160.7d

在枣树开花坐果期和果实膨大期，除开花坐果期的轻度修剪和中度修剪处理，以及果实膨大期的中度修剪和重度修剪之间差异性不显著以外，其他各个修剪处理之间蒸腾的差异性都十分显著。这主要是因为，这两个生育期正好处于枣树生长的旺盛阶段，气温较

高，土壤水分条件较好，不同处理叶面积差异明显。

在枣树的成熟落叶期，各处理的差异性在逐渐缩小，相邻两个处理（CK 和轻度、轻度和中度、中度和重度）差异均不明显，但梯度较大的处理（CK 和中度、CK 和重度、轻度和重度）有显著性差异。这主要是因为在果实成熟落叶期，叶片的活性在降低，蒸腾作用放缓，有的甚至开始落叶，蒸腾几乎为零，使得各个处理之间的差异性逐渐减小。

对于枣树的全生育期而言，不同修剪强度下，全生育期的蒸腾差异均十分显著，轻度、中度和重度处理较 CK 蒸腾分别减少了 31.7%、52.0% 和 68.6%。可见修剪对于枣树蒸腾量的调控作用非常明显，从而为下一步确定合理的树体指标提供理论依据。

9.6.1.3 典型修剪强度下的土壤水分状况

图 9 - 35 为典型修剪强度处理下的 3 m 土层土壤水分动态。以 2012 年 5 月 10 日至 2013 年 5 月 31 日和至 2014 年 5 月 1 日分别作为一年和两年土壤水分比较的时间节点。可以看出，不同的修剪处理，其土壤水分虽变化规律相似，但各个处理差异仍然比较显著。土壤水分的变化受降雨的影响非常强烈。两年间降雨差异很大，这种年际降水量的较大变化，导致了年际土壤水分剧烈波动。但是不同修剪处理的土壤水分仍有较为显著的差异。2012 年降水量较少，不同处理土壤含水量均有不同程度的下降，重度、中度、轻度、对照处理的土壤含水量分别下降了 0.67、0.76、0.94、1.22 个百分点。第二年，随着降水量的增加各处理土壤含水量分别回升了 0.60、0.83、1.83、1.95 个百分点。各处理的土壤水分差距进一步拉大。和 CK 相比，重度修剪处理两年累计多增加了 40.5 mm 的土壤储水量。对于降雨年际不均的陕北地区，要实现山地果园的可持续经营，就必须实现土壤水分的动态平衡，但这个平衡的周期不一定是正好一年。基于此，枣林蒸散量控制的调控目标应为多年平均降水量（450.1 mm）左右为宜。

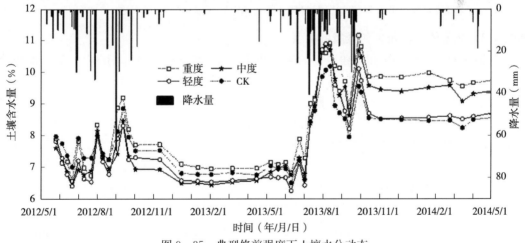

图 9 - 35 典型修剪强度下土壤水分动态

9.6.2 树体规格和树体蒸腾的关系

树体的蒸腾主要通过叶片来完成，但是如果直接通过修剪叶片来调节树体蒸腾量，不仅工作量非常大，而且可操作性和稳定性不强。因此必须通过调控树体其他生长、形态指标，间接调控树体叶片规模，从而实现节水型修剪的目的。为此本研究探讨了枣树的树体规格（主要生长、形态指标）和蒸腾的关系。

9.6.2.1 枣股、枣吊和蒸腾的关系

枣股和枣吊构成了枣树最基本的结果枝组，由图9-36可以看出，枣树的蒸腾和枣股、枣吊均呈现极显著的正相关关系。随着枣股和枣吊数量的增加，枣树蒸腾显著增加，而且枣吊对蒸腾的影响大于枣股（2012年和2013年R^2分别为0.8812、0.9403，分别大于0.5291、0.5999）。这主要是因为枣股上着生枣吊，叶片则直接着生在枣吊上，所以枣吊的数量对叶片的影响最为直接，枣股的改变能够引起枣吊数量的变化，但是单位枣股上着生的枣吊数量受到树体本身和外界环境的影响而发生波动，枣吊和枣股数量并非严格意义的线性关系，所以枣股对树体蒸腾的影响小于枣吊。

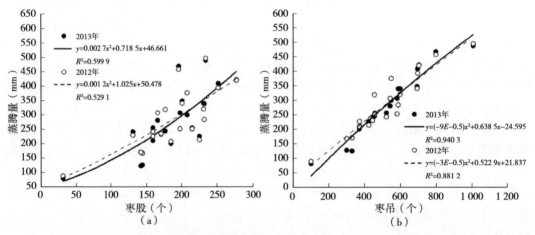

图9-36 2012年和2013年枣树蒸腾量和枣股（a）、枣吊（b）之间的关系

9.6.2.2 冠幅体积、枝条和蒸腾的关系

冠幅体积、新梢长度和枣树蒸腾的关系也十分密切（图9-37a、b），但是二者和蒸腾的关系略有不同，树体的蒸腾量和新梢长度基本呈线性相关，但和冠幅体积的增加呈现二次曲线相关关系。这主要是因为随着冠幅体积的增加，树体生长趋于分散，导致单位冠幅体积内的枝条量，枣股、枣吊量和叶面积（叶面积指数）都有一定的下降趋势。

9.6.2.3 叶面积、叶面积指数和蒸腾的关系

叶片是枣树蒸腾最主要的器官，枣树蒸腾绝大部分通过叶片进行，所以枣树的叶面积和蒸腾的关系最直接也最密切（图9-37c），二者在2012年和2013年的决定系数R^2分别达到了0.8657和0.7527。蒸腾和叶面积指数呈现一定的二次曲线关系（图9-37d），随着叶面积指数的增加，枣树蒸腾耗水量呈现出一定的先增加后减少的趋势。这可能是因为当叶面积指数较小时，叶面积指数的增加可以显著增加叶片规模，促进叶片蒸腾，但当叶面积指数较大时（LAI为3左右），树体叶片相互遮蔽效应明显，叶片接受辐射、风等蒸腾主要气象因子的能力减弱，单位叶片呼吸、蒸腾能力下降（Liu et al.，2013）。此外叶面积指数和蒸腾作用还受到其他因子影响，所以相关关系不是特别显著。

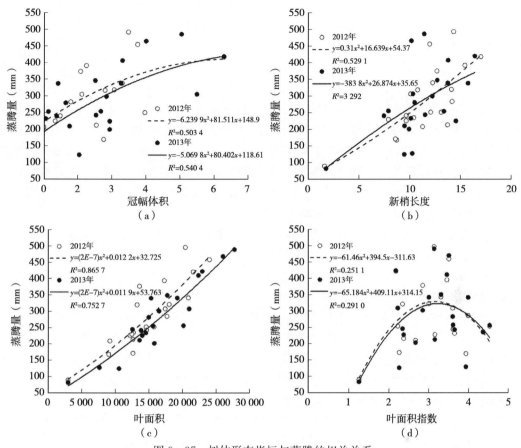

图 9-37 树体形态指标与蒸腾的相关关系

9.6.3 水量约束下的目标产量

9.6.3.1 树体蒸腾和产量的关系

枣树的产量和蒸腾量之间有非
常显著的相关关系（图 9-38），极
端处理枣产量为 2.0 kg 时，两年的
蒸腾量均小于 100 mm。随着产量的
增加，枣树蒸腾量显著增加，而且
随着产量的增加蒸腾量的增加越来
越剧烈。

9.6.3.2 目标产量的确定

根据前期 Dual-Source Shuttle-

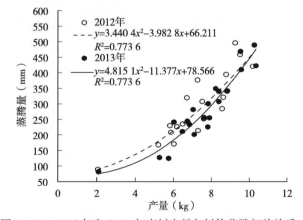

图 9-38 2012 年和 2013 年枣树产量与树体蒸腾相关关系

worth-Wallace（DSSW）模型模拟和水量平衡综合计算结果（Liu et al.，2013），枣树蒸
发量占蒸发蒸腾量的 55%，依据枣树蒸腾量和修剪目标产量的关系，确定枣林目标产量
Y（kg/hm²）和总需水量 X（蒸发蒸腾量，mm）的关系模型如下：

$$Y = -1.67 \times 10^{-2} X^2 + 32.155 X + 724.65 \qquad R^2 = 0.838\,9 \qquad (9-9)$$

对式（9-9）求导，得到红枣的边际产量（Y'）和水分利用效率（WUE）的函数，如式（9-10）和式（9-11）所示：

$$Y' = -3.34 \times 10^{-2} X + 32.155 \qquad\qquad (9-10)$$

$$WUE = Y/X \qquad\qquad (9-11)$$

由式（9-9）至（9-11）可知，随着需水量的上升，边际产量逐渐下降，在不考虑水分制约条件下，当耗水量达到 962.7 mm 时，$Y'=0$，此时，边际产量为 0，理论产量达到最大 16 181.2 kg/hm²，水分利用效率仅为 17.46 kg/（hm²·mm）。要实现如此高的产量，必须进行补水灌溉，否则当地降雨资源承载力是无法达到的。极端处理需水量仅为 145.5 mm 左右时，产量仅为 4 048.42 kg/hm²，折合 270 kg/亩，此时水分利用效率最高，达 27.77 kg/（hm²·mm）。对于干旱缺水的黄土高原地区而言，片面追求高产导致水分利用效率大幅度下降，是十分不经济的，同时还会带来土壤水分的过度消耗和生态环境的恶化。可见适度调控枣树的产量，可以有效减少树体蒸腾。山地枣林的蒸腾耗水不仅和树体结构密切相关，还和气象、降水、土壤储水量变化密切相关，两年同期产量和蒸腾的差异主要是这些原因造成的。

为防止枣树对土壤水分的过度消耗，必须实现年际水分供需平衡。陕北地区降雨年际波动较大，所以应该以多年平均降水量作为水量供应量的上限，来调控树体耗水。在自然降雨条件下，有效降水量对枣树耗水影响最为直接，但是有效降水量受到土壤类型、气候条件、降雨过程等的综合影响，确定过程比较复杂。在生产实践中，为了简化确定过程以便技术推广，直接采用降水量作为输入参数。试验区域多年平均降水量 450.1 mm，根据式（9-9）确定的目标产量为亩产 11 814.36 kg/hm²（约 800 kg/亩），此时的水分利用效率为 26.25 kg/（hm²·mm）。即本地适宜的目标产量约为亩产 800 kg。

9.6.4 合理树体调控指标的确定

为全面客观地评价各个因子对树体蒸腾的影响作用，科学合理地制定节水型修剪的评价指标，选用线性和非线性的分析方法，对影响枣树蒸腾的各个因子之间的相关关系，以及诸因子对枣树蒸腾的影响作用进行综合分析和评价。

9.6.4.1 皮尔逊相关分析

通过构建枣树蒸腾和其生长指标、形态指标、产量之间的皮尔逊相关系数矩阵（表 9-17）可以看出，2012 年各因子和枣树蒸腾响应关系依次为：枣吊数>总叶面积>产量>新梢长度>枣股数量>冠幅体积>平均枣吊长度。2013 年响应关系依次为：枣吊数>总叶面积>产量>枣股数量>冠幅体积>新梢长度。两年数据综合分析的结果和 2013 年的响应结果排序完全一致，只是相关系数的值发生了改变。上述结果表明，不论是在 2012 年、2013 年还是两年的综合数据分析，在各因子和蒸腾的关系中，枣吊数与蒸腾相关最为密切，相关系数 R 分别达到 0.94、0.97 和 0.95。其次是总叶面积，其系数分别为 0.86、0.93 和 0.89。再次是枣产量，其系数分别为 0.86、0.91 和 0.88。此外蒸腾与新梢长度、枣股数量与冠幅体积也有较为密切的关系。树体的平均枣吊长度是一个不稳定的指标，仅在 2012 年与枣树蒸腾显著相关（$p<0.05$），叶面积指数与蒸腾则无显

著线性关系。

表 9 - 17　枣树蒸腾和树体指标、产量皮尔逊相关系数矩阵

年份	指标	枣吊数	枣股数量	平均枣吊长度	叶面积指数	叶面积	产量	冠幅体积	新梢长度	蒸腾量
	枣吊数	1								
	枣股数量	0.74**	1							
	吊长	−0.48*	−0.3	1						
	叶面积指数	0.24	0.23	−0.03	1					
2012	叶面积	0.91**	0.74**	−0.12	0.28	1				
	产量	0.90**	0.91**	−0.2	0.28	0.95**	1			
	冠幅体积	0.68**	0.64**	−0.04	−0.35	0.76**	0.75**			
	新梢长度	0.74**	0.97**	−0.3	0.23	0.74**	0.90**	0.64**	1	
	蒸腾量	0.94**	0.72**	−0.46*	0.16	0.86**	0.86**	0.68**	0.73**	1
	枣吊数	1								
	枣股数量	0.74**	1							
	吊长	−0.19	0	1						
	叶面积指数	0.24	0.23	−0.11	1					
2013	叶面积	0.93**	0.75**	0.16	0.2	1				
	产量	0.9**	0.93**	0.04	0.25	0.93**	1			
	冠幅体积	0.71**	0.65**	0.23	−0.35	0.81**	0.76**	1		
	新梢长度	0.54**	0.93**	−0.17	0.26	0.49*	0.77**	0.43*	1	
	蒸腾量	0.97**	0.77**	−0.15	0.21	0.93**	0.91**	0.72**	0.57**	1
	枣吊数	1								
	枣股数量	0.74**	1							
	吊长	−0.31*	−0.13	1						
	叶面积指数	0.24	0.23	−0.07	1					
两年综合	叶面积	0.91**	0.73**	0.09	0.23	1				
	产量	0.90**	0.92**	−0.04	0.27	0.93**	1			
	冠幅体积	0.69**	0.64**	0.15	−0.35	0.78**	0.76**	1		
	新梢长度	0.64**	0.97**	−0.23	0.25	0.59**	0.83**	0.51**	1	
	蒸腾量	0.95**	0.75**	−0.28	0.19	0.89**	0.88**	0.69**	0.65**	1

注：**和*分别表示在 $p < 0.01$ 水平和 $p < 0.05$ 水平显著相关。

9.6.4.2　灰色关联度分析

将 7 个变量因子作为比较序列，蒸腾量作为因变量。采用 Matlab7.1 软件包进行计算，确定 2012 年、2013 年及两年综合数据的灰色关联度值。为了提高计算结果的精度

和计算效率，在进行关联度分析前，对原始数据进行标准化处理，关联度分辨系数取 0.2。

构建枣树蒸腾和各影响因子之间的灰色关联度分析模型，结果如表 9-18 所示。枣吊数量和蒸腾的关系最为密切，灰色关联度系数在 2012 年、2013 年及两年的综合分析中分别达到 0.683 1、0.687 3 和 0.712 2；其次是叶面积和产量，关联度排名为第二和第三，这两因子和蒸腾的关联度系数较为接近，排名略有波动，但均在 0.57 以上，2012 年的关联度系数产量略高于叶面积（0.594 1>0.589 1），2013 年和两年数据的综合分析则是后者高于前者；再次，冠幅体积、枣股数量、新梢长度与蒸腾的关联度也较高，关联度系数也均在 0.5 左右波动，关联度排序为第四至第六，可见他们和蒸腾的关系也较为密切；最后，枣吊长度和叶面积指数与蒸腾的关联度系数最低，关联度系数排名为最后两位。

表 9-18　枣树蒸腾和各影响因子的灰色关联度

	2012 年		2013 年		两年综合	
	灰色关联度	关联度排序	灰色关联度	关联度排序	灰色关联度	关联度排序
枣吊数	0.683 1	1	0.687 3	1	0.712 2	1
枣股数量	0.494 3	5	0.469 8	4	0.514 1	4
吊长	0.403 2	7	0.278 7	8	0.370 9	8
叶面积指数	0.388 0	8	0.303 5	7	0.377 5	7
叶面积	0.589 1	3	0.601 0	2	0.640 1	2
产量	0.594 1	2	0.571 4	3	0.601 7	3
冠幅体积	0.527 4	4	0.415 4	5	0.494 6	5
新梢长度	0.494 3	6	0.460 9	6	0.478 7	6

9.6.4.3　评价指标的确定

对比线性和非线性的两种分析方法（表 9-19），得出的枣树蒸腾主要影响因子的排序基本类似。影响作用极为显著（$p<0.01$）且较为稳定的因子依次为：枣吊数、叶面积、产量、枣股数量、冠幅体积和新梢长度等。从理论上讲，这些指标均可以作为节水型修剪的调控指标，而且影响作用越大的因子，调控效果越明显。但在生产实践中，从修剪

表 9-19　各影响因子对枣树蒸腾作用的影响作用排序

皮尔逊相关分析（R）	2012 年	枣吊数＞叶面积＞产量＞新梢长度＞枣股数＞冠幅体积＞枣吊长度
	2013 年	枣吊数＞叶面积＞产量＞枣股数＞冠幅体积＞新梢长度
	两年综合	枣吊数＞叶面积＞产量＞枣股数＞冠幅体积＞新梢长度＞枣吊长度
灰色关联分析（GM）	2012 年	枣吊数＞产量＞叶面积＞冠幅体积＞枣股数＞新梢长度＞枣吊长度＞叶面积指数
	2013 年	枣吊数＞叶面积＞产量＞枣股数＞冠幅体积＞新梢长度＞枣吊长度＞叶面积指数
	两年综合	枣吊数＞叶面积＞产量＞枣股数＞冠幅体积＞新梢长度＞枣吊长度＞叶面积指数

注：皮尔逊相关分析中，不显著相关因子未予以列出。

调控的实现难易程度来说，则正好相反。这主要和树体的生长特性有关。枣树的蒸腾主要通过叶片来实现，叶片着生在枣股上，枣股主要分布在枝条上（特别是当年新生枝条、新梢）。从理论上讲，对枣吊和叶片的调控虽然最为有效，但是若直接对其进行调控，不仅费时费力，而且可操作性和调控的稳定性均比较差，所以并不是理想的节水型修剪调控指标。枣股数量、冠幅体积和新梢生长量这三因子对树体蒸腾的相关系数虽然略逊于前述两者，但仍有极显著的相关性（$p<0.01$）。对它们进行调控，依然可以达到很好的效果。另外枣股主要着生在新梢（枝条）上，用新梢长度来调控枣股数量非常有效。所以，综合因子对枣树蒸腾的影响程度和修剪实现的难易程度，推荐冠幅体积和新梢长度两个指标作为调控蒸腾的两个主要指标。

9.7 小结

（1）枣树冠层留枝量和树体结构的不同会影响冠层叶面积指数、透光率等特性指标。不同修剪处理的叶面积指数和光截获密度的变化趋势相同，均随着树体枝叶的生长呈增加趋势；林隙分数和透光率的变化趋势相同，均随着树体枝叶的生长呈减小趋势。不同处理的林隙分数、叶面积指数、冠下总辐射和透光率差异性显著。

（2）开花期以前进行摘心处理，叶面积短期内快速生长，从而冠层叶面积指数增长速率比 CK 快，CK 没有进行摘心修剪，增长速率慢；而开花坐果期和果实生长期，进行修剪控制树体长势，叶面积指数增长速率比 CK 慢，CK 不作修剪处理，任其生长，枝条丛生，营养生长旺盛，叶面积指数增长速率最快。对照的透光率偏小，导致树冠郁闭，一边倒的透光率偏大，光截获密度小，不利于枣树结果。

（3）修剪对不同时间尺度上的枣树蒸腾均有显著影响，修剪造成的瞬时蒸腾的差异表现为白天＞夜间，日蒸腾差异表现为晴天＞阴天。在不同生育阶段，修剪造成蒸腾耗水的差异在萌芽展叶期差异不显著，开花坐果、果实膨大、成熟落叶期以及全生育期均差异显著。

（4）运用线性和非线性的分析方法，分析各个影响因子和蒸腾量的关系，得出对枣树蒸腾影响显著且较为稳定的影响因子依次为：枣吊数量、叶面积、产量、枣股数量、冠幅体积、新梢长度。结合生产实践，提出适合节水型修剪模式的两个调控指标为冠幅体积和新梢长度。

（5）同一生育期内，枣树整体生物量干重呈缓慢上升—快速上升—缓慢上升的增长模式，随修剪强度的增大而减小，强度Ⅰ至强度Ⅳ处理下枣树蒸腾生物量（干重）三年平均能达到 5.79、5.21、4.18、3.40 kg。各修剪强度下的枣树蒸腾效率变化趋势一致，呈双峰曲线形式。同一生育期内，各修剪强度间蒸腾效率变化差异较小，其变异系数基本低于10%，2014—2016 年蒸腾效率平均值分别为 2.99、3.17、2.88 g/kg。降雨较多的年份用于无效蒸腾的土壤水分更多，导致蒸腾效率降低。

（6）试验修剪强度范围内，枣树产量随修剪强度的增大有所降低，但并无显著性差异，且枣树水分利用效率随着修剪强度的增大得到了显著性提高，与修剪强度Ⅰ相比，修剪强度Ⅳ处理下的枣树三年平均产量仅降低了4.3%，水分利用效率却提高了12.0%。

（7）主枝修剪措施减小了单位地面蒸腾速率，但增大了剩余叶片单位面积蒸腾速率，减小了单位叶面积蒸腾速率对土壤水分的敏感性，增加了冠层导度对气象因子的敏感性，但不影响水势调控蒸腾的策略。主枝修剪措施显著增大了参比冠层导度值，提高了持续干旱情况下的碳同化能力，有利于植物更好地生长。另外，它会减小木质部导管直径，降低栓塞风险，更能保证干旱环境下树体的成活。

参 考 文 献

蔡甲冰，许迪，刘铭，等，2011. 冬小麦返青后腾发量时空尺度效应的通径分析［J］. 农业工程学报，27（8）：69-76.

陈洪松，邵明安，2003. 中子仪的标定及其在坡地土壤水分测量中的应用［J］. 干旱地区农业研究，21（2）：72-75，80.

陈家宙，陈明亮，何圆球，2001. 土壤水分状况及环境条件对水稻蒸腾的影［J］. 应用生态学报（1）：63-67.

陈立欣，2013. 树木/林分蒸腾环境响应及其生理控制［D］. 北京：北京林业大学.

陈怡平，张义，2019. 黄土高原丘陵沟壑区乡村可持续振兴模式［J］. 中国科学院院刊，34（6）：708-716.

崔长美，王孝安，郭华，等，2011. 黄土高原天然柴松纯林不同坡位幼苗更新特性研究［J］. 中国农学通报，27（4）：48-52.

董磊华，熊立华，万民，2011. 基于贝叶斯模型加权平均方法的水文模型不确定性分析［J］. 水利学报，42（9）：1065-1074.

段爱国，张建国，何彩云，等，2008. 干旱胁迫下金沙江干热河谷主要造林树种盆植苗的蒸腾耗水特性［J］. 林业科学研究，21（4）：436-445.

樊卫国，刘国琴，何嵩涛，等，2002. 刺梨对土壤干旱胁迫的生理响应［J］. 中国农业科学，35（10）：1243-1248.

冯宝春，陈学森，何天明，等，2004. 枣树抗旱性研究初报［J］. 石河子大学学报（自然科学版），22（5）：397-400.

高照全，张显川，王小伟，2006. 桃树冠层蒸腾动态的数学模拟［J］. 生态学报，26（2）：489-495.

龚道枝，2005. 苹果园土壤—植物—大气系统水分传输动力学机制与模拟［D］. 咸阳：西北农林科技大学.

胡继超，张佳宝，冯杰，2004. 蒸散的测定和模拟计算研究进展［J］. 土壤（5）：492-497.

胡顺军，田长彦，周宏飞，2000. 中子仪土壤墒情监测方法研究［J］. 干旱地区农业研究，18（6）：70-75.

黄琳琳，陈云明，王耀凤，等，2011. 黄土丘陵区不同密度人工油松林土壤水分状况研究［J］. 西北林学院学报，26（5）：1-8.

康绍忠，蔡焕杰，1996. 农业水管理学［M］. 北京：中国农业出版社.

康绍忠，2007. 农业水土工程概论［M］. 北京：中国农业出版社.

黎朋红，汪有科，马理辉，等，2009. 涌泉根灌湿润体特征值变化规律研究［J］. 水土保持学报（6），190-194.

李吉跃，周平，招礼军，2002. 干旱胁迫对苗木蒸腾耗水的影响［J］. 生态学报，22（9）：1380-1386.

李茂松，2010. 作物奢侈蒸腾及其调控基础研究［D］. 北京：中国农业科学院.

李明霞，杜社妮，白岗栓，等，2012. 苹果树更新修剪对土壤水分及树体生长的影响［J］. 浙江大学学报（农业与生命科学版），38（4）：467-476.

李世荣，张卫强，贺康宁，2003. 黄土半干旱区不同密度刺槐林地的土壤水分动态 [J]. 中国水土保持科学，1 (2)：28-32.

李小英，段争虎，谭明亮，等，2013. 黄土高原西部人工灌木生长季土壤水分变异特征 [J]. 中国沙漠 (6)：1759-1765.

李玉山，1983. 黄土区土壤水分循环特征及其对陆地水分循环的影响 [J]. 生态学报，3 (2)：91-101.

李宗新，陈源泉，王庆成，2012. 高产栽培条件下种植密度对不同类型玉米品种根系时空分布动态的影响 [J]. 作物学报，38 (7)：1286-1294.

刘国水，刘钰，蔡甲冰，等，2011. 农田不同尺度蒸散量的尺度效应与气象因子的关系 [J]. 水利学报，42 (3)：284-289.

刘虎俊，王继和，李德禄，2006. 绵毛优若藜的抗逆性研究初报 [J]. 中国农学通报，22 (11)：417-419.

刘硕，贺康宁，2006. 不同土壤水分条件下山杏的蒸腾特性与影响因子 [J]. 中国水土保持科学 (6)：66-70.

刘晓静，赵平，王权，2009. 树高对马占相思整树水分利用的效应 [J]. 应用生态学报，20 (1)：13-19.

刘晓丽，马理辉，汪有科，2013. 滴灌密植枣林细根及土壤水分分布特征 [J]. 农业工程学报，29 (17)：63-71.

芦新建，2008. Penman-Monteith 方程计算林木蒸腾量的方法研究 [D]. 北京：北京林业大学.

马建鹏，董建国，汪有科，等，2015. 黄土丘陵区枣林地土壤水分时空变化研究 [J]. 中国生态农业学报，23 (7)：851-859.

马婧，2011. 修剪对枣树冠层特性、产量及蒸腾耗水的影响研究 [D]. 咸阳：西北农林科技大学.

穆兴民，徐学选，王文龙，等，2013. 黄土高原人工林对区域深层土壤水环境的影响 [J]. 土壤学报，40 (2)：210-217.

聂真义，2017. 黄土丘陵区枣树修剪对其蒸腾及林地水分的影响研究 [D]. 咸阳：西北农林科技大学.

齐曼·尤努斯，木合塔尔·扎热摇，塔衣尔·艾合买提摇，2011. 干旱胁迫下尖果沙枣幼苗的根系活力和光和特性 [J]. 应用生态学报，22 (7)：1789-1795.

冉飞，包苏科，石丽娜，等，2008. 干旱胁迫和复水对锡金微孔草抗氧化酶系统的影响（简报）[J]. 草业学报，17 (5)：156-160.

邵明安，贾小旭，王云强，等，2016. 黄土高原土壤干层研究进展与展望 [J]. 地球科学进展，31 (1)：14-22.

佘檀，汪有科，高志永，等，2015. 陕北黄土丘陵山地枣树生物量模型 [J]. 水土保持通报，35 (3)：311-316.

司建华，冯起，张小由，等，2005. 植物蒸散耗水量测定方法研究进展 [J]. 水科学进展 (3)：450-459.

唐玉红，沈繁宜，2009. 木本植物木质部栓塞的形成和修复的几点补充 [J]. 安徽农业科学，37 (15)：7283-7286.

汪星，高志永，高建恩，等，2017. 黄土丘陵区旱作枣树规格与枣林耗水量关系研究 [J]. 农业机械学报，48 (5)：227-236.

汪耀富，蔡寒玉，李进平，等，2007. 不同供水条件下土壤水分与烤烟蒸腾耗水的关系 [J]. 农业工程学报 (1)：19-23.

王华田，马履一，2002. 利用热扩式边材液流探针（TDP）测定树木整株蒸腾耗水量的研究 [J]. 植物生态学报，26 (6)：661-667.

王纪华，黄文江，赵春江，等，2002. 提高中子仪测量农田耕层土壤水分精度初探 [J]. 干旱地区农业研究，20 (3)：71-74.

王力，王艳萍，2013. 黄土塬区苹果树干液流特征 [J]. 农业机械学报，44 (10)：152-158，151.

王赛宵，李清河，徐军，等，2010. 干旱半干旱地区土壤水分测定研究概述 [J]. 山西农业科学 (9)：89-92.

王翼龙，2010. 黄土高原半干旱区两典型林分主要树种光合耗水特性及影响因素研究 [D]. 北京：中国科学院.

王颖慧，蒙美莲，陈有君，等，2013. 覆膜方式对旱作马铃薯产量和土壤水分的影响 [J]. 中国农学通报 (3)：147-152.

王有年，董清华，秦岭，等，2008. 中观尺度果园蒸散研究进展 [J]. 果树学报 (4)：566-571.

王志强，刘宝元，刘刚，等，2009. 黄土丘陵区人工林草植被耗水深度研究 [J]. 中国科学，39 (9)：1297-1303.

卫新东，2015. Shuttleworth-Wallace 模型模拟陕北枣林蒸散适用性分析 [J]. 农业机械学报，46 (3)：142-151.

魏天兴，朱金兆，张学培，1999. 林分蒸散耗水量测定方法述评 [J]. 北京林业大学学报 (3)：88-94.

魏新光，陈滇豫，L. Shouyang，等，2014. 修剪对黄土丘陵区枣树蒸腾的调控作用 [J]. 农业机械学报，45 (12)：194-202，315.

魏新光，陈滇豫，汪星，等，2014. 山地枣林蒸腾主要影响因子的时间尺度效应 [J]. 农业工程学报，30 (17)：149-156.

魏新光，聂真义，刘守阳，等，2015. 黄土丘陵区枣林土壤水分动态及其对蒸腾的影响 [J]. 农业机械学报，46 (6)：130-140.

吴普特，汪有科，辛小桂，等，2008. 陕北山地红枣集雨微灌技术集成与示范 [J]. 干旱地区农业研究，26 (4)：1-6.

许迪，2006. 灌溉水文学尺度转换问题研究综述 [J]. 水利学报，37 (2)：141-149.

杨汉波，杨大文，雷志栋，等，2008. 任意时间尺度上的流域水热耦合平衡方程的推导及验证 [J]. 水利学报，39 (5)：610-617.

杨文治，田均良，2004. 黄土高原土壤干燥化问题探源 [J]. 土壤学报，41 (1)：1-6.

姚国庆，2012. 北疆金三角苹果树树型及修剪技术 [J]. 农村科技 (12)：47.

湛景武，汪星，汪有科，等，2009. 桃树茎直径变化及其与气象因子关系 [J]. 生态经济，25 (5)：28-32，36.

张宝忠，2009. 干旱荒漠绿洲葡萄园水热传输机制与蒸发蒸腾估算方法研究 [D]. 北京：中国农业大学.

张红卫，陈怀亮，杨志清，等，2010. 土壤水分变化对冬小麦蒸腾速率的影响 [J]. 河南农业科学 (7)：10-14.

张华，王百田，郑培龙，2006. 黄土半干旱区不同土壤水分条件下刺槐蒸腾速率的研究 [J]. 水土保持学报 (2)：122-125.

张杰，任小龙，罗诗峰，等，2010. 环保地膜覆盖对土壤水分及玉米产量的影响 [J]. 农业工程学报 (6)：14-19.

张小泉，1990. 北京九龙山四种造林苗木凋萎系数的测定 [J]. 林业科学研究，3 (6)：633-637.

张晓虎，李新平，2008. 几种常用土壤含水量测定方法的研究进展 [J]. 陕西农业科学 (6)：114-117.

张玉婷，2011. 浅谈柑橘的整形修剪技术 [J]. 吉林农业 (7)：134-134.

张毓涛，王文栋，李吉玫，等，2011. 新疆乌拉泊库区沙枣与胡杨光合特性比较 [J]. 西北植物学报，31 (2)：377-384.

张子祥，陇东，2000. 黄土高原地下潜水富水规律探讨 [J]. 中国煤田地质，12 (4)：40-41，48.

赵平，邹绿柳，饶兴权，等，2011. 成熟马占相思林的蒸腾耗水及年际变化 [J]. 生态学报，31 (20)：6038-6048.

郑睿，康绍忠，佟玲，等，2012. 不同天气条件下荒漠绿洲区酿酒葡萄植株耗水规律 [J]. 农业工程学报，28 (20)：99-107.

周鸿凯，何觉民，黄顺虹，2011. 高效能源作物绿玉树的抗旱性及其无性系、个体间差异研究 [J]. 华北农学报，26 (3)：219-223.

邹丽伟，王瑞辉，童方平，2009. 翅荚木苗期蒸腾耗水特性研究 [J]. 中国农学通报，25 (5)：116-120.

AFONSO S，RIBEIRO C，BACELAR E，et al.，2017. Influence of training system on physiological performance, biochemical composition and antioxidant parameters in apple tree (Malus domestica Borkh.) [J]. Scientia horticulturae (225)：394-398.

AHMADI S H，ANDERSEN M N，POULSEN R T，et al.，2009. A quantitative approach to developing more mechanistic gas exchange models for field grown potato：a new insight into chemical and hydraulic signalling [J]. Agricultural and forest meteorology, 149 (9)：1541-1551.

ALCORN P J，FORRESTER D I，THOMAS D S，et al.，2013. Changes in whole-tree water use following live-crown pruning in young plantation-grown eucalyptus pilularis and eucalyptus cloeziana [J]. Forests, 4 (1)：106-121.

ANADRANISTAKIS M，2000. Crop water requirements model tested for crops grown in Greece [J]. Agricultural water management, 45 (3)：297-316.

ANDERSON M，et al.，2008. A thermal-based remote sensing technique for routine mapping of land-surface carbon, water and energy fluxes from field to regional scales [J]. Remote sensing of environment, 112 (12)：4227-4241.

ANDERSON M C，KUSTAS W P，et al.，2007. Norman, upscaling flux observations from local to continental scales using thermal remote sensing [J]. Agronomy journal, 99 (1)：240-254.

BAERT A，VILLEZ K，STEPPE K，2013. Automatic drought stress detection in grapevines without using conventional threshold values [J]. Plant & soil：1-14.

BARTHÉLÉMY D，CARAGLIO Y，2007. Plant architecture：a dynamic, multilevel and comprehensive approach to plant form, structure and ontogeny [J]. Annals of botany, 99 (3)：375-407.

BAYES M，PRICE M，1763. An essay towards solving a problem in the doctrine of chances [J]. Philosophical transactions (53)：370-418.

BEIS A，PATAKAS A，2015. Differential physiological and biochemical responses to drought in grapevines subjected to partial root drying and deficit irrigation [J]. European journal of agronomy (62)：90-97.

BIRAN I，BRAVDO B，BUSHKINHARAV I，et al.，1981. Water-consumption and growth-rate of 11 turfgrasses as affected by mowing height, irrigation frequency, and soil-moisture [J]. Agronomy journal, 73 (1)：85-90.

BORSUK M E，HIGDON D，STOW C A，et al.，2001. A Bayesian hierarchical model to predict benthic oxygen demand from organic matter loading in estuaries and coastal zones [J]. Ecological modelling, 143 (3): 165 - 181.

BRENNER A, INCOLL L, 1997. The effect of clumping and stomatal response on evaporation from sparsely vegetated shrublands [J]. Agricultural and forest meteorology, 84 (3): 187 - 205.

BRUTSAERT W, STRICKER H, 1979. An advection—aridity approach to estimate actual regional evapotranspiration [J]. Water resources research, 15 (2): 443 - 450.

BUSH S E, 2008. Wood anatomy constrains stomatal responses to atmospheric vapor pressure deficit in irrigated, urban trees [J]. Oecologia, 156 (1): 13 - 20.

BUSSI C, LESCOURRET F, MERCIER V, et al. , 2010. Effects of winter pruning and of water restriction on fruit and vegetative growth, water potential and leaf gas exchange during the final stage of rapid growth in an early maturing peach cultivar [J]. European journal of horticultural science: 15 - 19.

CHEN D Y, WANG Y K, LIU S Y, 2014. Response of relative sap flow to meteorological factors under different soil moisture conditions in rainfed jujube (Ziziphus jujube Mill) plantations in semiarid Northwest China [J]. Agricultural water management (136): 23 - 33.

CHEN L, ZHANG Z, EWERS B E, 2012. Urban tree species show the same hydraulic response to vapor pressure deficit across varying tree size and environmental conditions [J]. Plos one, 7 (10): e47882.

CHEN L, 2011. Biophysical control of whole tree transpiration under an urban environment in Northern China [J]. Journal of hydrology, 402 (3): 388 - 400.

CHOAT B, BALL M C, LULY J G, et al. , 2005. Hydraulic architecture of deciduous and evergreen dry rainforest tree species from north-eastern Australia [J]. Trees, 19 (3): 305 - 311.

COMAS L, EISSENSTAT D, 2004. Linking fine root traits to maximum potential growth rate among 11 mature temperate tree species [J]. Functional ecology, 18 (3): 388 - 397.

COMAS L H, ANDERSON L J, DUNST R M, et al. , 2005. Canopy and environmental control of root dynamics in a long-term study of Concord grape [J]. New phytologist, 167 (3): 829 - 40.

DA SILVA E V, BOUILLET J P, DE MORAES G, et al. , 2011. Functional specialization of Eucalyptus fine roots: contrasting potential uptake rates for nitrogen, potassium and calcium tracers at varying soil depths [J]. Functional ecology, 25 (5): 996 - 1006.

DAUDET F, PERRIER A, 1968. Etude de l'évaporation ou de la condensation à la surface d'un corps à partir du bilan énergétique [J]. Rev. Gén. Therm (76): 353 - 364.

DAVID T S, FERREIRA M I, COHEN S, et al. , 2004. Constraints on transpiration from an evergreen oak tree in southern Portugal [J]. Agricultural &. forest meteorology, 122 (3): 193 - 205.

DAVIDI F, JANEL M, MATTHEW W, et al. , 2010. Growth and physiological responses to silviculture for producing solid-wood products from Eucalyptus plantations: an Australian perspective [J]. Forest ecology &. management, 259 (9): 1819 - 1835.

DAWSON T E, 1996. Determining water use by trees and forests from isotopic, energy balance and transpiration analyses: the roles of tree size and hydraulic lift [J]. Tree physiology, 16 (1 - 2): 263 - 272.

DE JAGER J, 1994. Accuracy of vegetation evaporation ratio formulae for estimating final wheat yield [J]. WATER SA-PRETORIA (20): 307 - 307.

DE SWAEF T, STEPPE K, 2010. Linking stem diameter variations to sap flow, turgor and water potential in tomato [J]. Functional plant biology (37): 429 - 438.

DE TAR W，2009. Crop coefficients and water use for cowpea in the San Joaquin Valley of California [J]. Agricultural water management，96（1）：53－66.

DOLMAN A，1993. A multiple-source land surface energy balance model for use in general circulation models [J]. Agricultural and forest meteorology，65（1）：21－45.

EWERS B，2002. Tree species effects on stand transpiration in northern Wisconsin [J]. Water resources research，38（7）：1103.

EYLES A，BARRY K M，QUENTIN A，et al.，2013. Impact of defoliation in temperate eucalypt plantations：physiological perspectives and management implications [J]. Forest ecology & management，304：49－64.

FARAHANI H J，1995. Performance of evapotranspiration models for maize-bare soil to closed canopy [J]. Trans asae，38（4）：1049－1059.

FARRER E C，GOLDBERG D E，KING A A，2010. Time lags and the balance of positive and negative interactions in driving grassland community dynamics [J]. The American naturalist（175）：160－173.

FIELD M，1983. The meteorological office rainfall and evaporation calculation system-MORECS [J]. Agricultural water management，6（2）：297－306.

FISHER J B，DE BIASE T A，QI Y，et al.，2005. Evapotranspiration models compared on a Sierra Nevada forest ecosystem [J]. Environmental modelling & software，20（6）：783－796.

FORD C R，HUBBARD R M，KLOEPPEL B D，et al.，2007. A comparison of sap flux-based evapotranspiration estimates with catchment-scale water balance [J]. Agricultural and forest meteorology，145（3）：176－185.

FORRESTER D I，COLLOPY J J，BEADLE C L，et al.，2012. Effect of thinning，pruning and nitrogen fertiliser application on transpiration，photosynthesis and water-use efficiency in a young Eucalyptus nitens plantation [J]. Forest ecology and management（266）：286－300.

FREER J，BEVEN K，AMBROISE B，1996. Bayesian estimation of uncertainty in runoff prediction and the value of data：an application of the GLUE approach [J]. Water resources research，32（7）：2161－2173.

GAO M，WEN X，HUANG L，et al.，2010. The effect of tillage and mulching on apple orchard soil moisture and soil fertility [J]. Journal of natural resources（4）：3.

GONG D，KANG S，YAO L，et al.，2010. Estimation of evapotranspiration and its components from an apple orchard in northwest China using sap flow and water balance methods [J]. Hydrological processes，21（7）：931－938.

GRANGER R J，GRAY D，1989. Evaporation from natural nonsaturated surfaces [J]. Journal of hydrology，111（1）：21－29.

GRANGER R，1989. A complementary relationship approach for evaporation from nonsaturated surfaces [J]. Journal of hydrology，111（1）：31－38.

GRANIER A，1987. Evaluation of transpiration in a Douglas-fir stand by means of sap flow measurements [J]. Tree physiology，3（4）：309－320.

GRANIER A，HUC R，BARIGAH S T，1996. Transpiration of natural rainforest and its dependence on climatic factors [J]. Agric. for. meteorol，78（78）：19－29.

HAMPSON C R，QUAMME H A，BROWNLEE R T，2002. Canopy growth，yield，and fruit quality of 'royal gala' apple trees grown for eight years in five tree training systems [J]. Hortscience a publication of the American society for horticultural science, 37 (4).

HENDRICKSON A H, VEIHMEYER F J, 1945. Permanent wilting percentages of soils obtained from field and laboratory trials [J]. Plant physiology, 20 (4): 517 – 539.

HERNANDEZ-SANTANA V, ASBJORNSEN H, SAUER T, et al. , 2011. Enhanced transpiration by riparian buffer trees in response to advection in a humid temperate agricultural landscape [J]. Forest ecology and management (261): 1415 – 1427.

HILL B M, 1974. Bayesian inference in statistical analysis [J]. Technometrics, 16 (3): 478 – 479.

HIPPS N A, DAVIES M J, DUNN J M, et al. , 2014. Effects of two contrasting canopy manipulations on growth and water use of London plane (Platanus x acerifolia) trees [J]. Plant and soil, 382 (1 – 2): 61 – 74.

HOGG E H, HURDLE P, 1997. Sap flow in trembling aspen: implications for stomatal responses to vapor pressure deficit [J]. Tree physio (17): 501 – 509.

HONG S H, HENDRICKX J M, BORCHERS B, 2009. Up-scaling of SEBAL derived evapotranspiration maps from Landsat (30 m) to MODIS (250 m) scale [J]. Journal of hydrology, 370 (1): 122 – 138.

HUANG J, 2008. An overview of the semi-arid climate and environment research observatory over the Loess Plateau [J]. Advances in atmospheric sciences, 25 (6): 906 – 921.

HUBER B, 1968. Observation and measurement of sap flow in plants [J]. Department of forestry and rural development.

IRMAK S, et al. , 2008. On the scaling up leaf stomatal resistance to canopy resistance using photosynthetic photon flux density [J]. Agricultural and forest meteorology, 148 (6): 1034 – 1044.

IRVINE J, PERKS M P, MAGNANI F, et al. , 1998. The response of Pinus sylvestris to drought: stomatal control of transpiration and hydraulic conductance [J]. Tree physiology, 18 (6): 393 – 402.

JACKSON N A, WALLACE J S, ONG C K, 2000. Tree pruning as a means of controlling water use in an agroforestry system in Kenya [J]. Forest ecology and management, 126 (126): 133 – 148.

JONCKHEERE I, 2004. Review of methods for in situ leaf area index determination: Part I, theories, sensors and hemispherical photography [J]. Agricultural and forest meteorology, 121 (1): 19 – 35.

JUNG E, OTIENO D, LEE B, et al. , 2011. Up-scaling to stand transpiration of an Asian temperate mixed-deciduous forest from single tree sapflow measurements [J]. Plant ecology (212): 383 – 395.

KATO T, KIMURA R, KAMICHIKA M, 2004. Estimation of evapotranspiration, transpiration ratio and water-use efficiency from a sparse canopy using a compartment model [J]. Agricultural water management, 65 (3): 173 – 191.

KATUL G, LEUNING R, OREN R, 2003. Relationship between plant hydraulic and biochemical properties derived from a steady-state coupled water and carbon transport model [J]. Plant cell & environment, 26 (3): 339 – 350.

KUMAGAI T O, 2004. Transpiration, canopy conductance and the decoupling coefficient of a lowland mixed dipterocarp forest in Sarawak, Borneo: dry spell effects [J]. Journal of hydrology, 287 (1 – 4): 237 – 251.

LAURI P, MAGUYLO K, TROTTIER C, 2006. Architecture and size relations: an essay on the apple (Malus x domestica, Rosaceae) tree [J]. American journal of botany, 93 (3): 357 – 368.

LEHUGER S, 2009. Bayesian calibration of the nitrous oxide emission module of an agro-ecosystem model [J]. Agriculture ecosystems & environment, 133 (3 – 4): 208 – 222.

LEUNING R，ZHANG Y Q，RAJAUD A，et al.，2008. A simple surface conductance model to estimate regional evaporation using MODIS leaf area index and the Penman-Monteith equation [J]. Water resources research，44 (10).

LHOMME J P，MONTENY B，2000. Theoretical relationship between stomatal resistance and surface temperature in sparse vegetation [J]. Agricultural and forest meteorology，104 (2)：119 - 131.

LI K T，LAKSO A N，PICCIONI R，et al.，2003. Summer pruning reduces whole-canopy carbon fixation and transpiration in apple trees [J]. Journal of pomology & horticultural science，78 (6)：749 - 754.

LI S，2013. Measuring and modeling maize evapotranspiration under plastic film-mulching condition [J]. Journal of hydrology，503 (1)：153 - 168.

LI X Y，2010. An improved canopy transpiration model and parameter uncertainty analysis by Bayesian approach [J]. Mathematical and computer modelling，51 (11 - 12)：1368 - 1374.

LI X Y，2010. Modeling cherry orchard evapotranspiration based on an improved dual-source model [J]. Agricultural water management，98 (1)：12 - 18.

LIU S，2013. Measured and estimated evapotranspiration of jujube (ziziphus jujuba) forests in the loess plateau，China [J]. International journal of agriculture and biology，15 (5)：811 - 819.

LIU W，2010. Soil water dynamics and deep soil recharge in a record wet year in the southern Loess Plateau of China [J]. Agricultural water management，97 (8)：1133 - 1138.

LIU C，DU T，LI F，et al.，2012. Trunk sap flow characteristics during two growth stages of apple tree and its relationships with affecting factors in an arid region of northwest China [J]. Agricultural water management (104)：193 - 202.

LIU J，DIAMOND J，2005. China's environment in a globalizing world [J]. Nature，435 (7046)：1179 - 1186.

LOPEZ G，2008. Response of peach trees to regulated deficit irrigation during stage 2 of fruit development and summer pruning [J]. Spanish journal of agricultural research，6 (3)：479 - 491.

LUNN D J，THOMAS A，BEST N，et al.，2000. WinBUGS-A Bayesian modelling framework：concepts，structure，and extensibility [J]. Statistics & computing，10 (4)：325 - 337.

MA L H，LIU X L，WANG Y K，2013，Effects of drip irrigation on deep root distribution，rooting depth，and soil water profile of jujube in a semiarid region [J]. Plant and soil，373 (12)：995 - 1006.

MACKAY D S，SAMANTA S，NEMANI R R，et al.，2003. Multi-objective parameter estimation for simulating canopy transpiration in forested watersheds [J]. Journal of hydrology，277 (3)：230 - 247.

MARKESTEIJN L，POORTER L，BONGERS F，et al.，2011. Hydraulics and life history of tropical dry forest tree species：coordination of species' drought and shade tolerance [J]. New phytologist，191 (2)：480 - 495.

MARSAL J，LOPEZ G，MATA M，et al.，2006. Branch removal and defruiting for the amelioration of water stress effects on fruit growth during Stage Ⅲ of peach fruit development [J]. Scientia horticulturae，108 (1)：1 - 60.

MARTIN T，2001. Control of transpiration in a 220-year-old Abies amabilis forest [J]. Forest ecology and management，152 (1)：211 - 224.

MASON P，1995. Atmospheric boundary layer flows：their structure and measurement [J]. Boundary-layer meteorology，72 (1 - 2)：213 - 214.

MCDOWELL N G, 2011. Mechanisms linking drought, hydraulics, carbon metabolism, and vegetation mortality [J]. Plant physiology, 155 (3): 1051 - 1059.

MCNAUGHTON K G, HURK B, 1995. A 'Lagrangian' revision of the resistors in the two-layer model for calculating the energy budget of a plant canopy [J]. Boundary-layer meteorology, 74 (3): 261 - 288.

MEINZER F C, GOLDSTEIN G, HOLBROOK N M, et al., 1993. Stomatal and environmental control of transpiration in a lowland tropical forest tree [J]. Plant cell & environment, 16 (4): 429 - 436.

MEINZER F C, 1995. Environmental and physiological regulation of transpiration in tropical forest gap species: the influence of boundary layer and hydraulic properties [J]. Oecologia, 101 (4): 514 - 522.

MEIRESONNE L, NADEZHDIN N, CERMAK J, et al., 1999. Measured sap flow and simulated transpiration from a poplar stand in Flanders (Belgium) [J]. Agricultural and forest meteorology (96): 165 - 179.

MIIA P, MISKA L, TERHI R, et al., 2008. Modelling the occurrence of threatened plant species in taiga landscapes: methodological and ecological perspectives [J]. Journal of biogeography, 35 (10): 1888 - 1905.

MONTEITH J L, 1965. Evaporation and environment [J]. Symposia of the society for experimental biology (19): 205 - 34.

MORIANA A, FERERES E, 2002. Plant indicators for scheduling irrigation of young olive trees [J]. Irrigation science, 21 (2): 83 - 90.

MORTON F I, 1983. Operational estimates of areal evapotranspiration and their significance to the science and practice of hydrology [J]. Journal of hydrology, 66 (1): 1 - 76.

NAMIREMBE S, BROOK R M, ONG C K, 2009. Manipulating phenology and water relations in Senna spectabilis in a water limited environment in Kenya [J]. Agroforestry systems, 75 (3): 197 - 210.

NARDINI A, SALLEO S, 2000. Limitation of stomatal conductance by hydraulic traits: sensing or preventing xylem cavitation [J]? Trees, 15 (1): 14 - 24.

NARDINI A, SALLEO S, RAIMONDO F, 2003. Changes in leaf hydraulic conductance correlate with leaf vein embolism in Cercis siliquastrum L [J]. Trees, 17 (6): 529 - 534.

NEPSTAD D C, DE CARVALHO C R, DAVIDSON E A, et al., 1994. The role of deep roots in the hydrological and carbon cycles of Amazonian forests and pastures [J]. Nature, 372: 666 - 669.

O'GRADY A P, 2009. Convergence of tree water use within an arid-zone woodland [J]. Oecologia, 160 (4): 643 - 655.

OREN R, 1999. Survey and synthesis of intra-and interspecific variation in stomatal sensitivity to vapour pressure deficit [J]. Plant cell & environment, 22 (12): 1515 - 1526.

ORTEGA-FARIAS S O, OLIOSO A, FUENTES S, et al., 2006. Latent heat flux over a furrow-irrigated tomato crop using Penman-Monteith equation with a variable surface canopy resistance [J]. Agricultural water management, 82 (3): 421 - 432.

ORTEGA-FARIAS S, CARRASCO M, OLIOSO A, et al., 2007. Latent heat flux over Cabernet Sauvignon vineyard using the Shuttleworth and Wallace model [J]. Irrigation science, 25 (2): 161 - 170.

ORTEGA-FARIAS S, OLIOSO A, ANTONIOLETTI R, et al., 2004. Evaluation of the Penman-Monteith model for estimating soybean evapotranspiration [J]. Irrigation science, 23 (1): 1 - 9.

ORTEGA-FARIAS S, POBLETE-ECHEVERRÍA C, BRISSON N, 2010. Parameterization of a two-layer model for estimating vineyard evapotranspiration using meteorological measurements [J]. Agricultural and forest meteorology, 150 (2): 276 - 286.

PALMROTH S, KATUL G, OREN R, 2008. Leaf stomatal responses to vapour pressure deficit under current and CO_2-enriched atmosphere explained by the economics of gas exchange [C]. AGU fall meeting abstracts: 1053.

PATAKAS A, NOITSAKIS B, CHOUZOURI A, 2005. Optimization of irrigation water use in grapevines using the relationship between transpiration and plant water status [J]. Agriculture, ecosystems & environment, 106 (2): 253 - 259.

PATAKI D E, OREN R, 2003. Species differences in stomatal control of water loss at the canopy scale in a mature bottomland deciduous forest [J]. Advances in water resources, 26 (12): 1267 - 1278.

PATRICK L D, OGLE K, BELL C W, et al., 2009. Physiological responses of two contrasting desert plant species to precipitation variability are differentially regulated by soil moisture and nitrogen dynamics [J]. Global change biology, 15 (5): 1214 - 1229.

PENMAN H L, 1948. Natural evaporation from open water, bare soil and grass [J]. Mathematical and physical sciences, 193 (1032): 120 - 145.

PHILLIPS N G, et al., 2003. Reliance on stored water increases with tree size in three species in the Pacific Northwest [J]. Tree physiology, 23 (4): 237 - 245.

POYATOS R, VILLAGARCIA L, DOMINGO F, et al., 2007. Modelling evapotranspiration in a Scots pine stand under Mediterranean mountain climate using the GLUE methodology [J]. Agricultural and forest meteorology, 146 (1 - 2): 13 - 28.

PRATT R, JACOBSEN A, EWERS F, et al., 2007. Relationships among xylem transport, biomechanics and storage in stems and roots of nine Rhamnaceae species of the California chaparral [J]. New phytologist, 174 (4): 787 - 798.

PROEBSTING E L, MIDDLETON J E, 1980. The behavior of peach and pear trees under extreme drought stress [J]. Journal of the American society for horticultural science, 105: 380 - 385.

QUENTIN A G, O'GRADY A P, BEADLE C L, et al., 2011. Responses of transpiration and canopy conductance to partial defoliation of Eucalyptus globulus trees [J]. Agricultural and forest meteorology, 151 (3): 356 - 364.

RANA G, KATERJI N, MASTRORILLI M, et al., 1997a. A model for predicting actual evapotranspiration under soil water stress in a Mediterranean region [J]. Theoretical and applied climatology, 56 (1 - 2): 45 - 55.

RANA G, KATERJI N, MASTRORILLI M, et al., 1997b. Validation of a model of actual evapotranspiration for water stressed soybeans [J]. Agricultural and forest meteorology, 86 (3): 215 - 224.

REINDS G J, VAN OIJEN M, HEUVELINK G, et al., 2008. Bayesian calibration of the VSD soil acidification model using European forest monitoring data [J]. Geoderma, 146 (3 - 4): 475 - 488.

SAMANTA S, MACKAY D S, CLAYTON M K, et al., 2007. Bayesian analysis for uncertainty estimation of a canopy transpiration model [J]. Water resources research, 43 (4).

SANTIAGOAGUSTÍN V, GYENGE J E, FERNÁNDEZ M E, et al., 2010. Seedling drought stress susceptibility in two deciduous Nothofagus species of NW Patagonia [J]. Trees, 24 (3): 443 - 453.

SHELDEN M, SINCLAIR R, 2000. Water relations of feral olive trees (Olea europaea) resprouting after severe pruning [J]. Australian journal of botany, 48 (5): 639 - 644.

SHUTTLEWORTH W J, GURNEY R J, 1990. The theoretical relationship between foliage temperature and canopy resistance in sparse crops [J]. Quarterly Journal of the royal meteorological society, 116 (492): 497 - 519.

SHUTTLEWORTH W J, WALLACE J, 1985. Evaporation from sparse crops—an energy combination theory [J]. Quarterly journal of the royal meteorological society, 111 (469): 839 - 855.

SINCLAIR T R, WHERLEY B G, CATHEY S E, et al., 2014. Penman's sink-strength model as an improved approach to estimating plant canopy transpiration [J]. Agricultural and forest meteorology.

SLATYER R O, 1937. The significance of the permanent wilting percentage in studies of plant and soil water relations [J]. The botanical review, 3 (1): 585 - 636.

SMITH D M, JARVIS P G, 1998. Physiological and environmental control of transpiration by trees in windbreaks [J]. Forest ecology & management, 105 (1 - 3): 159 - 173.

SOBRADO M, 2003. Hydraulic characteristics and leaf water use efficiency in trees from tropical montane habitats [J]. Trees, 17 (5): 400 - 406.

SPERRY J S, SULLIVAN J E M, 1992. Xylem embolism in response to freeze-thaw cycles and water-stress in ring-porous, diffuse-porous, and conifer species [J]. Plant physiology, 100 (2): 605 - 613.

SPERRY J S, ADLER F, CAMPBELL G, et al., 1998. Limitation of plant water use by rhizosphere and xylem conductance: results from a model [J]. Plant cell & environment, 21 (4): 347 - 359.

STEPPE K, LEMEUR R, 2007. Effects of ring-porous and diffuse-porous stem wood anatomy on the hydraulic parameters used in a water flow and storage model [J]. Tree physiology, 27 (1): 43.

SULMAN B N, ROMAN D T, YI K, et al., 2016. High atmospheric demand for water can forest carbon uptake and transpiration as severely as dry soil [J]. Geophysical research letters, 93 (18): 232 - 246.

SUROV P, YOSHIMOTO A, RIBEIRO N A, 2012. Comparison of pruning regimes for stone pine (pinus pinea L.) using a functional structural plant model [J]. Formath (11): 27 - 43.

SVENSSON M, et al., 2008. Bayesian calibration of a model describing carbon, water and heat fluxes for a Swedish boreal forest stand [J]. Ecological modelling, 213 (3 - 4): 331 - 344.

TYREE M T, DIXON M A, 1986. Water stress induced cavitation and embolism in some woody plants [J]. Physiologia plantarum, 66 (3): 397 - 405.

TYREE M T, EWERS F W, 1991. The hydraulic architecture of trees and other woody plants [J]. New phytologist, 119 (3): 345 - 360.

VAN OIJEN M, ROUGIER J, SMITH R, 2005. Bayesian calibration of process-based forest models: bridging the gap between models and data [J]. Tree physiology, 25 (7): 915 - 927.

VIEHAUSER Y, ADAM A, 2005. Untersuchungen zum Wurze-und Nahrstoffprofil bei unterschiedlichen Pflanzdichten bei der Rebsorte Riesling [J]. Thesis fachhochschule wiesbaden, fachbereich geisenheim, Germany.

WANG Y L, LIU G B, KUME T, et al., 2010. Estimating water use of a black locust plantation by the thermal dissipation probe method in the semiarid region of Loess Plateau, China [J]. Journal of forest research, 15 (4): 241 - 251.

WANG Z, LIU B, ZHANG Y, 2009. Soil moisture of different vegetation types on the Loess Plateau [J]. Journal of geographical sciences, 19 (6): 707 - 718.

WEISS M, BARET F, SMITH G, et al., 2004. Review of methods for in situ leaf area index (LAI) determination: Part Ⅱ, estimation of LAI, errors and sampling [J]. Agricultural and forest meteorology, 121 (1): 37 - 53.

WELLES J M, COHEN S, 1996. Canopy structure measurement by gap fraction analysis using commercial instrumentation [J]. Journal of experimental botany, 47 (9): 1335 - 1342.

WHITEHEAD D, 1998. Regulation of stomatal conductance and transpiration in forest canopies [J]. Tree physiology, 18 (8 - 9): 633 - 644.

WULLSCHLEGER S D, WILSON K B, HANSON P J, 2000. Environmental control of whole-plant transpiration, canopy conductance and estimates of the decoupling coefficient for large red maple trees [J]. Agricultural and forest meteorology, 104 (2): 157 - 168.

WULLSCHLEGER S D, MEINZER F C, VERTESSY R A, 1998. A review of whole-plant water use studies in tree [J]. Tree physiology, 18 (8 - 9): 499 - 512.

XU X, TONG L, LI F, et al., 2011. Sap flow of irrigated Populus alba var. pyramidalis and its relationship with environmental factors and leaf area index in an arid region of northwest China [J]. Journal of forest research, 16 (2): 144 - 152.

YAN W, DENG L, YANG Q, et al., 2015. The characters of dry soil layer on the loess plateau in China and their influencing factors [J]. Plos one, 10 (8): e0134902.

YIN L, HOU G, HUANG J, et al., 2012. Time lag between sap flow and climatic factors in arid environments [J]. Advanced materials research (518): 1647 - 1651.

YONG J, WONG S, FARQUHAR G, 1997. Stomatal responses to changes in vapour pressure difference between leaf and air [J]. Plant cell & environment, 20 (10): 1213 - 1216.

ZHANG B Z, 2009. An evapotranspiration model for sparsely vegetated canopies under partial root-zone irrigation [J]. Agricultural and forest meteorology, 149 (11): 2007 - 2011.

ZHANG B, KANG S, LI F, et al., 2008. Comparison of three evapotranspiration models to Bowen ratio-energy balance method for a vineyard in an arid desert region of northwest China [J]. Agricultural and forest meteorology, 148 (10): 1629 - 1640.

ZHANG Y, KANG S, WARD E J, et al., 2011. Evapotranspiration components determined by sap flow and microlysimetry techniques of a vineyard in northwest China: dynamics and influential factors [J]. Agricultural water management (98): 1207 - 1214.

ZHAO W, CHANG X, ZHANG Z, 2009. Transpiration of a Linze jujube orchard in an arid region of China [J]. Hydrological processes, 23 (10): 1461 - 1470.

ZHAO X, NISHIMURA Y, FUKUMOTO Y, et al., 2011. Effect of high temperature on active oxygen species, senescence and photosynthetic properties in cucumber leaves [J]. Environmental & experimental botany (70): 212 - 216.

ZHOU M C, 2006. Estimating potential evapotranspiration using Shuttleworth-Wallace model and NOAA-AVHRR NDVI data to feed a distributed hydrological model over the Mekong River basin [J]. Journal of hydrology, 327 (1 - 2): 151 - 173.

ZHU G F, LI X, SU Y H, et al., 2011. Seasonal fluctuations and temperature dependence in photosynthetic parameters and stomatal conductance at the leaf scale of Populus euphratica Oliv [J]. Tree physiology, 31 (2): 178 - 195.

ZHU G F, SU Y H, LI X, et al., 2013. Estimating actual evapotranspiration from an alpine grassland on

Qinghai-Tibetan plateau using a two-source model and parameter uncertainty analysis by Bayesian approach [J]. Journal of hydrology (476): 42 – 51.

ZHU G F, 2014. Simultaneous parameterization of the two-source evapotranspiration model by Bayesian approach: application to spring maize in an arid region of northwest China [J]. Geoscientific model development discussions, 7 (1): 741 – 775.

ZWIENIECKI M A, BRODRIBB T J, HOLBROOK N M, 2007. Hydraulic design of leaves: insights from rehydration kinetics [J]. Plant cell & environment, 30 (8): 910 – 921.

图书在版编目（CIP）数据

黄土丘陵旱作枣林耗水特征与节水型修剪 / 汪有科
等著. —北京：中国农业出版社，2022.1
ISBN 978-7-109-29316-8

Ⅰ.①黄⋯　Ⅱ.①汪⋯　Ⅲ.①枣园－旱作土壤－研究
Ⅳ.①S665.106

中国版本图书馆 CIP 数据核字（2022）第 062158 号

中国农业出版社出版
地址：北京市朝阳区麦子店街 18 号楼
邮编：100125
责任编辑：孙鸣凤　　文字编辑：肖　杨
版式设计：杜　然　　责任校对：周丽芳
印刷：北京印刷一厂
版次：2022 年 1 月第 1 版
印次：2022 年 1 月北京第 1 次印刷
发行：新华书店北京发行所
开本：787mm×1092mm　1/16
印张：16　　插页：2
字数：400 千字
定价：88.00 元

枣树蒸腾测定一角

学生试验现场

试验小分队

10 m 土层土壤水分测定

合作完成试验

节水型修剪技术大田推广

采用节水型修剪技术后的单株结果状况

枣农反馈生产信息

密植枣林耗水专题参观交流

专家现场探讨

节水型修剪技术成功推广接受专访

汪有科研究员与学生分析枣情

汪有科研究员查看枣树长势

红枣栽培技术介绍

科研内容介绍

专家参观交流

课题组会议